TOLERÂNCIAS, AJUSTES, DESVIOS E ANÁLISE DE DIMENSÕES

Blucher

Oswaldo Luiz Agostinho
Antonio Carlos dos Santos Rodrigues
João Lirani

TOLERÂNCIAS, AJUSTES, DESVIOS E ANÁLISE DE DIMENSÕES

Princípios de engenharia de fabricação mecânica

2ª edição

Tolerâncias, ajustes, desvios e análise de dimensões: princípios de engenharia de fabricação mecânica,
2ª edição

© 2020 Oswaldo Luiz Agostinho, Antonio Carlos dos Santos Rodrigues e João Lirani

Editora Edgard Blücher Ltda.

Desenhos técnicos: Pedro Henrique Ribeiro e Pedro Cunha Bueno

Blucher

Rua Pedroso Alvarenga, 1245, 4° andar
04531-934 – São Paulo – SP – Brasil
Tel.: 55 11 3078-5366
contato@blucher.com.br
www.blucher.com.br

Segundo Novo Acordo Ortográfico, conforme
5. ed. do *Vocabulário Ortográfico da Língua
Portuguesa*, Academia Brasileira de Letras,
março de 2009.

É proibida a reprodução total ou parcial por
quaisquer meios sem autorização escrita da
editora.

Todos os direitos reservados pela Editora
Edgard Blücher Ltda.

Dados Internacionais de Catalogação na Publicação (CIP)
Angélica Ilacqua CRB-8/7057

Agostinho, Oswaldo Luiz
   Tolerâncias, ajustes, desvios e análise de dimensões
: princípios de engenharia de fabricação mecânica /
Oswaldo Luiz Agostinho, Antonio Carlos dos Santos
Rodrigues, João Lirani. -- 2. ed. -- São Paulo : Blucher,
2020.
   370 p. : il.

Bibliografia
ISBN 978-85-212-1739-8 (impresso)
ISBN 978-85-212-1463-2 (e-book)

1. Usinagem de metais – Normas de produção I. Título.
II. Lirani, João. III. Rodrigues, Antonio Carlos dos Santos.

19-1192   CDD 671.0212

Índice para catálogo sistemático:
1. Usinagem de metais : Normas de produção

Às nossas esposas, pelo apoio e pelo carinho que sempre demonstraram.
Aos nossos filhos, pelo apoio e pelo incentivo constantes.

CONTEÚDO

APRESENTAÇÃO **15**

CAPÍTULO 1 – APLICAÇÃO DE TOLERÂNCIAS E ACABAMENTO SUPERFICIAL **17**

Introdução 17

Medida nominal 18

Intercambiabilidade 18

Tolerâncias 19

Questões propostas para revisão de conceitos 20

CAPÍTULO 2 – SISTEMA DE AJUSTE ABNT: SISTEMAS FURO-BASE E EIXO-BASE **23**

Medidas 23

Diferenças ou afastamentos 24

Tolerâncias 25

Ajustes 26

Jogos e interferências 27

Tolerância de ajuste T_p 30

Classes de ajustes 32

Sistemas de ajuste 32

Ajustes ISO-ABNT 34

    Introdução 34

    Diâmetros fundamentais 34

    Qualidade de trabalho: tolerâncias fundamentais 37

    Zonas de tolerância para medidas exteriores (eixos)
    e medidas interiores (furos) 41

    Sistemas de ajuste 44

    Aplicações 109

Conclusão 145

Questões propostas para revisão de conceitos 146

CAPÍTULO 3 – TOLERÂNCIAS GEOMÉTRICAS 149

Introdução 149

Tolerâncias geométricas: necessidade e implicações 149

Forma e diferença de forma 151

    Diferença da reta (retilineidade) 152

    Diferença do plano (planicidade) 156

    Diferença do círculo (circularidade) 161

    Diferença da forma cilíndrica (cilindricidade) 164

    Diferença de forma de uma linha qualquer 168

    Diferença de forma de uma superfície qualquer 170

Posição e diferenças de posição 171

    Orientação para dois elementos associados 171

    Posição para elementos associados 183

Desvios compostos de forma e posição 191

    Desvios da verdadeira posição de um ponto:
    condição de máximo material 191

Desvios de batida 203

Conclusão 212

Simbologia e indicações em desenhos 213

Simbologia 213

Indicações em desenhos 214

Exemplos de aplicação 218

Virabrequim 219

Roda de atrito 221

Bucha de monovia 222

Mandril porta-ferramenta 223

Rolo interior de rolamento de rolos cônicos 224

Tolerância de verdadeira posição: exemplos de aplicação 229

Desvios de forma e posição: tabelas 234

Rugosidade superficial 240

Introdução 240

Conceitos fundamentais 243

Cortes de perfil 249

Cortes tangenciais 250

Sistemas de medição da rugosidade superficial 250

Simbologia e indicação em desenhos 258

Utilização dos parâmetros de rugosidade
em diversos países 260

Relações entre a qualidade ISO e a rugosidade superficial 261

Acabamento superficial para diversos
processos de usinagem 262

Aplicações típicas de rugosidade superficial 263

Relação entre a rugosidade superficial
e o tempo de fabricação 264

Conversão de escalas de rugosidade 265

Indicação qualitativa da rugosidade superficial 268

Questões propostas para revisão de conceitos 269

CAPÍTULO 4 – ANÁLISE DE DIMENSÕES: PRINCÍPIOS GERAIS DE COTAGEM 277

Introdução 277

Princípios básicos e definições 279

Cálculo do componente final.. 289

Desvios introduzidos na fabricação: dispersão dimensional –
leis de frequência de distribuição 293

Fatores de influência nos desvios assinaláveis: variações das leis
de frequência de distribuição.. 299

Determinação dos desvios do componente final 305

      Método da intercambiabilidade total 306

      Método da intercambiabilidade limitada..................................... 315

Montagem de peças: determinação de folgas 337

      Determinação de tolerâncias de face.. 339

      Tolerâncias ISO para dimensões de face 340

      Tolerâncias de forma e posição para faces.................................. 343

      Determinação de folga para montagem
      de conjuntos mecânicos.. 344

      Exercícios de aplicação... 347

Questão proposta para revisão de conceitos 355

REFERÊNCIAS 357

RESPOSTAS DAS QUESTÕES PROPOSTAS 359

Capítulo 1 359

Capítulo 2 360

Capítulo 3 365

Capítulo 4 370

"Eu acredito que aprendi minhas canções com
os pássaros da floresta brasileira"

Antonio Carlos Jobim

PREFÁCIO

Milhares de bens são necessários à vida do homem. A natureza fornece uma pequena parte desses bens prontos para uso. A maioria, no entanto, deve ser trabalhada por meio de transformações adequadas, a fim de possibilitar o seu uso pelo homem.

Uma parte significativa dessas transformações é domínio da engenharia mecânica, e, mais especificamente, da engenharia de fabricação. O desenvolvimento desse domínio necessita do estudo dos processos de fabricação, dos materiais, dos equipamentos e dos respectivos controles empregados. Como resultado, encontram-se os produtos e serviços próprios e adequados para o consumo dos cidadãos e cidadãs, com as qualidades necessárias ao bem-estar do homem.

Para se ter uma ideia do significado dessas transformações, pode-se citar a produção de bens de consumo realizada por empresas de grande e médio porte instaladas em parte deste país, que representam, com sua atividade e emprego de recursos humanos, parte importante do Produto Interno Bruto (PIB) do país. A atuação dos engenheiros e técnicos é importante para atender ao desafio de gerar melhorias de qualidade, principalmente em relação ao aspecto econômico - pequena porcentagem de economia significa, então, algumas centenas de milhares de reais anuais!

Com os mais sadios objetivos, vai a público a segunda edição da obra *Tolerâncias, ajustes, desvios e análise de dimensões*, em edição revista e melhorada, após anos de publicação da primeira edição.

Os autores, Oswaldo Luiz Agostinho, Antonio Carlos dos Santos Rodrigues e João Lirani, com experiência em indústria de porte na fabricação de autopeças e professores universitários, souberam sublimar a boa tecnologia. Como docentes da Escola de Engenharia de São Carlos da Universidade de São Paulo (EESC-USP) e da Faculdade de

Engenharia Mecânica da Universidade Estadual de Campinas (Unicamp), souberam transmitir seus conhecimentos para a formação de engenheiros mecânicos. Também souberam cristalizar, nesta obra, os fundamentos necessários aos usuários dessa tecnologia para satisfazer os critérios de produção de produtos e serviços com qualidade compatível às suas propostas e a custos também compatíveis com a exigência dos mercados consumidores.

Nesta obra são discutidos conceitos de fabricação; sistemas de ajustes; tolerâncias dimensionais; desvios geométricos; rugosidade superficial; e os princípios gerais de cotagem com exemplos de aplicação em casos reais. Nesta segunda edição, foram acrescentadas listas de exercícios para que o leitor possa exercitar os conceitos teóricos desenvolvidos nos respectivos capítulos.

Ressaltamos que, como o conteúdo da primeira edição foi revisto e ampliado, também o prefácio original foi revisto, para ajustar sua mensagem aos leitores do terceiro milênio.

Em conclusão, os conceitos apresentados neste livro, quando aplicados em projetos de produto, fixam a condição necessária para se atender ao princípio da intercambialidade e garantem a possibilidade de fabricação em bases estáveis de custo e qualidade.

Rosalvo Tiago Ruffino

Professor titular da Escola de Engenharia de
São Carlos da Universidade de São Paulo (EESC)

Oswaldo Luiz Agostinho

Professor associado da Faculdade de Engenharia Mecânica
da Universidade Estadual de Campinas (Unicamp)

Professor doutor do Departamento de Engenharia de Produção da Escola
de Engenharia de São Carlos da Universidade de São Paulo (EESC-USP)

APRESENTAÇÃO

O contato cotidiano com problemas de fabricação tem gerado a necessidade de busca de informações nas mais variadas literaturas e, muitas vezes, a complementação e adaptação dessas informações para as condições operacionais do parque fabril brasileiro. O simples transporte de conceitos operacionais usados em outros países para qualquer sistema produtivo brasileiro pode acarretar sérios problemas, uma vez que os parâmetros que influenciam na análise dos processos produtivos variam de um país para outro.

As dificuldades que vêm sendo encontradas nessa rotina foram o motivo fundamental de se tentar agrupar esses conceitos de modo a facilitar seu uso, bem como ampliar as possibilidades de análise das mais variadas situações.

Este trabalho traz uma análise sucinta sobre tolerâncias, ajustes, desvios geométricos, rugosidade superficial e análise de cadeia de dimensões (princípios gerais de cotagem). Nossa experiência em fabricação nos tem levado a crer que esse conjunto de conceitos constitui o elo entre as especificações do desenho do produto e a peça física propriamente dita, possibilitando a especificação das tolerâncias no desenho do produto. Assim, é possível estruturar o roteiro e as operações do processo de fabricação utilizados em sua obtenção. Dessa forma, são mantidos dois princípios fundamentais para a fabricação de bens: o princípio da intercambialidade e o princípio da qualidade constante.

Os Capítulos 1, 2 e 3 tratam dos conceitos de tolerância, tanto do ponto de vista dimensional como do ponto de vista geométrico. Essas informações devem, necessariamente, constar do desenho do produto. A aplicação desses conceitos é parte importante do conhecimento estruturado necessário para o dimensionamento de produtos. Se o profissional de fabricação desconhecer esses conceitos, será muito difícil captar essas informações do desenho para poder escolher o processo de fabricação adequado.

No Capítulo 4, utilizando os conceitos apresentados nos capítulos anteriores, procurou-se desenvolver a sistemática geral de análise de *cadeia de dimensões,* criando-se assim os *princípios gerais de cotagem.*

A aplicação das tolerâncias dimensionais e geométricas, além da rugosidade superficial conjuntamente à cadeia de dimensões em peças isoladas e, posteriormente, na montagem do conjunto dessas peças, cristaliza o *elo de ligação* entre o produto e a fabricação. Enquanto esses conceitos são utilizados para garantir a montagem de conjuntos mecânicos dentro de um padrão uniforme de qualidade e com possibilidade de intercambialidade de qualquer elemento, aplica-se a mesma conceituação para a análise do desenho e, principalmente, para a determinação das dimensões intermediárias ao longo das operações do respectivo roteiro de fabricação e das folhas de processo.

A importância dessa conceituação foi comprovada mais de uma vez na prática quando a simples mudança do ponto de referência de cotagem possibilitou a simplificação do sistema de fabricação, com a consequente redução de custo do produto sem afetar a qualidade preestabelecida em projeto.

A intenção deste trabalho é conceituar essa tecnologia, de modo que sua aplicação permita o projeto e a fabricação de produtos com qualidade prevista nos respectivos projetos, mantendo-se os princípios de intercambialidade e qualidade constante e criando condições para que o produto nacional tenha condições de competitividade nos ambientes muito agressivos dos mercados internacionais.

Esta segunda edição, feita após bastante tempo de uso da primeira, tem a intenção de atualizar e complementar, ajustando alguns pontos que não estavam claros e corrigindo alguns pontos do texto original. Além disso, foram acrescentados exercícios no fim de cada capítulo, para que o leitor possa exercitar os conceitos mostrados ao longo dos capítulos. Espera-se, então, oferecer uma obra mais contemporânea e completa, sem perder o fio condutor da primeira edição, publicada em 1977, cujos conceitos continuam estáveis e precisos.

Ao professor titular Rosalvo Tiago Ruffino e ao editor, que acreditaram na viabilidade da primeira edição deste livro, e também às demais pessoas que, de uma forma ou de outra, tiveram contato com este trabalho e sempre nos incentivaram e ajudaram com suas críticas e sugestões, expressamos nossos agradecimentos. Aos leitores que, por meio de críticas e sugestões, venham a colaborar para o aprimoramento desta obra, agradecemos antecipadamente. E um agradecimento especial a Pedro Henrique Ribeiro e Pedro Cunha Bueno por sua dedicação e seu esforço ao longo da preparação das figuras para esta nova edição.

Os autores

São Carlos, março de 2019

CAPÍTULO 1
APLICAÇÃO DE TOLERÂNCIAS E ACABAMENTO SUPERFICIAL

INTRODUÇÃO

O aumento do consumo de produtos e serviços pelo mundo civilizado, com o fim único de aumentar o conforto do homem por meio da elevação do seu nível de vida, provocou o emprego da chamada fabricação seriada, que data do século XVIII. Houve a necessidade do abandono da fabricação individual dos artesãos.

A fabricação seriada tem por objetivo principal fazer determinado produto em grande quantidade ao preço mais baixo possível. Esse processo sujeita a produção do operário à velocidade da linha de montagem. Não há possibilidade de serem feitos ajustes e usinagens suplementares durante a montagem sem comprometer irremediavelmente toda a programação efetuada.

Por essa razão, todas as peças fabricadas isoladamente devem ser acopladas com sua peça par sem qualquer ajuste local. Esse procedimento só é possível se as peças fabricadas forem iguais em forma e qualidade.

Todas as máquinas ou peças são fabricadas baseadas em desenhos que indicam a sua forma, assim como suas dimensões em qualquer unidade de medida, de tal modo que é possível construir peças iguais em quantidade ilimitada. Daí, porém, não se pode concluir que as peças serão exatamente iguais em forma e dimensões.

Ocorre que, durante os procedimentos de fabricação, há sempre um desvio, para mais ou para menos, da medida nominal, quando se fabrica uma quantidade muito grande de peças. Esse desvio dimensional pode ocorrer devido a vibrações que ocorrem durante a operação; falta de rigidez dos dispositivos de fixação, das ferramentas de corte e das estruturas da máquina-ferramenta; desgaste dos gumes cortantes das ferramentas de corte; ou falta de rigidez das peças.

Assim, para uma peça com uma cota nominal de 25 mm, podem ser encontradas peças medindo 24,95 mm, 24,75 mm, 25,01 mm ou 25,15 mm medidas com aparelhos mais simples. Naturalmente não estão sendo considerados os possíveis erros de forma e posição, que só podem ser determinados com medições mais específicas.

É evidente que esses desvios, se não controlados, podem provocar problemas no acoplamento das peças usinadas em separado, quando da montagem de uma máquina ou um dispositivo de usinagem, interrompendo uma linha de montagem de fabricação seriada. E, dentro do espírito de que "tempo é dinheiro", o produto assim fabricado não tem condições de competição no mercado.

MEDIDA NOMINAL

A única solução, à primeira vista, para evitar tal problema seria usinar as peças o mais próximo possível da medida nominal, a qual, no exemplo dado, seria 25 mm. Porém, esse procedimento não é possível, pois uma operação desse tipo absorveria um tempo muito grande, originaria uma porcentagem muito alta de refugos, além de usinar a peça com uma precisão que, na grande maioria dos casos, não é necessária.

A consequência direta seria o encarecimento do produto em razão da baixa produtividade e do alto tempo de fabricação.

Na verdade, é necessário determinar dentro de que desvio da medida nominal a peça pode ser executada, para que possa ser substituída por outra em trabalho ou ser livremente montada em um conjunto, exercendo corretamente a função para a qual foi projetada.

Deve-se, portanto, determinar a menor precisão possível dentro da qual a peça em questão exerce sua função corretamente. Qualquer melhoria na fabricação desse ponto somente oneraria o produto.

INTERCAMBIABILIDADE

Pelo que foi dito anteriormente, o problema da intercambiabilidade torna-se claro. Isso se deve ao fato de que a reposição de peças gastas pelo uso torna-se uma necessidade. Além disso, as montagens são feitas com lotes indiscriminados de peças.

Intercambiabilidade é a possibilidade de, quando se monta um conjunto mecânico, tomar-se ao acaso, de um lote de peças semelhantes, prontas e verificadas, uma peça qualquer que, montada ao conjunto em questão, sem nenhum ajuste nem usinagem secundárias, oferece condições para que o mecanismo funcione de acordo com o que foi projetado. Os produtos fabricados dentro do princípio de intercambiabilidade podem ser fabricados em qualquer região ou país e ser repostos em regiões e países diferentes, sem necessidade de retrabalho. Essa condição permitiu que empresas expandissem seu alcance para além do limite de suas instalações, podendo se alocar em regiões e até em países diferentes.

Aplicação de tolerâncias e acabamento superficial

O desenvolvimento da tecnologia de fabricação conduziu as empresas a fabricar peças intercambiáveis de tal modo que uma peça de uma série de fabricação qualquer possa ser montada, sem necessidade de ajustes, em qualquer outra peça de uma série de fabricação, qualquer que seja o lote de peças de cada tipo fabricado, independentemente da data de fabricação.

A intercambiabilidade obriga, evidentemente, que cada operário observe o melhor possível as cotas assinaladas nos desenhos com mais precisão, visto que passa a usinar somente uma das operações da série necessária para usinar uma peça que compõe um conjunto. Essa obrigação é ainda mais importante visto que esses operários podem trabalhar em fábricas distintas, com máquinas diferentes que podem estar distantes umas das outras, às vezes até em outros países. Para essas situações, houve também a necessidade de serem adotados procedimentos tecnológicos, aqui denominados "roteiros e processos de fabricação", que, pela aplicação de rotinas próprias dos conceitos de engenharia, criam rotinas de trabalho a serem seguidas pelos funcionários do chão de fábrica que tiram deles a liberdade de proceder livremente na execução das operações de fabricação. Pela adoção desses procedimentos, estruturou-se a chamada engenharia de fabricação, que concentra a tecnologia de fabricação por meio de conhecimento estruturado das metodologias e tecnologias de como fabricar produtos com base em suas especificações de projeto de produto.

O problema da intercambiabilidade apareceu pela primeira vez no século XVIII, motivado pela indústria bélica, na qual a reposição em tempo curto de peças gastas era uma necessidade evidente. O sistema de peças intercambiáveis, bem interpretado, aumenta a qualidade dos produtos e reduz os custos. Já no século XX, na Primeira Guerra Mundial, por exemplo, em que as forças armadas lutaram em países diferentes de seus países de origem, peças de armas do campo de batalha precisavam ser trocadas sem que houvesse necessidade de retrabalho local.

TOLERÂNCIAS

Este sistema de fabricação, baseado nos conceitos de intercambiabilidade, requer que cada peça ou conjunto de um produto final seja feito de acordo com as especificações definidas com relação a dimensões, forma e acabamento constantes nos desenhos das respectivas peças que compõem o produto final.

A aparição, o estudo e o desenvolvimento dos sistemas de tolerâncias estão intimamente ligados aos problemas de intercambiabilidade. De posse dos conceitos de tolerância, para se obter peças intercambiáveis, é necessário que o projetista coloque nos desenhos as dimensões-limite (máximas e mínimas); além disso, é preciso que os procedimentos de chão de fábrica, seguindo as orientações e instruções dos roteiros e processos de fabricação descritos anteriormente, elaborem as peças dentro das tolerâncias indicadas nos desenhos (para quantidades unitárias) ou nas folhas de processos (para produções repetitivas e/ou seriadas) por notas ou cotas, utilizando-se máquinas-ferramentas e ferramental indicados nessas folhas de instrução (folhas de processo). Tudo o que foi feito anteriormente não tem efeito se não se dispõe de meios efetivos para comprovar as dimensões indicadas.

É evidente que nada pode ser conseguido sem a evolução das ferramentas de corte, das máquinas-ferramentas, tornando possível alta produção e uniformidade, assim como nos procedimentos de metrologia industrial.

O conceito de tolerância pode ser exposto do seguinte modo: quando se mede as dimensões de diferentes peças cujo funcionamento foi experimentado e considerado adequado, verifica-se que essas dimensões podem oscilar dentro de certos limites, mantendo-se as condições de funcionamento anteriormente previstas.

A diferença entre as duas medidas-limite admissíveis, ou seja, entre os valores máximo e mínimo, chama-se tolerância (Figura 1.1).

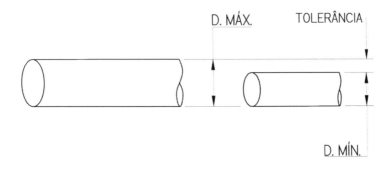

Figura 1.1 – Tolerância.

Quando forem indicadas nos desenhos as dimensões da peça e também a tolerância permitida, é somente necessário, para se conseguir bom funcionamento e intercambiabilidade das peças em questão, que se mantenham dentro dos valores máximo e mínimo. Portanto, *o desvio dimensional deve estar contido na tolerância dimensional.*

São dados nos próximos capítulos os conceitos fundamentais desenvolvidos pela ABNT, por meio da NBR 6158:1995 e da ISO 286-2:2010.

QUESTÕES PROPOSTAS PARA REVISÃO DE CONCEITOS

1.1) Explique as razões pelas quais não é possível, nos projetos e na fabricação de peças e produtos, somente ter-se dimensões, formas, relação entre formas e aspereza de superfícies em suas especificações nominais.

1.2) Defina o conceito de intercambiabilidade. Depois, explique as razões pelas quais a necessidade de intercambiabilidade na fabricação de produtos induziu a necessidade de se conceituar e definir a necessidade de intercambiabilidade como elemento básico na expansão industrial no começo do século XX.

Aplicação de tolerâncias e acabamento superficial   **21**

1.3) Explique por que a Primeira Guerra Mundial foi a principal indutora da adoção de peças intercambiáveis.

1.4) Defina tolerância de uma especificação e diga o que significa especificação máxima, especificação mínima e dimensão nominal na fabricação de determinada peça.

1.5) Quais os principais fatores que influenciam na formação do desvio ou da dispersão dimensional? Qual a relação entre o desvio e a tolerância dimensional?

CAPÍTULO 2
SISTEMA DE AJUSTE ABNT: SISTEMAS FURO-BASE E EIXO-BASE

As definições dadas a seguir para ajustes cilíndricos e planos servem, por extensão, para quadrados, cones, roscas etc., em geral, para todos os casos em que peças se acoplam. Todos os conceitos enumerados são previstos pelas normas ABNT NBR 6158:1995 e ISO 286-2:2010.

MEDIDAS

MEDIDA NOMINAL N. Medida que serve para indicação do tamanho e à qual se referem as diferenças. Por exemplo, eixo de $\varnothing$ 25 mm (Figura 2.1).

MEDIDA REAL I. É a medida determinada numericamente por medição em uma peça, por exemplo: 24,95 mm. A medida real, uma vez considerados os erros na medição, está sempre sujeita à insegurança procedente dessa medição.

MEDIDAS-LIMITE. São as medidas (máximas e mínimas) entre as quais se deve encontrar a medida real das peças.

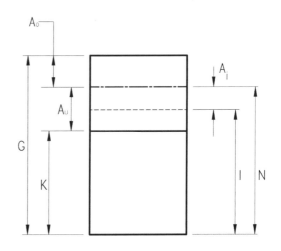

Figura 2.1 – Definições fundamentais.
Medida nominal N Medida real I Medida máxima
G Medida mínima K Diferença superior
A_o Diferença inferior A_u Diferença real A_i

MEDIDA MÁXIMA G. Designada por G, é a maior entre as medidas-limite.

MEDIDA MÍNIMA K. Designada por K, é a menor entre as medidas-limite.

DIFERENÇAS OU AFASTAMENTOS

DIFERENÇA A. É o que existe entre uma medida-limite e a medida nominal.

DIFERENÇA SUPERIOR $A_{0(zero)}$. É o que existe entre a medida máxima (G) e a nominal (N).

$$A_o = G - N$$

A diferença superior A_0 pode ser negativa se G < N.

DIFERENÇA INFERIOR A_u. É a diferença entre a medida mínima (K) e a nominal (N).

$$A_u = K - N;$$

A diferença inferior pode ser positiva se $K \geq N$.

DIFERENÇA REAL A_i. É a diferença entre a medida real I e a medida nominal (N).

$$A_i = I - N$$

EXEMPLO NUMÉRICO

Medida nominal (N): 25,00 mm

Medida real (I): 24,95 mm

Medida máxima (G): 25,15 mm

Medida mínima (K): 24,90 mm

Diferença superior: $A_o = G - N$

$$A_o = 25,15 - 25,00 = +0,15 \text{ mm}$$

Diferença inferior: $A_u = K - N$

$$A_u = 24,90 - 25,00 = -0,10 \text{ mm}$$

Diferença real: $A_i = I - N$

$$A_i = 24,95 - 25,00 = -0,05 \text{ mm}$$

LINHA ZERO. Na representação gráfica das zonas de tolerância, é a linha de referência para as diferenças $A_o = A_u = 0$; portanto, determina a medida nominal (ver Figura 2.2).

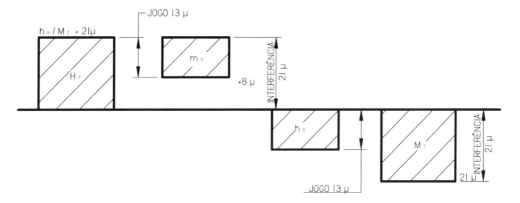

Figura 2.2 – Variação das diferenças A_o e A_u com a posição das medidas máximas (G) e mínimas (K) com relação à linha zero.

Pode-se notar ainda, na mesma figura, que, partindo-se da medida nominal N, é possível ter diferenças superiores A_o e inferiores A_u, positivas, negativas ou nulas, dependendo da posição relativa entre as medidas G e K, com relação à linha zero.

TOLERÂNCIAS

Define-se *tolerância* como a diferença entre os valores máximo e mínimo admissíveis de uma propriedade mensurável (por exemplo, medida, forma, qualidade, peso etc.).

Particularizando-se esse conceito para o caso em estudo, pode-se definir:

TOLERÂNCIA DE MEDIDA. É a diferença entre a medida máxima e a medida mínima.

Utilizando-se a Figura 2.3, tem-se:

$$T = G - K$$
$$T = 25,15 - 24,90$$
$$T = 0,25 \text{ mm}$$

Figura 2.3 – Tolerância de medida.

ZONA DE TOLERÂNCIA. Na representação gráfica, é a zona limitada pelas linhas das medidas máximas e mínimas, a qual indica a tolerância em grandeza e posição em relação à linha zero (Figura 2.4).

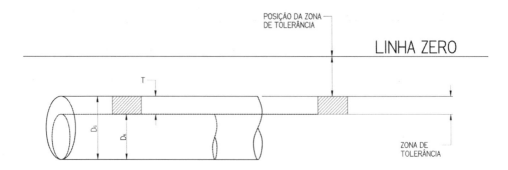

Figura 2.4 – Zonas de tolerância.

A posição de tolerância é definida pela distância da linha de limitação da zona de tolerância mais próxima em relação à linha zero, sempre levando em conta o sinal. A posição das zonas toleradas, normalizadas pelo sistema ISO, é designada por letras, sendo as maiúsculas para os furos e as minúsculas para os eixos.

AJUSTES

Quando duas peças devem ser montadas, chama-se *ajuste* a relação entre peças acopladas determinada pela diferença de medidas das peças antes do acoplamento (Figura 2.5).

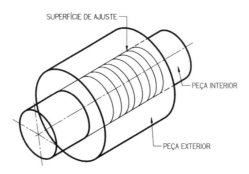

Figura 2.5 – Ajuste entre duas peças.

Por exemplo, adotando-se o sistema ABNT de ajustes, o furo 25 *H7* e o eixo *m6* formam o ajuste 25 *H7m6*, ou, adotando-se valores numéricos, o furo $25^{+0,00}_{+0,021}$ e o eixo $25^{+0,021}_{+0,008}$ formam o ajuste respectivo.

A seguir, são dadas várias definições fundamentais:

SUPERFÍCIE DE AJUSTE. Toda superfície de contato entre peças acopladas, fixas ou em movimento.

AJUSTE CILÍNDRICO. Ajuste entre superfícies cilíndricas circulares. Por exemplo, ajuste do aro interno de rolamentos com o eixo correspondente.

AJUSTE PLANO. Ajuste entre pares de superfícies planas. Por exemplo, ajuste entre as guias prismáticas de uma máquina-ferramenta.

AJUSTE CÔNICO. Ajuste entre superfícies cônicas circulares. Por exemplo, ajuste entre pinos cônicos de centragem entre duas peças.

PEÇAS DE AJUSTE. São peças destinadas a um ajuste.

a) *Peça exterior* (peça de ajuste exterior). É a peça do ajuste que cobre aquela com a qual vai se acoplar (Figura 2.6).

b) *Peça interior* (peça de ajuste interior). É a peça do ajuste que é coberta pela que vai se acoplar com ela (Figura 2.6).

c) *Peça intermediária*. Num ajuste múltiplo, é a peça acoplada ou ajustada entre a exterior e a interior. É designada pelo subíndice M. No caso de várias peças intermediárias, designa-se respectivamente de dentro para fora, Ml, $M2$ etc. Por exemplo, buchas de bronze, cones Morse etc. (Figura 2.6).

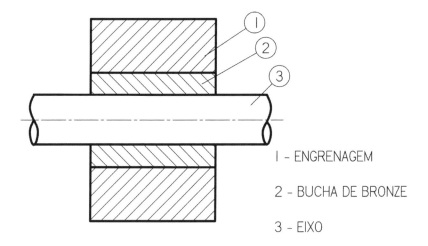

Figura 2.6 – Peça exterior, intermediária e interior.

1 - ENGRENAGEM
2 - BUCHA DE BRONZE
3 - EIXO

JOGOS E INTERFERÊNCIAS

Após a conceituação precedente, consideram-se os diversos tipos de ajustes possíveis de serem obtidos com o acoplamento de duas peças, dependendo da variação dimensional das medidas efetivas da peça exterior e interior, dentro das medidas máximas e mínimas.

As duas variações possíveis de acoplamento são: 1) *com jogo*; 2) *com interferência*.

A seguir, são dadas as definições:

JOGO S. Em um ajuste, é a diferença entre a medida interior da peça exterior (por exemplo, furo) e a medida exterior da peça interior (por exemplo, eixo), sempre que a medida real da peça exterior é maior que a medida real da peça interior (Figura 2.7). São adotadas, como exemplo, as seguintes dimensões:

eixo: 24,95/ 24,85 mm,

furo: 25,15/ 25,00 mm.

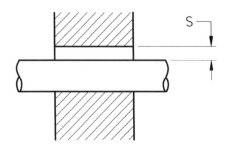

Figura 2.7 – Jogo entre duas peças.

JOGO MÁXIMO S_g. Diferença entre a medida máxima da peça exterior (furo) e a medida mínima da peça interior (eixo) (Figura 2.8).

Tomando-se como exemplo o ajuste supracitado, temos:

furo: 25,15 mm,

eixo: 24,85 mm, $S_g = 0,30$ mm.

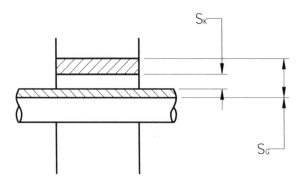

Figura 2.8 – Jogo máximo (S_G) e jogo mínimo (S_K).

JOGO MÍNIMO S_k. Diferença entre a medida mínima da peça externa (furo) e a medida máxima da peça interna (eixo) (Figura 2.8).

Exemplificando: furo: 25,00 mm; eixo: 24,95 mm; $S_k = 0,05$ mm.

INTERFERÊNCIA U. Em um ajuste, é a diferença antes do acoplamento entre a medida interior da peça exterior e a medida exterior da peça interior, sempre que a primeira é menor que a segunda. Uma interferência deve, portanto, ser considerada como um jogo negativo (Figura 2.9). São adotadas, como exemplo, as seguintes dimensões:

eixo: 50,25/ 50,15 mm,

furo: 50,10/ 50,00 mm.

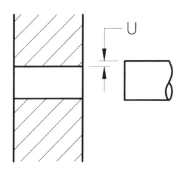

Figura 2.9 – Interferência entre duas peças.

INTERFERÊNCIA MÁXIMA U_g. Diferença entre a medida mínima da peça exterior e a medida máxima da peça interior (respectivamente, furo e eixo) (Figura 2.10).

Exemplo: eixo: 50,25 mm, $U_g = 0,25$ mm.

furo: 50,00 mm.

INTERFERÊNCIA MÍNIMA U_k. Diferença entre a medida máxima da peça exterior e a medida mínima da peça interior (Figura 2.10).

Exemplo: eixo: 50,15 mm,

furo: 50,10 mm, $U_k = 0,05$ mm.

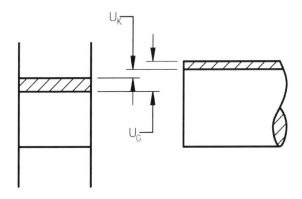

Figura 2.10 – Interferência máxima (U_G) e interferência mínima (U_K).

TOLERÂNCIA DE AJUSTE T_p

A tolerância de ajuste T_p define-se como a variação possível do jogo ou da interferência entre as peças que se acoplam.

$$T_p = S_g - S_k = S_G - U_G = U_G - S_G = U_G - U_k$$

Ou seja, a tolerância de ajuste T_p é igual à soma das tolerâncias da peça exterior e da peça interior (Figura 2.11).

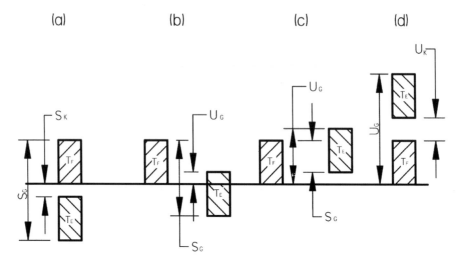

Figura 2.11 – Variação da tolerância de ajuste com os respectivos jogos e interferências num ajuste.

A Tabela 2.1 mostra a aplicação numérica das tolerâncias de ajuste T_p para as diversas situações da Figura 2.11.

Tabela 2.1 – Aplicações numéricas da Figura 2.11

	Dimensões (mm)		Tolerâncias		Folgas/ interferências	Tolerâncias de ajuste	
	Furo T_G	Eixo T_e	Furo T_f	Eixo T_e		T_p	$T_f + T_e$
a	50,15/50,00	49,90/49,85	0,15	0,05	$S_G = 0,30$ $S_k = 0,10$	$S_G - S_k = 0,20$	0,15 + 0,05 = 0,30
b	50,15/50,00	50,05/49,90	0,15	0,15	$S_G = 0,25$ $U_G = -0,05$	$S_G - U_G = 0,30$	0,15 + 0,15 = 0,30
c	50,15/50,00	50,20/50,05	0,15	0,15	$U_G = -0,20$ $S_G = 0,10$	$U_G - S_G =$ $-0,30$	0,15 + 0,15 = 0,30
d	50,15/50,00	50,30/50,20	0,15	0,10	$U_G = -0,30$ $U_k = -0,05$	$U_G - U_k =$ $-0,25$	0,15 + 0,10 = 0,25

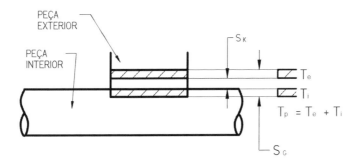

Figura 2.12 – Tolerância de ajuste para um ajuste cilíndrico.

ZONA TOLERADA DE AJUSTE. Na representação gráfica, é a zona entre as linhas do jogo máximo ou interferência máxima e o jogo mínimo ou interferência mínima. Indica a grandeza da tolerância de ajuste e sua posição em relação à linha $S = 0$ ou $U = 0$ (Figura 2.13).

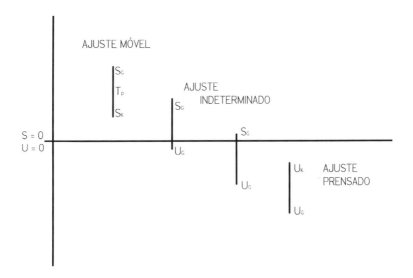

Figura 2.13 – Zonas toleradas de ajuste (representação gráfica).

De acordo com as exigências de um ajuste, são diferentes a grandeza e a posição das zonas toleradas de ajuste.

A divisão da tolerância de ajuste na tolerância da peça interior (eixo) e da peça exterior (furo) não tem influência sobre o ajuste em si, dependendo do procedimento de fabricação de cada uma das peças. Como será visto a seguir, a padronização dos ajustes das peças é feita para simplificar a aplicação dos sistemas de tolerância. Há de se considerar que a tolerância de ajuste, como composição das tolerâncias individuais, vai determinar o tipo de ajuste das peças que estão sendo acopladas.

CLASSES DE AJUSTES

Dependendo da variação dimensional entre duas peças que se acoplam, pode-se ter os ajustes seguintes, conforme a Figura 2.14.

AJUSTE MÓVEL. Ajuste conseguido em acoplamento de peças em que existe jogo, incluindo o caso $S_K = 0$.

AJUSTE COM INTERFERÊNCIA. Ajuste no qual, depois do acoplamento das peças, existe sempre interferência, incluindo o caso $U_K = 0$.

AJUSTE INDETERMINADO. Ajuste no qual, segundo a posição das medidas reais e das medidas de acoplamento, dentro das zonas toleradas após o acoplamento, pode haver jogo ou interferência. A Figura 2.14 mostra as alternativas de ajustes indeterminados.

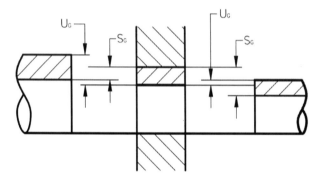

Figura 2.14 – Classes de ajustes.

SISTEMAS DE AJUSTE

Por meio da conceituação exposta, é sempre possível conseguir um acoplamento com jogo, interferência ou indeterminado, variando-se convenientemente os limites dimensionais da peça exterior (furo) ou interior (eixo).

Do ponto de vista da empregabilidade, variações aleatórias das dimensões das peças externa e interna não seriam convenientes. Há necessidade de se estabelecer regras e métodos para que esses conceitos possam ser utilizados nos projetos de máquinas e equipamentos. Assim, foram criados os sistemas de ajuste, isto é, uma série de ajustes metodicamente estabelecidos com distintos jogos e interferências. Diante dessa sistemática, define-se:

SISTEMA FURO-BASE. Sistema de ajuste pelo qual, para todas as classes de ajuste, as medidas mínimas dos furos são iguais à medida nominal. Os eixos são maiores ou menores que os furos onde, para o ajuste desejado, há necessidade de interferência ou folga, respectivamente (Figura 2.15).

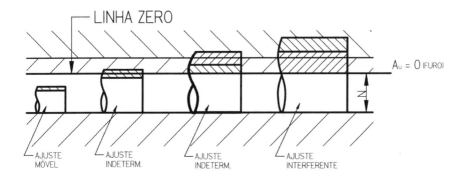

Figura 2.15 – Sistema furo-base.

O sistema furo-base é o sistema usualmente adotado para todos os acoplamentos entre eixos, polias e engrenagens, por ser mais fácil, do ponto de vista de manufatura, fabricar peças com variações dimensionais.

SISTEMA EIXO-BASE. Sistema de ajuste pelo qual, para todas as classes de ajuste, as medidas máximas dos eixos são iguais à medida nominal. Os furos são maiores ou menores que os eixos onde, para o ajuste desejado, há necessidade de interferência ou folga, respectivamente (Figura 2.16).

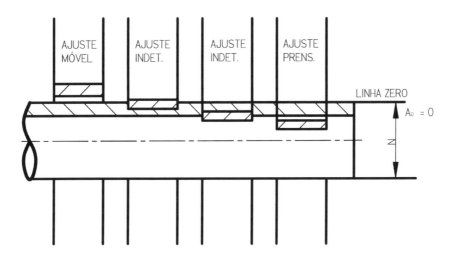

Figura 2.16 – Sistema eixo-base.

O sistema eixo-base é utilizado, por exemplo, no ajuste da capa externa de rolamentos com carcaças e também no ajuste entre uma bucha intermediária pré-usinada (comprada pronta) com um furo de polia etc.

Os sistemas furo-base e eixo-base serão estudados nos capítulos posteriores com mais detalhes, após a introdução dos conceitos de seleção de ajustes pelo sistema

ABNT, assim como a escolha das tolerâncias conforme seja necessário um ajuste móvel, indeterminado ou com interferência.

AJUSTES ISO-ABNT

INTRODUÇÃO

Com base nos conceitos fundamentais emitidos no capítulo anterior, desenvolveu-se o conceito de ajustes e tolerâncias adotado por todos os países do sistema métrico, elaborado pela International Standartization Organization (ISO). O sistema de ajustes e tolerâncias ISO determina três condições características:

1. uma série de grupos de diâmetros de 1 mm a 500 mm;

2. uma série de tolerâncias fundamentais, ou simplesmente tolerâncias que determinam a precisão da fabricação – existem dezoito qualidades distintas;

3. uma série de posições de tolerância que definem a sua posição relativa à linha zero, ou seja, à classe do ajuste. Considerando-se a qualidade do ajuste e sua posição relativa à linha zero (classe), pode-se determinar o jogo e a interferência necessários.

DIÂMETROS FUNDAMENTAIS

Serão constantemente utilizadas, nos parágrafos seguintes, tabelas de ajustes, nas quais são levados em consideração somente alguns números tomados como nominais no seu universo de variações possíveis dos números decimais.

A norma de ajustes tem, como primeira preocupação, a normalização dos números sobre os quais são estabelecidas as respectivas normas de tolerâncias.

Em todos os setores em que é possível o emprego de número, surge a necessidade de se fixar, para cada característica, a série de valores numéricos capaz de cobrir todas as necessidades com a menor variação possível de cotas.

As principais consequências e influências de uma normalização de números para se cotar peças mecânicas são:

a) menor número de itens, no caso de usinagem, de ferramentas de corte (brocas, alargadores, fresas etc.), possibilitando-se a redução de inventário do ferramental de produção – o mesmo vai ocorrer com processos de conformação;

b) idem para os itens de ferramental de controle, como calibradores, micrômetros, instrumentos universais de medida etc.

As dimensões lineares normais, aplicáveis a medidas de comprimento, largura, espessura, profundidade, diâmetro etc., foram determinadas com base na teoria dos números normais. Esses são termos de séries ou progressões geométricas cuja razão é uma raiz de 10. Por meio de estudos desenvolvidos por Charles Renard, foram adotadas as seguintes séries, denominadas séries de Renard:

R5 – série de razão $\sqrt[5]{10} = 1,5849$ ou, aproximadamente, 1,6;

R10 – série de razão $\sqrt[10]{10} = 1,2589$ ou, aproximadamente, 1,25;

R20 – série de razão $\sqrt[20]{10} = 1,220$ ou, aproximadamente, 1,12;

R40 – série de razão $\sqrt[40]{10} = 1,0593$ ou, aproximadamente, 1,06.

Assim, o desenvolvimento das diversas séries obtém os seguintes resultados:

Série R 5 – 1 – 1,6 – 2,5 – 4 – 6,3 – 10 – 16 – 25 – 40 – 63 – 100 – 160 – 250 – 400 – 630 – 1 000...

Série R 10 – 1 – 1,25 – 1,6 – 2 – 2,5 – 3,15 – 4 – 5 – 6,3 – 8 – 10 – 12,5 – 16 – 20 – 25 – 31,5 – 40 – 50 – 63 – 80 – 100 – 125 – 160 – 200 – 250 – 315 – 400 – 500 – 630 – 800 – 1 000...

Série R 20 – 1 – 1,12 – 1,25 – 1,4 – 1,6 – 1,8 – 2 – 2,24 – 2,5 – 2,8 – 3,15 – 3,55 – 4 – 4,5 – 5 – 5,6 – 6,3 – 7,1 – 8 – 9 – 10 – 11,2 – 12,5 – 14 – 16 – 18 – 20 – 22,4 – 25 – 28 – 31,5 – 40 – 45 – 50 – 56 – 63 – 71 – 80 – 90 – 100 – 112 – 125 – 140 – 160 – 180 – 200 – 224 – 250 – 280 – 315 – 355 – 400 – 450 – 500 – 560 – 630 – 710 – 800 – 900 – 1 000...

Série R 40 – 1 – 1,06 – 1,12 – 1,18 – 1,25 – 1,32 – 1,4 – 1,5 – 1,6 – 1,7 – 1,8 – 1,9 – 2 – 2,12 – 2,24 – 2,36 – 2,5 – 2,65 – 2,8 – 3 – 3,15 – 3,35 – 3,55 – 3,75 – 4 – 4,25 – 4,5 – 4,75 – 5 – 5,3 – 5,6 – 6 – 6,3 – 6,7 – 7,1 – 7,5 – 8 – 8,5 – 9 – 9,5 – 10 – 10,6 – 11,2 – 11,8 – 12,5 – 13,0 – 13,2 – 14 – 15 – 16 – 17 – 18 – 19 – 20 – 21,2 – 22,4 – 23,6 – 25 – 26,5 – 28 – 30 – 31,5 – 33,5 – 35,5 – 37,5 – 40 – 42,5 – 45 – 47,5 – 50 – 53 – 56 – 60 – 63 – 67 – 71 – 75 – 80 – 85 – 90 – 95 – 100 – 106 – 112 – 118 – 125 – 132 – 140 – 150 – 160 – 170 – 180 – 190 – 200 – 212 – 224 – 236 – 250 – 265 – 280 – 300 – 315 – 335 – 375 – 400 – 425 – 450 – 475 – 500 – 530 – 560 – 600 – 630 – 670 – 710 – 750 – 800 – 850 – 900 – 1 000...

Na série R 10, encontram-se todos os termos da série R 5; na série R 20, encontram-se os das séries R 5 e R 10; na série R 40 estão os das séries R 5, R 10 e R 20. A série R 5 é denominada *primária*, enquanto as outras são denominadas *intercaladas*.

Os números normais, também denominados números de Renard, foram escolhidos entre os membros da série R 40. Os números acima de 6 são arredondados de forma que resultem sempre inteiros, adotando-se ainda o máximo possível de números pares e múltiplos de 5. Para cotar peças mecânicas, deve-se sempre dar preferência aos números da série R 5, seguindo-se os da série R 10: 1 – 1,1 – 1,2 – 1,4 – 1,6 – 1,8 – 2 – 2,2 – 2,5 – 2,8 – 3 – 3,5 – 4 – 4,5 – 5 – 5,5 – 6 – 7 – 8 – 9 – 10 – 11 – 12 – 14 – 16 – 18 – 20 – 22 – 25 – 28 – 32 – 36 – 40 – 45 – 50 – 56 – 63 – 70 – 80 – 90 – 100 – 110 – 125 – 140 – 160 – 180 – 200 – 220 – 250 – 280 – 315 – 355 – 400 – 450 – 500...

A partir desses números normalizados, a norma ABNT NBR 6158:1995 fixa os grupos de dimensões utilizados para escolha de ajustes (Tabela 2.2). Entende-se que, para todas as dimensões compreendidas num mesmo grupo, os valores das tolerâncias e das diferenças são iguais.

Tabela 2.2 – Grupo de dimensões

0 até	1 mm	100 mm	120 mm
1	3	120	140
3	6	140	160
6	10	160	180
10	14	180	200
14	18	200	225
18	24	225	250
24	30	250	280
30	40	280	315
40	50	315	355
50	65	355	400
65	80	355	450
80	100	450	500

Para a fixação dos grupos, foram adotados os seguintes critérios:

- Para dimensões compreendidas até 180 mm, a divisão é baseada nos valores aceitos nas normas de tolerâncias e ajustes de vários países;

- Para dimensões entre 180 mm e 500 mm, os valores-limite dos grupos são baseados nos dos números normalizados da série Renard R 10, de razão $\sqrt[10]{10} = 1,26$. A série dos valores-limite dos sucessivos grupos é a seguinte: 1 – 3 – 6 – 10 – 18 – 30 – 50 – 80 – 120 – 180 – 250 – 315 – 400 – 500...;

- Entretanto, para atender casos de ajuste com grande folga ou grande interferência (de *a* a *c* e *r* a *zc*, ou *A* a *C* e *R* a *ZC*), é prevista uma intercalação para cálculo dos afastamentos de valores intermediários que, a partir de 140 mm, correspondem, aproximadamente, aos números da série Renard R 20, de razão igual a 1,12.

A série completa passa a ser, conforme prevista na Tabela 2.2: 1 – 3 – 6 – 10 – 14 – 18 – 24 – 30 – 40 – 50 – 65 – 80 – 100 – 120 – 140 – 160 – 180 – 200 – 225 – 250 – 280 – 315 – 355 – 400 – 450 – 500...

QUALIDADE DE TRABALHO: TOLERÂNCIAS FUNDAMENTAIS

Entende-se que, para a mesma precisão, a tolerância deve ser maior quanto maior é o diâmetro da peça. Por exemplo, um erro de 1 mm numa peça de 5 mm é inadimissível, porém, passa a ser bastante razoável se essa mesma peça tiver uma dimensão de 500 mm, dependendo de sua aplicação.

As tolerâncias são funções da medida nominal, aumentando à medida que esta aumenta, segundo uma parábola cúbica e não linearmente.

São utilizados os sistemas eixo-base e furo-base, ambos com os mesmos ajustes, equivalentes entre si.

A linha zero é o limite inferior para as zonas toleradas no sistema furo-base e o limite superior para as zonas toleradas no sistema eixo-base.

As diferenças nominais, as medidas nominais e as medidas-limite das peças são grandezas teóricas, dentro das quais se devem encontrar as dimensões das peças, incluindo os erros de medida dos fabricantes. Portanto, as dimensões-limite das peças não devem ser ultrapassadas em ponto algum.

Ressalte-se que a temperatura de referência, ou seja, a temperatura em que devem estar os instrumentos de medida e as peças, é de 20 °C.

É previsto pelo sistema de tolerâncias, para cada zona de medida nominal, 18 graus de tolerância, denominadas *tolerâncias fundamentais*.

Cada grau é denominado *qualidade*, referindo-se sempre o conceito de qualidade à tolerância da peça isolada.

Define-se como base das tolerâncias a chamada unidade internacional de tolerância.

$$i = a \sqrt[3]{D} + b\,D \qquad (2.1)$$

em que:

a) o segundo termo bD leva em conta a inexatidão de medida, originada por deformação elástica, diferença de temperatura etc., aumentando linearmente com o aumento de D;

b) D (mm) é a média geométrica entre ambos os limites da zona de medidas nominais.

Experimentalmente fixou-se:

$a = 0,45$,

$b = 0,001$, da qual sai a fórmula geralmente utilizada:

$$i = 0,45 \sqrt[3]{D} + 0,001\, D \tag{2.2}$$

em que:

$i = (\mu m)$,

$D = (mm)$.

A unidade fundamental de tolerâncias i é designada por *Iso Tolerance* (*IT*). Acrescente-se que essa fórmula é aplicável para o cálculo das qualidades de IT 5 a IT 16.

Além disso, foi calculada empiricamente baseada em tabelas experimentais de diversos países, levando em consideração o fato de que, para as mesmas condições de fabricação, a relação entre os valores dos erros de fabricação e o diâmetro varia de acordo com uma função parabólica.

As séries de tolerâncias fundamentais válidas para a zona de medidas nominais designam-se por IT 1 até IT 16 e são escalonadas como segue: a partir de IT 6, os valores da qualidade são múltiplos da unidade fundamental i, de acordo com uma progressão geométrica de razão 1,6 (série R 5, fator 5 10), de forma que cada qualidade tem uma tolerância 60% maior que a qualidade imediatamente inferior. A qualidade IT 6, por exemplo, é IT 6 = 10 e IT 1 = 10 i. Assim, tem-se a relação entre os diversos graus de tolerância, expressos segundo a Tabela 2.3.

Tabela 2.3 – Tolerâncias fundamentais em função i

IT	6	7	8	9	10	11	12	13	14	15	16
Unidade de tolerância	10	16	25	40	63	100	160	250	400	640	1 000

Pode-se observar que, para as séries de tolerâncias fundamentais de IT 6 a IT 11, os valores foram determinados segundo a fórmula da unidade de tolerância.

Além disso, os valores de IT 12 a IT 16 são dez vezes maiores que os valores de IT 7 a IT 11. A sua aplicação destina-se a ajustes em que não é exigida grande precisão.

Os valores de IT para as qualidades de 1 a 5, inclusive, não seguem equações matemáticas precisas.

Os valores de IT 5, aproximadamente igual a $7i$, representam um valor um pouco maior ao equivalente da série R 5, com razão 1,6.

Baseando-se em valores experimentais, a norma ISO R-236 adota as relações lineares seguintes para o cálculo de $IT\,1$, $IT\,0$ e $IT\,1$:

$$IT\,1 = 0,3 + 0,008\ D;$$

$$IT\,0 = 0,5 + 0,012\ D;$$

$$IT\,1 = 0,8 + 0,020\ D$$

em que:

$[IT]$ = mícrons;

$[D]$ = milímetros.

Os valores de $IT\,2$ a $IT\,4$ foram determinados interpolando-se geometricamente os valores de $IT\,1$ a $IT\,5$.

Assim, foram calculadas, a partir das considerações apresentadas, as tolerâncias IT correspondentes a cada grupo de dimensões, de acordo com a Tabela 2.4.

O grupo de dimensões pode estar subdividido em faixas menores, de acordo com a necessidade de aplicação. Por exemplo, o grupo [18-30] pode subdividir-se em [18-24] e [24-30], ainda segundo a norma NBR 6158:1995.

As classes "$IT\,1$ a $IT\,4$" são empregadas, principalmente, para a construção de calibradores, mas também podem ser empregadas em peças em que há necessidade de precisão especial.

Paralelamente, na construção de calibradores para peças bastante grosseiras, podem ser utilizadas as qualidades de $IT\,5$ a $IT\,7$.

As qualidades de $IT\,5$ a $IT\,9$ são empregadas na grande maioria das construções mecânicas, sendo que na construção de média precisão são adotadas as qualidades IT 7 e $IT\,8$. Para as barras trefiladas, empregam-se principalmente as qualidades 9 e 11, sendo as mais comuns no mercado as barras com qualidade 11.

Podem ainda ser fabricadas com qualidade 8, porém somente por encomenda e em quantidades razoáveis. Sua utilização só se justifica quando o número de peças a ser fabricada é muito grande e garante-se a eliminação de operações posteriores, como torneamento.

É o caso geralmente empregado em pinos e eixos de pequenas dimensões utilizados na indústria automobilística, em que o uso dessas barras simplifica a produção, com a eliminação de várias operações.

As qualidades de $IT\,12$ a $IT\,16$ são empregadas em peças fundidas, soldadas ou barras laminadas. A figura a seguir mostra esquematicamente estas aplicações.

Tabela 2.4 – Tolerâncias fundamentais das qualidades de *IT01* a *IT16*

Grupos de dimensões, mm		Qualidade (IT)																	
De	Até	01	0	1	2	3	4	5	6	7	8	9	10	11	12	13	14	15	16
	Até 1	0,3	0,5	0,8	1,2	2	3	4	6	10	14	25	40	60	–	–	–	–	–
1	3	0,3	0,5	0,8	1,2	2	3	4	6	10	14	25	40	60	100	140	250	400	600
3	6	0,4	0,6	1,0	1,5	2,5	4	5	8	12	18	30	48	75	120	180	300	480	750
6	10	0,4	0,6	1,0	1,5	2,5	4	6	9	15	22	36	58	90	150	220	360	580	900
10	18	0,5	0,8	1,2	2	3	5	8	11	18	27	43	70	110	180	270	430	700	1 100
18	30	0,6	1,0	1,5	2,5	4	6	9	13	21	33	52	84	130	210	330	520	840	1 300
30	50	0,6	1,0	1,5	2,5	4	7	11	16	25	39	62	100	160	250	390	620	1 000	1 600
50	80	0,8	1,2	2	3	5	8	13	19	30	46	74	120	190	300	460	740	1 200	1 900
80	120	1,0	1,5	2,5	4	6	10	15	22	35	54	87	140	220	350	540	870	1 400	2 200
120	180	1,2	2	3,5	5	8	12	18	25	40	63	100	160	250	400	630	1 000	1 600	2 500
180	250	2	3	4,5	7	10	14	20	29	46	72	115	185	290	460	720	1 150	1 850	2 900
250	315	2,5	4	6	8	12	16	23	32	52	81	130	210	320	520	810	1 300	2 100	3 200
315	400	3	5	7	9	13	18	25	36	57	89	140	230	360	570	890	1 400	2 300	3 600
400	500	4	6	8	10	15	20	27	40	63	97	155	250	400	630	970	1 550	2 500	4 000

Os valores das tolerâncias fundamentais a partir da qualidade IT 5 são calculadas em função da unidade de tolerância i.

A partir da qualidade 5, os valores da série das tolerâncias fundamentais são múltiplos da unidade de tolerância i.

A partir da qualidade 6, tais valores aumentam.

Aplicação das qualidades fundamentais

QUALIDADE	01	0	1	2	3	4	5	6	7	8	9	10	11	12	13	14	15	16

- Para calibres: 01 a 4
- Principalmente para ajustes: 5 a 10
- Para tolerâncias maiores de fabricação: 11 a 16
- Para peças isoladas: 5 a 16

ZONAS DE TOLERÂNCIA PARA MEDIDAS EXTERIORES (EIXOS) E MEDIDAS INTERIORES (FUROS)

Introdução

O sistema ISO prevê uma série de zonas toleradas para medidas exteriores (eixos) e para medidas interiores (furos). É bom ressaltar mais uma vez que os conceitos aqui emitidos valem para medidas interiores e exteriores de um modo geral. Assim, para exemplificar, a largura de um canal de chaveta é uma medida interior, enquanto a largura da chaveta corresponde a uma medida exterior.

A zona tolerada em representações gráficas está localizada entre as linhas que indicam as medidas máxima e mínima, como nas Figuras 2.17 e 2.18.

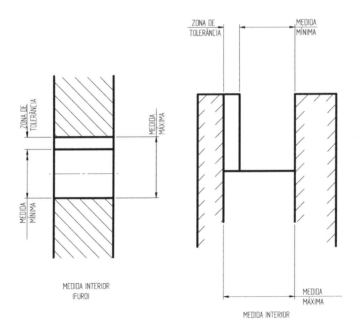

Figura 2.17 – Zona tolerada para medidas interiores.

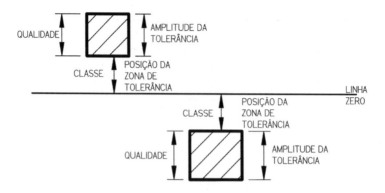

Figura 2.18 – Zona tolerada para medidas exteriores.

Posição das zonas de tolerância: representação gráfica – classe do ajuste de tolerância

As posições das zonas de tolerância com relação à linha zero, denominadas classe do ajuste, são designadas por letras minúsculas para medidas exteriores (eixos) e maiúsculas para medidas interiores (furos). A amplitude da tolerância fundamental correspondente é indicada por números que caracterizam a qualidade (qualidade de 1 a 16).

Para sua caracterização, são empregadas as seguintes letras:

para eixos – medidas exteriores

a b c d e f g h j k m n p r s t u v x y z

para furos – medidas interiores

A B C D E F G H J K M N P R S T U V X Y Z

Para atender casos especiais, preveem-se, também pela ABNT NBR 6158:1995, classes especiais, como *CD*, *EF*, *FG*, *JS*, *ZA*, *ZB*, *ZC* para furos, existindo as mesmas classes para eixos. A Figura 2.18a exemplifica os conceitos de qualidade e classe.

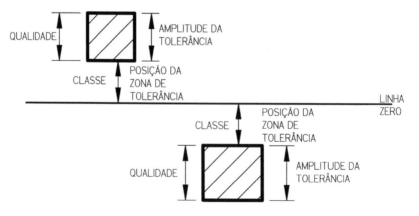

Figura 2.18a – Representação gráfica de classe e qualidade.

De acordo com a Figura 2.19, as zonas toleradas de *a* a *g* encontram-se abaixo da linha zero para medidas exteriores (eixos), e as zonas de *A* a *G* encontram-se acima da linha de centro para medidas inferiores, sendo *a* e *A* as mais afastadas. As zonas *k* a *z* se encontram acima da linha zero e *K* a *Z* ficam abaixo da linha zero, sendo *z* (*Z*) a mais afastada. As zonas *h* limitam a linha zero no seu limite superior, enquanto as zonas *H* limitam a linha zero no seu limite inferior. As zonas *j* e *J* são cortadas pela linha zero.

Destaca-se o fato de que as zonas toleradas *j*, *k* (para peças exteriores) e *J*, *K* (para peças interiores) podem ficar acima ou abaixo da linha zero, respectivamente, dependendo da amplitude de cada uma de suas qualidades.

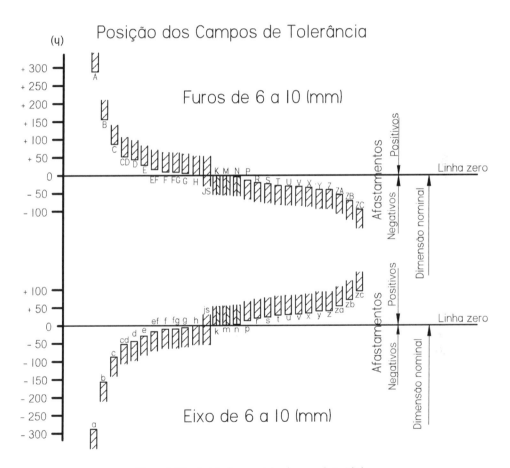

Figura 2.19 – Posição das zonas toleradas com relação à linha zero.

Tais zonas, como será visto posteriormente, estabelecem os chamados ajustes indeterminados.

Abreviaturas

As letras, justamente com os números designativos das qualidades, formam a notação das zonas toleradas.

Assim, uma zona de tolerância é designada pela sua letra, e o número que caracteriza a qualidade da fabricação é colocado imediatamente após a letra.

Desse modo, por exemplo, h 11 significa uma zona de tolerância para medidas exteriores (eixos), começando na linha de centro e situada no lado negativo, de acordo com o afastamento determinado pela qualidade 11 (IT 11). As notações são utilizadas em desenhos, literaturas e gravações em calibradores.

SISTEMAS DE AJUSTE

Introdução

Duas peças lisas que se acoplam para formar uma montagem ou compõem um conjunto mecânico constituem o que se chamava, antes da padronização dos sistemas de ajustes, *conjunto*, visto que uma peça precisava ser ajustada à outra. Depois da introdução das normas, essa palavra mudou para *ajuste*, no qual as partes ajustadas têm a mesma cota nominal, dependendo, então, a dimensão real de cada uma das peças das tolerâncias adotadas, segundo a natureza do ajuste desejado. Num ajuste, existe sempre a peça externa e a peça interna. No caso da Figura 2.20, a peça 2 é a externa e a peça 1 é a interna. As dimensões de ajuste das peças são:

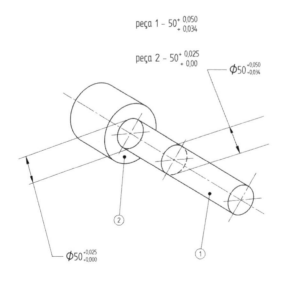

Figura 2.20 – Ajuste entre peça externa e interna.

As duas peças têm, portanto, a mesma medida nominal, porém tolerâncias diferentes: 0,025 mm ou 25 μm, para a peça 2, e 0,016 mm ou 16 μm, para a peça 1.

Para facilidade de uso, é comum que a cota nominal venha acompanhada de letras e números designativos do ajuste em um sistema normalizado.

Assim, para o exemplo citado, temos a notação de:

$$\text{peça } 1 - 50 \; r6$$

$$\text{peça } 2 - 0 \; H7$$

Este sistema de normas será desenvolvido com o conceito de sistemas de ajuste.

Dessa forma, o conceito de zonas toleradas é empregado em primeiro lugar para ajustes. Temos para eixos as qualidades de 5 a 11 e para furos as qualidades de 6 a 11, para as construções mecânicas usuais.

No entanto, as zonas toleradas podem ser utilizadas para outros fins, por exemplo, para definir tolerâncias de fabricação de peças isoladas, como peças laminadas, trefiladas, forjadas, ou ainda comprimento de parafusos, altura de porcas, distância de face e qualquer medida de uma peça acabada.

Furo-base e eixo-base

Ainda que pelo sistema ISO seja possível acoplar livremente distintos furos e eixos, não havendo uma obrigatoriedade rígida a um sistema, é, no entanto, conveniente na sua aplicação a utilização de somente um sistema: furo-base ou eixo-base.

No sistema furo-base, a linha zero é o limite inferior da tolerância do furo, sendo que no sistema eixo-base o limite superior da tolerância do eixo é também a linha zero.

Entende-se, então, que os furos H no sistema furo-base são os furos-base, sendo que os eixos variam de a a z; para o sistema eixo-base os eixos h são os eixos-base, variando-se os furos de A a Z.

Conclui-se, portanto, que para o sistema furo-base a dimensão mínima do furo é sempre igual à medida nominal, sendo o ajuste conseguido pela variação das dimensões do eixo (Figura 2.21). Para o sistema eixo-base, a dimensão máxima do eixo é sempre igual à medida nominal (diferença superior nula). Os ajustes necessários (jogo ou interferência) são conseguidos por meio da variação dos furos (Figura 2.22).

Sistema misto

Deve-se adotar normalmente o sistema furo-base, e mais raramente o sistema eixo--base, ambos estabelecidos pelas normas ISO, DIN e ABNT.

Em casos excepcionais, pode ocorrer a necessidade (para algumas empresas, com aplicações totalmente particulares) da utilização de um sistema misto, no qual se obtêm os jogos ou as interferências fazendo variar os limites dos furos e dos eixos.

A tolerância passa a ter, portanto, uma posição qualquer, diferente de H e h.

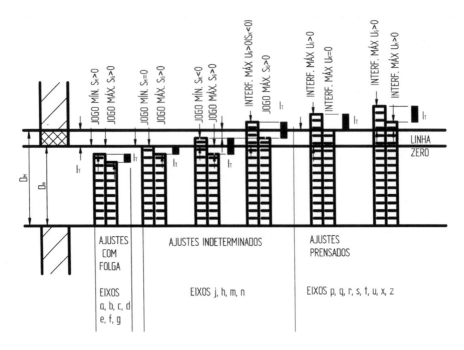

Figura 2.21 — Variação possível dos eixos com sua respectiva qualidade *IT* no sistema furo-base.

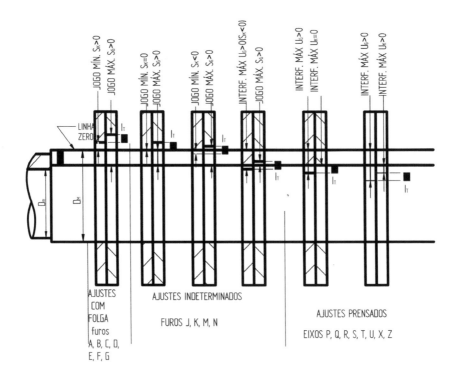

Figura 2.22 — Variação possível dos furos com sua respectiva qualidade *IT* no sistema eixo-base.

A ISO prevê normalização para certos elementos de material ferroviário, como $M8/f8$, $A11/c12$, $D8/c12$, $D8/d12$.

É também o caso de utilização em ajustes de furos estriados e canais de chaveta.

Do mesmo modo que nos sistemas furo e eixo-base, é possível a obtenção de ajustes com jogo, indeterminado e com interferência.

Assim, tem-se:

		+ 0,005	– 0,025	
50 $M8/f8$	50 – 0,034	50	– 0,064 – ajuste indeterminado
		– 0,009	+ 0,012	
60 $N7/j6$	60 – 0,039	60	– 0,007 – ajuste com interferência
		+ 0,550	+ 0,150	
70 $A11/c11$ 70	+0,360	70	+ 0,340 – ajuste com jogo

É teoricamente possível a utilização de um ajuste misto com cotas não normalizadas, o que deve sempre ser evitado.

Determinação das diferenças

Para a determinação das diferenças de cada um dos eixos e furos, partiu-se dos eixos do sistema furo-base.

Para estes, formaram-se as séries de diferenças mais próximas da linha zero por fórmulas, baseadas na prática do emprego de jogos e interferências.

As diferenças dos furos foram determinadas de acordo com as dos eixos. Como foram fixadas em primeiro lugar, as diferenças dos eixos do sistema furo-base a partir de determinadas leis de variação (e somente a partir dele foram fixadas as diferenças dos furos do sistema eixo-base), o sistema furo-base tem certa preferência, porque nele a posição da letra define exatamente a posição do eixo em relação à linha zero.

Os eixos com classes de a até h, em todas as qualidades, têm diferenças superiores determinadas. Conclui-se daí que eixos com letras iguais em todas as qualidades, nessa faixa de variação da classe, dentro de uma zona de medidas nominais, têm diferenças superiores iguais, ou seja, mesma distância da linha zero.

Eixos definidos pelas classes de k a z são determinados pelas suas diferenças inferiores. Também neste caso, eixos com letras iguais dentro de uma zona de medidas nominais têm diferenças inferiores iguais e, portanto, também mesma distância da linha zero.

Uma regra semelhante é válida para os furos com letras de A até H. Visto que podem ser encaradas como imagem especular dos eixos de a até h (ver Figura 2.19).

Assim, os furos com as classes citadas, com uma mesma letra, qualquer que seja a qualidade correspondente, dentro de uma zona de medidas nominais, possuem diferenças inferiores iguais, ou seja, igual distância à linha zero. Para os furos de K até Z, não vale essa regra, pois o tratamento para determinação do tipo de ajuste é diferente, como será visto a seguir. Portanto, pode-se afirmar que para furos de A até H e eixos de a até h a letra define sempre a diferença mais próxima da linha zero. Para furos de K até Z essa afirmação não é válida.

As aplicações usuais dos dois sistemas de ajustes estão exemplificadas nas Tabelas 2.5 e 2.6, enquanto os afastamentos de referência para eixos e furos estão determinados na Tabela 2.7.

Tabela 2.5 – Ajustes para o sistema furo-base

Sistema furo-base														
Furo						**Eixos usuais**								
H5				s4	r4	p4	n4	m4	k4	h4	g4	f4	e5	
H6			u5	t5	a5	r5	p5	n5	m5	k5	k6	j5	j6	h5	g5
H7	za6	z6	x6	u6	t6	s6	r6	p6	n6	m6	k6	j6	h6	g6	f6	f7
H8	zc8	zb8	za8	z8	s8	u8	t8	s8	h8	h9	f7	f8	c8	d9	c9	b9
H9	zc9	zb9	za9	z9	x9	u9	t9	h8	h9	h11	f8	e9	d10	c10	c11	b10
H10	zc10	zb10	za10	z10	x10	u10									
H11	zc11	zb11	za11	z11	x11	h9	h11	d9	d11	c11	b11	b12	a11		
H12						h12	d12	b12	a12						
H13						h13	d13	b13	a13						

Tabela 2.6 – Ajustes para o sistema eixo-base

Sistema eixo-base														
Eixo						**Furos usuais**								
h4				S5	R5	P5	N5	M5	K5	H5	G5	F5		
h5				U6	T6	S6	R6	P6	N6	M6	K6	J6	H6	G6	
h6	ZA7	Z7	X7	U7	T7	S7	R7	P7	N7	M7	K7	I7	H7	G7	F7
h8	ZC8	ZB8	ZA8	Z8	X8	U8	T8	S8	H8	H9	F7	F8	E8	D9	C9	B9
h9	ZC9	ZB9	ZA9	Z9	X9	U9	T9	H8	H9	H11	F8	E9	D10	C10	C11	B10
h10	ZC10	ZB10	ZA10	Z10	X10	U10									
h11	ZC11	ZB11	ZA11	Z11	X11	H9	H11	D9	D11	C11	B11	D12	A11		
h12						H12	D12	B12	A12						
h13						H13	D13	B13	A13						

Tabela 2.7 – Valores dos afastamentos de referência para eixos[1]

Posição (valores em µm)

Grupos de dimensões mm	a	b	c	cd	d	e	ef	f	fg	g	h	js	j5 e j6	j7	j8	k4 a k7	k≤3 e k>7	m	n	p	r	s	t	u	v	x	y	z	za	zb	zc
0 a 1	–	–	–60	–34	–20	–14	–10	–6	–4	–2	0	±IT/2	–2	–4	–6	0	0	+2	+4	+6	+10	+14	–	+18	–	+20	–	+26	+32	+40	+60
> 1 ≤ 3	–270	–140	–60	–34	–20	–14	–10	–6	–4	–2	0	±IT/2	–2	–4	–6	0	0	+2	+4	+6	+10	+14	–	+18	–	+20	–	+26	+32	+40	+60
> 3 ≤ 6	–270	–140	–70	–46	–30	–20	–14	–10	–6	–4	0	±IT/2	–2	–4	–	+1	0	+4	+8	+12	+15	+19	–	+23	–	+28	–	+35	+42	+50	+80
> 6 ≤ 10	–280	–150	–80	–56	–40	–25	–18	–13	–8	–5	0	±IT/2	–2	–5	–	+1	0	+6	+10	+15	+19	+23	–	+28	–	+34	–	+42	+52	+67	+97
> 10 ≤ 14	–290	–150	–95	–	–50	–32	–	–16	–	–6	0	±IT/2	–3	–6	–	+1	0	+7	+12	+18	+23	+28	–	+33	–	+40	–	+50	+64	+90	+130
> 14 ≤ 18	–290	–150	–95	–	–50	–32	–	–16	–	–6	0	±IT/2	–3	–6	–	+1	0	+7	+12	+18	+23	+28	–	+33	+39	+45	–	+60	+77	+108	+150
> 18 ≤ 24	–300	–160	–110	–	–65	–40	–	–20	–	–7	0	±IT/2	–4	–8	–	+2	0	+8	+15	+22	+28	+35	–	+41	+47	+54	+63	+73	+98	+136	+188
> 24 ≤ 30	–300	–160	–110	–	–65	–40	–	–20	–	–7	0	±IT/2	–4	–8	–	+2	0	+8	+15	+22	+28	+35	+41	+48	+55	+64	+75	+88	+118	+160	+218
> 30 ≤ 40	–310	–170	–120	–	–80	–50	–	–25	–	–9	0	±IT/2	–5	–10	–	+2	0	+9	+17	+26	+34	+43	+48	+60	+68	+80	+94	+112	+148	+200	+274
> 40 ≤ 50	–320	–180	–130	–	–80	–50	–	–25	–	–9	0	±IT/2	–5	–10	–	+2	0	+9	+17	+26	+34	+43	+54	+70	+81	+97	+114	+136	+180	+242	+325
> 50 ≤ 65	–340	–190	–140	–	–100	–60	–	–30	–	–10	0	±IT/2	–7	–12	–	+2	0	+11	+20	+32	+41	+53	+66	+87	+102	+122	+144	+172	+226	+300	+405
> 65 ≤ 80	–360	–200	–150	–	–100	–60	–	–30	–	–10	0	±IT/2	–7	–12	–	+2	0	+11	+20	+32	+43	+59	+75	+102	+120	+146	+174	+210	+274	+360	+480
> 80 ≤ 100	–380	–220	–170	–	–120	–72	–	–36	–	–12	0	±IT/2	–9	–15	–	+3	0	+13	+23	+37	+51	+71	+91	+124	+146	+178	+214	+258	+335	+445	+585
> 100 ≤ 120	–410	–240	–180	–	–120	–72	–	–36	–	–12	0	±IT/2	–9	–15	–	+3	0	+13	+23	+37	+54	+79	+104	+144	+172	+210	+254	+310	+400	+525	+690
> 120 ≤ 140	–460	–260	–200	–	–145	–85	–	–43	–	–14	0	±IT/2	–11	–18	–	+3	0	+15	+27	+43	+63	+92	+122	+170	+202	+248	+300	+365	+470	+620	+800
> 140 ≤ 160	–520	–280	–210	–	–145	–85	–	–43	–	–14	0	±IT/2	–11	–18	–	+3	0	+15	+27	+43	+65	+100	+134	+190	+228	+280	+340	+415	+535	+700	+900
> 160 ≤ 180	–580	–310	–230	–	–145	–85	–	–43	–	–14	0	±IT/2	–11	–18	–	+3	0	+15	+27	+43	+68	+108	+146	+210	+252	+310	+380	+465	+600	+780	+1000
> 180 ≤ 200	–660	–340	–240	–	–170	–100	–	–50	–	–15	0	±IT/2	–13	–21	–	+4	0	+17	+31	+50	+77	+122	+166	+236	+284	+350	+425	+520	+670	+880	+1150
> 200 ≤ 225	–740	–380	–260	–	–170	–100	–	–50	–	–15	0	±IT/2	–13	–21	–	+4	0	+17	+31	+50	+80	+130	+180	+258	+310	+385	+470	+575	+740	+960	+1250
> 225 ≤ 250	–820	–420	–280	–	–170	–100	–	–50	–	–15	0	±IT/2	–13	–21	–	+4	0	+17	+31	+50	+84	+140	+196	+284	+340	+425	+520	+640	+820	+1050	+1350
> 250 ≤ 280	–920	–480	–300	–	–190	–110	–	–56	–	–17	0	±IT/2	–16	–26	–	+4	0	+20	+34	+56	+94	+158	+218	+315	+385	+475	+580	+710	+920	+1200	+1550
> 280 ≤ 315	–1050	–540	–330	–	–190	–110	–	–56	–	–17	0	±IT/2	–16	–26	–	+4	0	+20	+34	+56	+98	+170	+240	+350	+425	+525	+650	+790	+1000	+1300	+1700
> 315 ≤ 355	–1200	–600	–360	–	–210	–125	–	–62	–	–18	0	±IT/2	–18	–28	–	+4	0	+21	+37	+62	+108	+190	+268	+390	+475	+590	+730	+900	+1150	+1500	+1900
> 355 ≤ 400	–1350	–680	–400	–	–210	–125	–	–62	–	–18	0	±IT/2	–18	–28	–	+4	0	+21	+37	+62	+114	+208	+294	+435	+530	+660	+820	+1000	+1300	+1650	+2100
> 400 ≤ 450	–1500	–760	–440	–	–230	–135	–	–68	–	–20	0	±IT/2	–20	–32	–	+5	0	+23	+40	+68	+126	+232	+330	+490	+595	+740	+920	+1100	+1450	+1850	+2400
> 450 ≤ 500	–1650	–840	–480	–	–230	–135	–	–68	–	–20	0	±IT/2	–20	–32	–	+5	0	+23	+40	+68	+132	+252	+360	+530	+660	+820	+1000	+1250	+1600	+2100	+2600

[1] Para os afastamentos inferiores dos furos de A até H os valores numéricos são iguais aos afastamentos superiores dos símbolos correspondentes, porém com sinal positivo.

Tipos de ajustes

O sistema de ajustes prevê três tipos: ajustes móveis ou deslizantes, ajustes indeterminados e ajustes prensados ou com interferência.

Para ajustes móveis, no sistema furo-base, foram previstos eixos de *a* até *h;* no sistema eixo-base, furos de *A* até *H*.

Portanto, dos acoplamentos seguintes, resultam sempre ajustes com folga:

- dos eixos: *a, b, c, cd, d, e, ef, f, fg, g, h*, com furo *H*;
- dos furos: *A, B, C, CD, D, E, EF, F, FG, G, H*, com eixo *h*.

Para os ajustes indeterminados e prensados, nos quais não é possível uma separação de determinada letra (pois o ajuste depende de peça par), estão, para o sistema furo-base, eixos de *j* a *z*, e, no sistema eixo-base, furos de *J* a *Z*. Pondere-se, portanto, que podem resultar ajustes indeterminados e com interferência, conforme a posição dos campos de tolerância e as tolerâncias das peças a serem associadas, segundo a sequência:

eixos: *j, js, k, m, n, p, r, s, t, u, v, x, y, z, za, zb, zc* com furo *H*;

furos: *J, JS, K, M, N, P, R, S, T, U, V, X, Y, Z, AZ, ZB, ZC* com eixo *h*.

Para se designar o ajuste, enumera-se em primeiro lugar o furo e depois o eixo, seja qual for o sistema adotado. Assim, tem-se:

$$\varnothing 27 \quad \frac{H7}{m6}$$

o que significa, no sistema furo-base, um ajuste indeterminado com o furo designado por $\varnothing$ 27 H7, e o eixo, por $\varnothing$ 27 m6.

Se o ajuste fosse feito no sistema eixo-base:

$$\varnothing\ 27\ M7\ h6$$

ou seja

furo – $\varnothing$ *M7,*

eixo – $\varnothing$ *27 h6.*

Ajustes móveis

A folga determinada para estes ajustes deve acompanhar a variação das dimensões das peças. Ressalte-se que, para este caso, é preciso ter sempre comportamentos semelhantes das peças acopladas de dimensões diferentes.

Para o cálculo da capacidade de carga admissível e para o julgamento das condições de lubrificação, é necessário considerar a folga mínima e a máxima.

Os jogos mínimos, que correspondem a diferenças mais próximas da linha zero, foram estabelecidos por meio de desenvolvimentos teóricos posteriormente confirmados pelas experiências práticas.

A correspondência entre ajustes e qualidades é dada pela Tabela 2.8.

Tabela 2.8 – Classificação dos ajustes móveis

Qualidades		Ajustes
Eixo	furo	
5	6	Nobre
6	7	Fino
8 e 9	8 e 9	Liso
11	11	Grosso
13	13	De grande jogo

Como as diferenças inferiores dos furos de ajuste móvel são iguais às diferenças superiores dos eixos de ajuste móvel, obtêm-se para os ajustes da mesma letra iguais folgas mínimas nos sistemas furo-base e eixo-base, independentemente da qualidade. Para os ajustes de mesma letra e mesma qualidade, também são iguais as folgas máximas.

Existem alguns critérios gerais aplicáveis na escolha de um ajuste com folga:

a) precisão de locação do eixo;

b) capacidade de carga do mancal;

c) suavidade de marcha;

d) temperaturas de funcionamento e repouso;

e) condições de lubrificação e velocidade de deslizamento;

f) limitação até um mínimo aceitável das perdas por atrito.

Note-se que a velocidade de deslizamento influi na escolha dos ajustes por meio dos fatores enumerados. Há de se notar ainda que os fatores que determinam se um conjunto responde a todas essas condições são: características mecânicas, rotação do eixo e lubrificação.

Entretanto, deve-se considerar que esses fatores não se comportam da mesma maneira com relação às condições mencionadas e que a importância relativa daquelas varia conforme o caso.

Para a interpretação correta dos fenômenos que ocorrem nos ajustes deslizantes, é de grande importância um estudo mais apurado sobre a teoria hidromecânica da lubrificação, o que não é feito nesta obra por fugir a seus objetivos principais.

Os ajustes com folga estudados a seguir levam em conta as condições existentes em mancais com lubrificação.

Assim, podem ser classificados em:

Ajustes com guias precisas

Nestes ajustes, esperam-se guias precisas entre mancal e eixo, fazendo as folgas mínimas crescerem lentamente com o aumento do diâmetro. Experimentalmente provou-se que a expressão de variação das folgas mínimas pode ser colocada em função de sua raiz cúbica. As normas ISO e ABNT NBR 6158:1995 preveem que, para atender a essas condições de ajustes, deve-se adotar:

$$\text{furo-base } H - \text{eixo } g$$

$$\text{eixo-base } h - \text{furo } G$$

quando se tem, para o cálculo da folga mínima:

$$\text{folga mínima} = 2,5 \ D^{0,34}$$

com valores em mícrons.

Estão enquadrados neste tipo de ajuste os seguintes casos:

- montagem de engrenagens sobre eixos em que o momento torsor é transmitido por chaveta ou eixo e cubo estriado;
- montagem de polias sobre eixos nas condições anteriores;
- montagem de acoplamentos elásticos para a transmissão de momento torsor de um eixo para outro por chaveta ou estriado;
- montagem de aro interno de rolamentos montados em polias ou engrenagens loucas;
- montagem de pinos transmissores de momento torsor onde não pode haver jogo;
- montagem de pinos de guia de referência de acoplamento entre duas peças pares.

Ajustes com mínimas perdas por atrito e máxima capacidade de carga

Ajustes cujos jogos ou folgas, para se conseguir mínimas perdas por atrito e máxima capacidade de carga, crescem com o diâmetro, de modo que o jogo médio aumenta proporcionalmente a uma raiz maior com relação ao diâmetro ($\approx 0,4$). Nesse caso, supõe-se que a temperatura de funcionamento seja aproximadamente igual à temperatura de fabricação. Praticamente, tem-se uma lei de variação da folga um pouco mais ampla do que aquelas vistas para ajustes com guias precisas. Neste caso os ajustes são os seguintes:

$$\text{furo } H \quad \begin{array}{l} \text{eixos } f \\ \text{eixos } e \\ \text{eixos } d \end{array}$$

$$\text{eixo } h \quad \begin{array}{l} \text{furos } F \\ \text{furos } E \\ \text{furos } D \end{array}$$

As leis de variação da folga são as seguintes, coincidentes para os sistemas furo--base e eixo-base:

$$\text{eixo } f \text{ e furo } F - \text{folga mínima } 5,5 \times D^{0,41},$$

$$\text{eixo } e \text{ e furo } E - \text{folga mínima } 11 \times D^{0,41},$$

$$\text{eixo } d \text{ e furo } D - \text{folga mínima } 16 \times D^{0,41}.$$

Estão enquadrados neste tipo de ajuste todos os acoplamentos em que a folga entre furo e eixo deve ser maior do que no caso anterior para possibilitar deslocamentos de uma peça em relação à outra, sem grandes perdas por atrito nem redução de carga aplicada. É a aplicação típica de engrenagens ou polias deslizantes, acoplamentos com discos deslizáveis, sempre em baixa rotação. Estão enquadrados neste caso também ajustes entre engrenagens e eixos de caixas de câmbio destinadas à transmissão de veículos automotores na grande maioria dos casos.

Ajustes com grandes jogos

Em tais ajustes, o objetivo é conseguir bom funcionamento das partes em acoplamento nestes casos:

a) Em máquinas de alta velocidade, a fim de obter-se rotação sem vibração do eixo e redução das perdas por atrito. Neste caso, devido à alta rotação do eixo, os desvios de forma e posição têm sua influência bastante aumentada, passando a interferir diretamente no ajuste das peças em acoplamento. Assim, desvios de ovalização, conicidade, linearidade, planicidade, paralelismo, perpendicularismo, concentricidade etc., que em baixa rotação não influem no ajuste entre as peças, passam a ter bastante influência em altas rotações, principalmente em peças de grandes dimensões. É a aplicação típica de rotores de turbina, grandes motores elétricos etc.

b) Em máquinas cujas temperaturas em regime de funcionamento devem ser consideravelmente maiores que as temperaturas de fabricação. Neste caso, os ajustes determinados à temperatura ambiente devem prever folgas aparentemente grandes, as quais vão diminuindo à medida que todo o conjunto começa a atingir a temperatura de regime. Aplicam-se, nesse caso, ajustes para redutores que trabalham em altas temperaturas, como fundição, laminação, siderurgia, trefilações etc.

c) Onde a aplicação não exige grandes precisões, como máquinas e implementos agrícolas. Ainda de acordo com as normas ISO e ABNT, tais ajustes são: eixos c, b e a para furos H, e eixos h para furos C, B, A.

As leis de variação das folgas mínimas para estes casos, nos sistemas furo-base e eixo-base, são:

$$\text{eixo } c \text{ e furo } C - 52\ D^{0,2} \qquad \text{para } D \leq 40 \text{ mm}$$

$$95 + 0,8\ D \qquad \text{para } D > 40 \text{ mm}$$

$$\text{eixo } b \text{ e furo } B - 140\ 4 + 0,85\ D \qquad \text{para } D \leq 160 \text{ mm}$$

$$1,8\ D \qquad \text{para } D > 160 \text{ mm}$$

$$\text{eixo } a \text{ e furo } A - 2,65 + 1,3\ D \qquad \text{para } D \leq 120 \text{ mm}$$

$$3,5\ D \qquad \text{para } D > 120 \text{ mm}$$

d) Ajustes apropriados para uniões, cujas peças não giram continuamente ou são sujeitas apenas a rotações parciais.

e) Ajustes para peças de movimento alternativo ou guiados entre si, como peças telescópicas etc.

Para os casos d e e, os ajustes são adotados segundo as circunstâncias existentes. Em todos os tipos de ajustes folgados citados anteriormente, onde é adequada uma lubrificação, já foi levada em conta nos ajustes recomendados a espessura do filme de lubrificantes. Partindo-se das diferenças superiores e inferiores fixadas com as tolerâncias fundamentais das diversas qualidades, pode-se formar um grande número de campos de tolerância de eixos e furos com ajustes com folga. Entretanto, para limitação das aplicações de um modo mais sistêmico, foi feita uma seleção de modo a atender as necessidades correntes da mecânica, conforme indicação das Tabelas 2.9 e 2.10.

Nos casos particulares, ou em outras aplicações, podem ser calculadas as diferenças dos eixos e dos furos com base nas folgas mínimas fixadas e nas tolerâncias da qualidade desejada. Entretanto, tais furos e eixos só devem ser empregados quando não são suficientes as combinações de ajustes indicados nas Tabelas 2.9 e 2.10.

Tabela 2.9 – Ajuste com folga – furo-base

Furo-base					Eixo			
H5	h4	g4	f4/f5	e5	d5	–	–	–
H6	h5	g5	f6	e6/e7	d6/d7	–	–	–
H7	h6	g6	f7	e8/e9	d8/d9	c8/c9	b8/b9	a9
H8	h7/h8	g7	f8/f9	–	d10	–	–	–
H11	h11	–	–	–	d11	c10	b10	a10

Tabela 2.10 – Ajuste com folga – eixo-base

Eixo-base					Furo				
h4	H5	G5	F5	–	–	–	–	–	
h5	H6	G6	F5	E5	–	–	–	–	
h6	H7	G7	F6	E6/E7	D6/D7	–	–	–	
h7	H8	–	F7	E8	D8/D9	C8/C9	B8/B9	A9	
h8	H8/H9	G7	F8/F9	E9	D10	–	–	–	
h9	H10	–	–	E10	–	–	–	–	
h11	H11	–	–	–	D11	C11	B11	A11	

Ajustes indeterminados

Os ajustes indeterminados são os compreendidos entre os ajustes móveis e os prensados.

Neste tipo de ajuste, pode-se ter folga ou interferência indiferentemente, dependendo das dimensões reais das peças (Figura 2.23). Porém, essas folgas ou interferências são mínimas, pois as dimensões das peças podem variar em torno da linha zero de uma quantidade muito pequena.

Adotando-se a Figura 2.23, verifica-se que:

a) com a dimensão maior do furo (peça exterior) e a dimensão menor do eixo (peça interior), obtém-se um jogo positivo e, portanto, folga;

b) com a dimensão menor do furo (peça exterior) e a dimensão maior do eixo (peça interior), obtém-se um jogo negativo e, portanto, interferência.

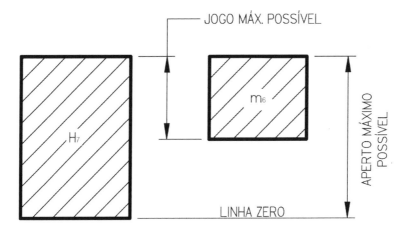

Figura 2.23 – Ajustes indeterminados.

Conclui-se, portanto, que, dependendo das dimensões obtidas no furo e no eixo durante a fabricação das peças, tem-se indiferentemente folga ou interferência.

Nos ajustes indeterminados, existem campos de tolerância apenas dos eixos de qualidades 4, 5, 6, 7 e 8.

Para o cálculo das diferenças inferiores dos eixos, servem as fórmulas seguintes:

$$\text{eixo } k, \; 0,6 \sqrt[3]{D}$$

$$\text{eixo } m, \; 2,8 \sqrt[3]{D}$$

$$\text{eixo } n, \; 5 \times D^{0,34}$$

em que D é dado em mm e representa a média geométrica dos limites de uma zona de medidas nominais, e as diferenças estão em mícrons.

Também neste caso, foram arredondados os valores numéricos em concordância com determinadas regras. O eixo $m6$ mostra pequenas irregularidades, já que sua diferença superior coincide com a diferença superior do furo $H7$. Para os eixos j de qualidades 5-6-7, foram determinadas as diferenças inferiores de acordo com a experiência, sem vinculação a nenhuma fórmula.

Os eixos de qualidade $j5$ e $j6$ foram estudados, principalmente, levando-se em consideração as necessidades de montagens de rolamentos. Experimentalmente, evitou-se um aumento excessivo das diferenças inferiores, a fim de limitar os esforços e deformações provenientes do acoplamento entre o aro interior do rolamento e o eixo, devido à falta de rigidez inerente à sua construção. Além disso, os desvios de forma e posição necessários são sempre bastante estreitos para possibilitar seu bom desempenho.

As diferenças superiores dos eixos, para os ajustes indeterminados, foram calculadas com base nas diferenças inferiores e nas tolerâncias fundamentais.

As diferenças de furos fixaram-se de tal modo que, para os ajustes indeterminados correspondentes ao sistema furo-base e ao sistema eixo-base, se obtém sempre o mesmo jogo ou interferência, supondo-se sempre que os furos, para o ajuste indeterminado, se acoplem sempre ao eixo da qualidade imediatamente mais precisa.

Assim, o ajuste $H7/m6$ corresponde exatamente ao ajuste $h6/M7$ (Figura 2.24).

A troca das qualidades do eixo e do furo daria lugar a outro tipo de ajuste. Nos ajustes indeterminados com eixos $m7$ poderia resultar, como consequência das grandes tolerâncias de ajuste, em um jogo e em um aperto significativo.

Como as diferenças dos eixos j e m e dos furos J e M aproximam-se demasiadamente de medidas nominais pequenas, foram suprimidos os eixos k e os furos K intermediários.

Os ajustes indeterminados são utilizados quando é necessária grande precisão de giro sem que se possa arriscar qualquer excentricidade devido à folga resultante, ou ainda quando existe variação de esforço ou de temperatura durante o funcionamento.

O momento torsor deve ser transmitido por meio de elementos mecânicos auxiliares, como chavetas, pinos, estrias, buchas etc. Assim, para os ajustes k e j, tem-se o caso de ajustes indeterminados com jogo ou aperto com tendência ao jogo, ou seja, o jogo médio é sempre positivo. Devem ser colocados no lugar com fraca prensagem e podem ser desmontados sem provocar deterioração das superfícies de contato. São ainda utilizados para aplicações com grande precisão de giro, com carga fraca e direção indeterminada da carga.

São os casos de assentos de rolamento em máquinas de alta velocidade, ventiladores montados com chaveta, pinhões em pontas de eixo-árvore de máquinas-ferramentas etc. Para os ajustes m e n, correspondentes a uma grande precisão que dão jogo ou aperto com tendência ao aperto, o jogo médio é sempre negativo. A utilização é reservada para aplicações em que a carga aplicada é maior ou ainda existe um aumento progressivo da temperatura de funcionamento. Nesse caso, os apertos devem predominar para compensar as deformações elásticas. É o caso da aplicação de peças móveis entre si, que podem ser montadas ou desmontadas com martelo sem danos das superfícies. Esse ajuste é aplicado em cubos de rodas, mancais em suportes, uniões facilmente desmontáveis de cubos em eixos através de lingueta de arraste.

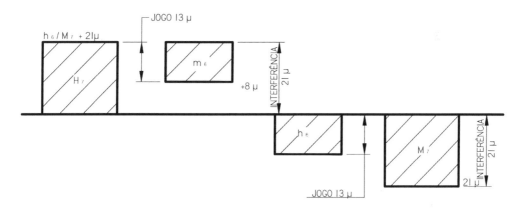

Figura 2.24 – Equivalência entre os ajustes indeterminados nos sistemas eixo-base e furo-base.

A seleção de ajuste indeterminado específico depende, quando não existem as variações citadas anteriormente, da frequência de desmontagem das peças acopladas durante a operação regular. Assim, em máquinas-ferramentas, engrenagens de mudança de velocidade ou avanço são constantemente trocadas na seleção de avanços e rotações adequadas para determinada usinagem. Nesse caso, deve-se optar por um ajuste indeterminado tendendo a folga, por exemplo, j ou k nos eixos. Se tais engrenagens são raramente trocadas (3 a 5 vezes durante a vida útil da máquina), pode-se optar por um ajuste indeterminado tendendo à interferência.

Os ajustes com jogo médio negativo (tendendo à interferência) são utilizados com vantagem quando as peças acopladas são sujeitas a cargas de choque. Nesse caso, o atrito entre as peças resultante da interferência pode parcialmente livrar as chavetas, estrias e embreagens dos efeitos diretos das cargas de choque.

É preciso sempre considerar que os ajustes indeterminados, por possuírem diferenças inferiores e superiores (para furos e eixos) muito próximos da linha zero, são sempre de grande precisão, necessitando, na maioria dos casos, de equipamentos de fabricação mais refinados. Assim, para a usinagem de furos e eixos para esses ajustes, é sempre necessário, além de retíficas cilíndricas externas e internas, ferramental de aferição e controle com bastante precisão, quando se trabalha em regime de produção seriada. Se a produção não for seriada, em que é comum a utilização de instrumentos universais de medição na produção, são necessários instrumentos para medições externas e internas com acuracidade necessária.

O bom desempenho das peças acopladas num ajuste indeterminado depende essencialmente da qualidade da fabricação empregada nas peças isoladas.

Ajustes prensados

Os ajustes prensados são todos aqueles nos quais os diâmetros dos eixos são sempre maiores que os diâmetros dos furos, não havendo qualquer possibilidade de folga. Por esse motivo, necessita-se sempre de um esforço exterior mais ou menos intenso para sua efetivação.

Quanto maior a diferença entre os diâmetros, mais forte deve ser o esforço para o ajuste entre as duas peças. Em casos de grande interferência, ou ainda em que seja necessária grande precisão de prensagem, pode-se utilizar uma prensa hidráulica.

Em uma classificação mais genérica, classificam-se como "forçados" os ajustes conseguidos sem auxílio de equipamentos especiais e como "prensados" os que realmente necessitam desses ajustes para sua efetivação.

Os ajustes, nestes casos, são conseguidos:

a) por prensagem de uma peça contra a outra;

b) por aquecimento da peça exterior (anel ou cubo) acima da temperatura ambiente, de modo que, com o esfriamento da peça exterior,consegue-se a fixação por contração da peça exterior;

c) por esfriamento da peça interior abaixo da temperatura ambiente, de tal modo que, ao aquecê-la à temperatura da peça exterior, se consegue o ajuste;

d) por aplicação simultânea dos dois casos anteriores, quando se tratar de um ajuste com muita interferência.

Pode-se distinguir dos tipos de prensagens especificados anteriormente as seguintes classificações:

Ajuste prensado longitudinal. É um ajuste prensado (ou forçado), formado pela introdução sob pressão do eixo e furo, no sentido da linha de centro do eixo (Figura 2.25).

Note-se que neste caso não existe nenhuma folga inicial entre as peças exterior e interior, sendo que o acoplamento é feito à temperatura ambiente, por meio de um esforço externo no sentido longitudinal, obtido por prensa ou outro meio à disposição.

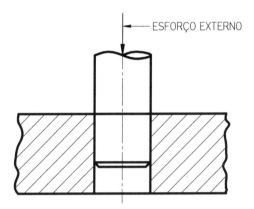

Figura 2.25 – Ajuste prensado longitudinal.

Ajuste prensado transversal. É um ajuste prensado no qual o ajuste entre eixo e furo é feito sem esforço, sendo que o esforço de prensagem é conseguido:

a) por esfriamento e contração da peça previamente aquecida; é denominado *ajuste por contração* (Figura 2.26). É um processo bastante utilizado para prensagem de anéis externos em rodas de vagões ferroviários. O aquecimento pode ser feito em óleo quente ou ainda em um forno de aquecimento.

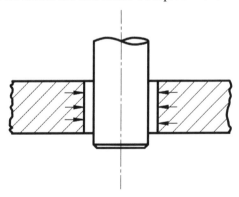

Figura 2.26 – Ajuste prensado transversal por contração.

b) por aquecimento e dilatação da peça interior previamente resfriada; é denominado *ajuste por dilatação.* O esfriamento a até –80 ºC pode ser conseguido por imersão da peça em gelo-seco. Adotando-se o ar líquido como meio de resfriamento, é possível atingir-se temperaturas de até –200 ºC. A (Figura 2.27) mostra o esquema de um ajuste prensado transversal por dilatação.

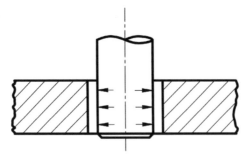

Figura 2.27 – Ajuste prensado longitudinal por dilatação.

c) por plasticidade da peça interior, que é obrigada a ajustar-se à peça exterior por meio de uma expansão provocada por dispositivos como expansores cônicos etc. (Figura 2.28).

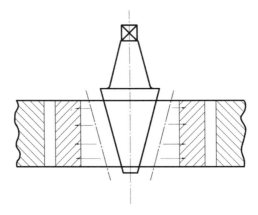

Figura 2.28 – Ajuste prensado transversal obtido por plasticidade da peça interior.

Normalização. Para a normalização dos ajustes prensados, pode-se levar em conta somente os apertos existentes entre eixo e furo, e não os demais fatores que influem na força de aderência, como comprimento e espessura da parede do cubo, eixo maciço ou vazado, módulo de elasticidade e limite de estricção do eixo e do cubo, aspereza da superfície nos pontos de ajustes, lubrificação ao prensar e temperatura de funcionamento. Por essa razão, a normalização limita-se à criação de uma numerosa e bem ordenada série de zonas toleradas para acoplamentos de ajustes prensados que permita a escolha de um ajuste para cada caso particular, uma vez consideradas todas as condições, sendo que em cada caso é necessário verificar o aperto máximo e mínimo. No aperto mínimo, deve-se levar em consideração as condições de transmissão de momento torsor e movimentos de esforço longitudinal. Com o aperto máximo, deve-se considerar as tensões admissíveis dos materiais em acoplamento.

As posições de tolerância que interferem com eixo *h* (eixo-base) e furo *H* (furo--base) são, respectivamente:

para furos – *P, R, S, T, U, V, X, Y, Z, ZA, ZB, ZC*;

para eixos – *p, r, s, t, u, v, x, y, z, za, zh, zc*.

Para a determinação do ajuste, a condição determinante é sempre a interferência mínima em razão das condições funcionais. Para isso, determinou-se inicialmente a diferença inferior dos eixos com a qual, confrontando-se com a diferença superior do furo *H7*, se obtém a interferência mínima necessária. A partir dessa linha experimental, com a fixação da interferência mínima como parâmetro, para determinação das diferenças, foi fixado o eixo *p6* como eixo de ajuste prensado mais leve para o furo *H7*, de tal modo que há menor interferência possível, mas que ainda garante um ajuste prensado, fazendo-se então variar sua diferença inferior segundo uma parábola cúbica. A diferença inferior dos eixos *r* foi obtida como média geométrica dos valores previstos para os eixos *p* e *s* determinados para furos *H7*.

As diferenças inferiores de eixos foram determinadas de tal modo a produzir sempre interferência com o furo *H8*. Com o furo *H8*, obtêm-se ajustes prensados com eixos de *s* a *z*. Para os furos *H9* e *H10*, os ajustes prensados são de *u* a *z* e *zc*, respectivamente. Os furos *H11* são aplicados para eixos de *z* a *zc*.

Os valores numéricos calculados para as fórmulas precedentes foram arredondados de acordo com determinadas regras, e essas fórmulas são encontradas geralmente em tabelas. Os valores dados por fórmulas para as diferenças inferiores aumentam ligeiramente nas zonas dos diâmetros nominais inferiores para que não se juntem demasiadamente os ajustes prensados na região das medidas nominais e também para que se tenham apertos cada vez maiores nessas zonas. Dessa forma, leva-se em consideração que, como consequência das asperezas das superfícies, o aperto real decisivo para efeito de dimensionamento das peças é sempre menor que a diferença dos diâmetros entre o eixo e o furo. Nota-se por observação das diferenças nos ajustes escolhidos que tal afirmação é mais sensível para os diâmetros menores que para os maiores, em que o acabamento das superfícies não tem a mesma influência. Deve-se atentar ainda ao fato de que a diferença superior é obtida a partir da diferença inferior por meio da soma da qualidade correspondente, ou seja:

$$A_o = A_u + IT.$$

Assim, adotando-se a Figura 2.29, tem-se:

eixo *s6*, para dimensão nominal de 25 mm

diferença inferior do eixo *s6* = 35 μm

tolerância da qualidade 6 (*IT* 6) = 13 μm

portanto, a diferença superior de *s6* será:

$$A_o = + 35 + 13 = 48 \ \mu m$$

As diferenças dos furos para os ajustes prensados foram calculadas de modo que os ajustes correspondentes no sistema furo-base e no sistema eixo-base tenham iguais interferências máximas e mínimas, supondo-se que os eixos sempre se acoplem a um furo de qualidade imediatamente inferior (Figura 2.29).

As diferenças inferiores dos furos de ajustes prensados resultam, assim, iguais às diferenças superiores dos eixos de ajustes prensados da mesma letra da qualidade fina mais imediata, sendo que, em ambas, os apertos máximos são iguais. As diferenças superiores dos furos para ajustes prensados são obtidas das diferenças inferiores a partir da soma algébrica das tolerâncias respectivas. Exemplo: furo S7 para dimensão nominal 25 mm:

$$\text{diferença superior do eixo } S6 = +48 \ \mu m$$

portanto, a diferença inferior do furo $S7$ é de -48 μm:

$$\text{tolerância da qualidade 7 } (IT\ 7) = 21 \ \mu m$$

logo, a diferença superior de $S7$ é de:

$$A_0 = A + IT\ 7 = 48 + 21 = 27 \ \mu m$$

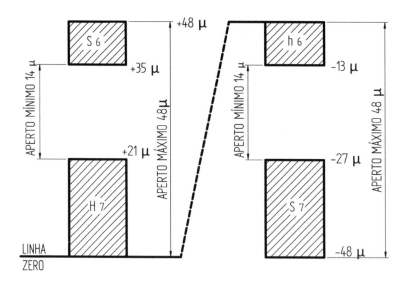

Figura 2.29 – Equivalência entre os ajustes prensados para o sistema furo-base e eixo-base.

As diferenças inferiores dos eixos de ajustes prensados das qualidades 5 e 7 são iguais aos da qualidade 6. Com o furo $H6$, obtém-se com o eixo $n5$ o ajuste prensado que tem as menores tensões em todas as aplicações possíveis de interferência, seguido do furo $H7$ e do eixo $n6$. Por esse motivo, esse ajuste é enquadrado na categoria de indeterminados, por permitir desmontagem e montagem sucessivas sem dano das superfícies e dos ajus-

Sistema de ajuste ABNT: sistemas furo-base e eixo-base

tes. Os cálculos para as diferenças inferiores dos eixos e superiores de furos nos ajustes prensados são especificados na Tabela 2.11. Os valores de $\Delta = IT_n - IT_{n-1}$ representam a diferença entre a tolerância da qualidade considerada e a qualidade imediatamente mais fina, sendo que seus valores numéricos estão representados na Tabela 2.12.

Tabela 2.11 – Cálculo das diferenças superiores e inferiores para ajustes prensados

	Eixo			Furo	
Classe da tolerância	Qualidade	Valor da Diferença para D (mm)	Posição de tolerância	Qualidade	Valor da diferença par D (mm)
p	todas	$A_u = IT\,7 + 0$ a 5	P	1 a 7 inclusive 8 a 16 inclusive	$A_0 = -(IT\,7 + 0$ a $5) + \Delta$ $A_0 = -(IT\,7 + 0$ a $5)$
r	todas	$A_u =$ média geométrica dos valores previstos para as classes p e s	R	1 a 7 inclusive 8 a 16 inclusive	$A_0 = -(IT\,7 + 0$ a $5) + \Delta$ $A_0 = -(IT\,7 + 0$ a $5)$
s	todas	$A_u = IT\,8 + 1$ a 4 para $D \leqslant 50$ $A_u = IT\,7 + 0{,}4\,D$ para $D > 50$	R	1 a 7 inclusive	$A_0 = -(IT\,8 + 1$ a $4) + \Delta$ para $D \leqslant 50$ $A_0 = -(IT\,7 + 0{,}4\,D) + \Delta$ para $D > 50$
				8 a 16 inclusive	$A_0 = -(IT\,8 + 1$ a $4)$ para $D \leqslant 50$ $A_0 = -(IT\,7 + 0{,}4\,D)\Delta$ para $D > 50$
t	todas	$A_u = +\,IT\,7 + 0{,}63\,D$	T	1 a 8 inclusive 9 a 16 inclusive	$A_0 = -(IT\,7 + 0{,}63\,D) + \Delta$ $A_0 = -(IT\,7 + 0{,}63\,D)$
u	todas	$A_u = +\,IT\,7 + D$	U	1 a 8 inclusive 9 a 16 inclusive	$A_0 = -(IT\,7 + D) + \Delta$ $A_0 = -(IT\,7 + D)$
v	todas	$A_u = +\,IT\,7 + 1{,}25\,D$	V	1 a 8 inclusive 9 a 16 inclusive	$A_0 = -(IT\,7 + 1{,}25\,D) + \Delta$ $A_0 = -(IT\,7 + 1{,}25\,D)$
x	todas	$A_u = +\,IT\,7 + 1{,}6\,D$	X	1 a 8 inclusive 9 a 16 inclusive	$A_0 = -(IT\,7 + 1{,}6\,D) + \Delta$ $A_0 = -(IT\,7 + 1{,}6\,D)$
y	todas	$A_u = +\,IT\,7 + 2\,D$	Y	1 a 8 inclusive 9 a 16 inclusive	$A_0 = -(IT\,7 + 2\,D) + \Delta$ $A_0 = -(IT\,7 + 2\,D)$

(continua)

64 Tolerâncias, ajustes, desvios e análise de dimensões

Tabela 2.11 – Cálculo das diferenças superiores e inferiores para ajustes prensados *(continuação)*

Eixo			Furo		
Classe da tolerância	Qualidade	Valor da Diferença para D (mm)	Posição de tolerância	Qualidade	Valor da diferença par D (mm)
z	todas	$A_u = + IT\,7 + 2,5\,D$	Z	1 a 8 inclusive 9 a 16 inclusive	$A_0 = -(IT\,7 + 2,5\,D) + \Delta$ $A_0 = -(IT\,7 + 2,5\,D)$
za	todas	$A_u = + IT\,8 + 3,15\,D$	ZA	1 a 8 inclusive 9 a 16 inclusive	$A_0 = -(IT\,8 + 3,15\,D) + \Delta$ $A_0 = -(IT\,8 + 3,15\,D)$
zb	todas	$A_u = + IT\,9 + 4\,D$	ZB	1 a 8 inclusive 9 a 16 inclusive	$A_0 = -(IT\,9 + 4\,D) + \Delta$ $A_0 = -(IT\,9 + 4\,D)$
zc	todas	$A_u = + IT\,10 + 5\,D$	ZC	1 a 8 inclusive 9 a 16 inclusive	$A_0 = -(IT\,10 + 5\,D) + \Delta$ $A_0 = -(IT\,10 + 5\,D)$

Tabela 2.12 – Valores de $IT_n - IT_{n-1} = \Delta$

Grupos de dimensões em milímetros		Qualidade					
Mais de	Até	3	4	5	6	7	8
0	3	0	0	0	0	0	0
3	6	1	1,5	1	3	4	6
6	10	1	1,5	2	3	6	7
10	18	1	2	3	3	7	9
18	30	1,5	2	3	4	8	12
30	50	1,5	3	4	5	9	14
50	80	2	3	5	6	11	16
80	120	2	4	5	7	13	19
120	180	3	4	6	7	15	23
180	250	3	4	6	9	17	26
250	315	4	4	7	9	20	29
315	400	4	5	7	11	21	32
400	500	5	5	7	13	23	34

Cálculo de ajustes prensados

i) Influência da grandeza das interferências

Para a determinação de ajustes prensados longitudinais ou transversais, é necessário conhecimento das características dos materiais, principalmente seus coeficientes de ruptura, limite elástico e coeficientes de dilatação.

Pelo que já foi visto, os ajustes prensados podem estar sujeitos a duas solicitações principais: deslizamento longitudinal entre as peças e giro delas entre si. Tais esforços devem ser compensados pelo atrito ou aderência produzido pelas tensões elásticas geradas nas superfícies de ajuste. Todo ajuste com interferência apresenta um valor máximo e um mínimo. Pode-se afirmar que:

a) a interferência mínima é aquela necessária para absorver todos os esforços e solicitações externas;

b) a interferência máxima deve ser menor que o limite elástico do material para não provocar ruptura das peças que estão sendo acopladas.

Portanto, o procedimento para o cálculo de um ajuste com interferência é em primeiro lugar a determinação da interferência mínima e, posteriormente, a interferência máxima que absorve os esforços elásticos internos dos materiais que formam o conjunto. Se a tensão provocada pela interferência máxima não ultrapassar o limite elástico de ambos os materiais, tem-se então a máxima tensão de aderência, qualquer que seja o ajuste em estudo.

A princípio entendia-se que a tensão originária da interferência máxima não devia ultrapassar o limite elástico de ambos os materiais. Atualmente, porém, após valores experimentais obtidos, constatou-se que é possível ultrapassar esse valor, mantendo-se a tensão de aderência em valores compatíveis com o ajuste, não sendo necessariamente a máxima possível.

A Figura 2.30 representa, em um sistema de coordenadas cartesianas, o comportamento dos assentos de ajustes prensados longitudinalmente, ultrapassando-se os limites elásticos dos materiais.

Como já foi exposto, a interferência máxima, que geralmente deve ser comparada aos valores de regime elástico, pode ser definida pela equação:

$$U_G = T_t + T_e + U_k$$

em que:

U_G = interferência máxima;

U_k = interferência mínima;

T_i = tolerância da peça interior. Para ajustes cilíndricos, é a tolerância do eixo;

T_e = tolerância da peça exterior. Para ajustes cilíndricos, é a tolerância do furo.

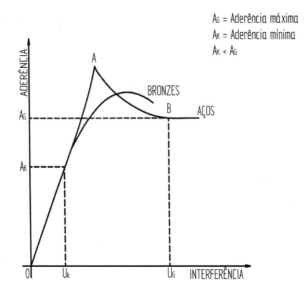

Figura 2.30 – Comportamento de um ajuste prensado longitudinal.

Já foi visto também que a soma de T_i e T_e representa a tolerância de ajuste T_p. Logicamente, a interferência máxima assim obtida não deve ultrapassar o ponto A da (Figura 2.30), onde é atingido o limite de elasticidade do material, se não se deseja sair do limite elástico.

Voltando à (Figura 2.30) e adotando o trecho OAB (para aços), se as interferências crescerem até ultrapassar o limite B, o ajuste é feito na zona de escoamento plástico. Por meio desse sistema, é possível trabalhar com tolerâncias mais abertas e, portanto, com maior economia, mantendo-se a aderência necessária. Há de se considerar ainda que a ordenada levantada correspondente à interferência máxima nunca deve ser inferior à calculada para a interferência mínima, para obter as condições necessárias para satisfazer as condições externas.

ii) Grandezas principais

Antes do cálculo propriamente dito dos ajustes prensados, são dadas algumas definições fundamentais, geralmente usadas para esses tipos de cálculos. Todas essas definições são estabelecidas pela norma DIN 7182.

Superfície de prensagem S. É a superfície total do assento:

$$S = \pi D_a L_a s$$

em que:

D_a = diâmetro de prensagem (praticamente igual ao diâmetro nominal do ajuste) em mm;

L_a = comprimento do ajuste em mm;

S = superfície de ajuste.

O diâmetro de prensagem pode ser adotado como a média dos diâmetros das peças exterior e interior, se o furo não for perfeitamente cilíndrico.

Relação de diâmetros Q. É o quociente entre os diâmetros interior e exterior de uma peça ajustada:

$$Q_e = \frac{d_i}{d_e} \qquad Q_f = \frac{d_i}{d_e}$$

sendo:

Q_e = relação de diâmetros do eixo;

Q_a = relação de diâmetros do furo;

d_i = diâmetro interior do eixo em mm;

D_i = diâmetro interior do furo em mm;

d_e = diâmetro exterior do eixo em mm;

D_e = diâmetro exterior do furo em mm.

Interferência específica ou relativa β. É o quociente entre a interferência real e o diâmetro de prensagem ou nominal.

$$\beta = \frac{U}{1000 \, D}$$

sendo:

β = interferência relativa em mícrons;

U = interferência real em mícrons.

Perda de interferência por alisamento. É aquela que ocorre quando há diminuição no diâmetro da altura das rugosidades das peças em acoplamento, ao se efetuar o ajuste (Figura 2.31). Pode-se definir:

$$\Delta U = 2(B_f + B_e)$$

sendo:

ΔU = perda de interferência em mícrons;

B_f = diminuição da altura da rugosidade ao produzir-se o alisamento da superfície do furo;

B_e = diminuição da altura da rugosidade ao produzir-se o alisamento da superfície do eixo.

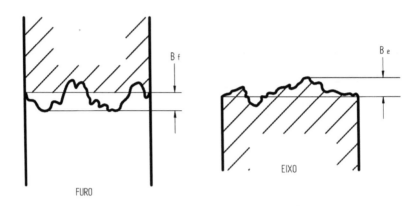

Figura 2.31 – Diminuição da altura da rugosidade por alisamento.

Medida de aderência. Obtida nos ajustes forçados ou prensados e resulta da diferença entre a interferência real U e a perda de interferência ΔU.

$$M_a = U - \Delta U = U - (B_f - B_e)$$

em que:

M_a = medida de aderência em mícrons.

Medida de aderência relativa. É definido como o quociente entre a medida de aderência M_a e o diâmetro de prensagem:

$$M_{ar} = \frac{M_a}{D}$$

em que:

M_{ar} = medida de aderência relativa em µm/mm.

Deformação. É a variação em µm do diâmetro de cada uma das peças ajustadas mediante um ajuste forçado.

Pressão. É a tensão normal ou pressão específica p (kgf/mm²) na superfície de assento ou prensagem.

Esforço de prensagem P_e. O esforço de prensagem em kgf é a força necessária, no sentido do eixo, para efetuar uma montagem das peças em ajuste.

Esforço de aderência P. É a resistência apresentada em kgf por um ajuste com interferência em uma força exterior.

Esforço de deslocamento P_i. É a força exterior em kgf necessária para provocar o começo do deslizamento num ajuste com interferência.

Esforço de deslocamento longitudinal P_{in}. É a força exterior necessária para provocar o deslizamento longitudinal das peças prensadas.

Esforço de deslocamento periférico ou torcional P_{ip}. É a força exterior necessária, em kgf, à altura do raio da superfície de prensagem, para produzir deslocamento giratório das peças, uma vez que estão montadas.

Esforço de deslizamento P_d. É a força necessária, em kgf, para manter o deslizamento uma vez iniciado. Pode ainda ser definido como somente a força necessária para manter o deslizamento após este ter sido iniciado pelo esforço de deslocamento P_i.

Esforço de deslizamento longitudinal P_{dl}. É a força, em kgf, capaz de manter o deslizamento longitudinal após este ter sido iniciado.

Esforço de deslizamento periférico P_{dp}. É a força, em kgf, capaz de manter o deslocamento giratório das peças após este ter sido iniciado.

Momento de torção de descolamento ou momento de descolamento M_d. É o momento de torção, em kgf.mm, correspondente ao esforço de descolamento P_{ip}.

Momento de torção de deslizamento ou momento de deslizamento M_{de}. É o momento de torção, em kgf.mm, correspondente ao esforço de deslizamento periférico P_{dp}.

Coeficiente de aderência v. É a relação entre o esforço de aderência v e a carga normal calculada na superfície de prensagem:

$$v = \frac{P}{pS}$$

Adotando-se as definições dos esforços de descolamento e deslizamento, pode-se definir os diversos coeficientes de aderência para as diversas situações. Assim, tem-se:

$$v_{th} = \frac{P_{ih}}{pS}$$ – coeficiente de aderência para descolamento horizontal;

$$v_{ip} = \frac{P_{ip}}{p \times S}$$ – coeficiente de aderência para descolamento torcional ou periférico;

$$v_{dl} = \frac{P_{dl}}{pS} \text{ – coeficiente de aderência para deslizamento longitudinal;}$$

$$v_{dp} = \frac{P_{dp}}{pS} \text{ – coeficiente de aderência para deslizamento torcional ou periférico.}$$

O coeficiente de aderência, v_p, é definido em relação ao esforço máximo P que ocorre sempre no final da prensagem.

Temperatura de prensagem t. É a temperatura em ºC, que deve ter cada peça para se efetuar a montagem. Por definição, t_e e t_t são as temperaturas da peça exterior e interior, respectivamente.

Diferença de temperatura de prensagem Δt. É a diferença em ºC das temperaturas de duas peças imediatamente antes da prensagem.

$$\Delta t = t_e - t_i$$

iii) Método de cálculo dos ajustes prensados

Ajustes longitudinais

Para o cálculo propriamente dito dos ajustes com interferência, há necessidade de se levar em conta duas solicitações principais a que são submetidas as peças ajustadas:

a) solicitação que provoca tendência de deslocamento no sentido longitudinal;

b) solicitação que provoca tendência ao giro de uma peça em relação à outra.

O esforço necessário para se iniciar o movimento relativo entre duas peças acopladas, variando suas inércias, é muito maior que o necessário para mantê-lo, como já foi dito anteriormente. Geralmente, adota-se para este último um valor de 70% do inicial, suficiente inclusive para manter a tendência do movimento, mesmo nos casos em que o ajuste está sujeito a vibrações ou choques. Para a aplicação em cargas alternativas, o esforço para se iniciar o movimento pode ser considerado como igual ao necessário para mantê-lo.

Vários fatores devem ser levados em consideração no cálculo das dimensões das peças a serem ajustadas, sendo os principais:

a) As tensões e as deformações obedecem a uma relação linear. Para o caso de ajustes em que essa condição não se cumpra, atingindo-se o regime plástico, as formulações são somente aproximadas.

b) O comprimento axial das peças em acoplamento é igual. Assim sendo, o comprimento maior de uma das peças em relação à outra não faz sentido algum para o dimensionamento dos ajustes.

c) Não são consideradas forças centrífugas que tendem a reduzir as diferenças de interferência e, portanto, a força correspondente.

d) Quando a peça exterior ou interior tem nervuras, o aumento da pressão de prensagem deve ser determinado experimentalmente.

Interferência mínima

Conforme já definido, a interferência mínima, num ajuste prensado, deve ser responsável pela transmissão do momento torsor proveniente da potência exigível. Assim, a força que atua sob ação de determinada potência N é:

$$P_{tp} = \frac{2M_t}{D} = \frac{716200 \times N}{n \times r}$$

em que:

p_{tp} = esforço tangencial ou esforço de giro à altura do raio, em kg;

M_t = momento torsor, em kgf.mm;

D = diâmetro do assento, em mm;

N = potência solicitante, em cv ($\sim$ HP);

n = rotação das peças, em rpm;

r = raio do assento, em mm.

Além do esforço tangencial P_{tp}, há de se levar em consideração também o esforço longitudinal P_{in}. Assim, a força necessária para que o ajuste seja mantido é calculada como a soma vetorial das duas forças acima, sendo seu módulo o seguinte:

$$P_i = \sqrt{P_{tp}^2 + P_{in}^2}$$

em que:

P_i = força total em kgf.

Portanto, a pressão mínima necessária na zona de contato do ajuste é:

$$P_{mín.} = \frac{P_i}{\pi D L v}$$

em que:

$P_{mín.}$ = pressão mínima necessária em kgf/mm²;

L = comprimento do assento em mm;

v = coeficiente de aderência.

Os coeficientes de aderência podem ser tomados da Tabela 2.13.

Tabela 2.13 – Coeficientes de aderência

Ajustes prensados longitudinais com superfícies de acabamento fino		Ajustes prensados transversais com superfícies de acabamento fino	
Aço ao carbono normalizado, com aço ao carbono normalizado e sem lubrificação	0,15 a 0,175		
Aço ao carbono normalizado, com aço ao carbono normalizado e com lubrificação	0,12 a 0,15	Aço com aço	0,12 a 0,35
Aço ao carbono com ferro fundido com lubrificação	0,15 a 0,16		
Aço temperado com ferro fundido com lubrificação	0,12	Aço com ferro fundido	0,13 a 0,18
Velocidade máxima de prensagem – 2 mm/s			

A norma DIN 7190 para ajustes prensados adota valores distintos para os diversos valores de v_{ih}, v_{ip}, v_{dl} e v_{dp}, calculando as várias pressões para os casos de início de deslizamento e sua manutenção. Como na grande maioria dos casos não há necessidade de se calcular separadamente, é adotado neste livro o método de cálculo da determinação de um esforço único a partir da soma vetorial das forças radial e axial, com a adoção também de um coeficiente de aderência. O erro introduzido, para a grande maioria dos casos, não é significativo.

Com base no conhecimento da pressão mínima, a interferência mínima é determinada pela fórmula:

$$U_K = 10^3 \, (K_f + K_e)_{P_{mín.}} \, D + \Delta U$$

em que os valores de K_f e K_e são obtidos a partir das expressões:

$$K_f = \frac{(n_f + 1) + (n_f - 1)Q_f^2}{n_f E_f (1 - Q_f)^2}$$

$$K_e = \frac{(n_e + 1) + (n_e - 1)Q_e^2}{n_e E_e (1 - Q_e^2)}$$

em que n_f e n_e são coeficientes de Poisson para o material do furo e do eixo.

Os coeficientes de Poisson geralmente adotados são:

ferro fundido – $\eta = 4$;

aços – $\eta = 3$;

E_e, E_f – módulos de elasticidade para o eixo e para o furo;

$$Q_f - \text{relação do diâmetro do furo} = \frac{D_i}{D_e},$$

em que:

D_e = diâmetro externo do furo;

D_i = diâmetro interno do furo;

Q_e = relação de diâmetros do eixo d_i/d_e.

A Figura 2.32 mostra as diversas grandezas expostas anteriormente. Os módulos de elasticidade geralmente adotados estão contidos na Tabela 2.14.

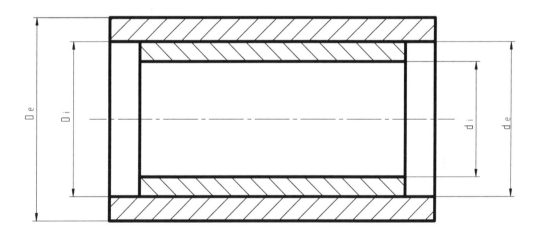

Figura 2.32 – Prensagem entre furo e eixo: grandezas principais.

Tabela 2.14 – Módulos de elasticidade

Material	E (kgf/mm²)
Aço ao carbono (0,15% a 0,25% C)	20 000 a 21 000
Aço inoxidável	20 000
Aço rápido	21 000 a 23 500
Ferro fundido maleável e modular	9 000 a 10 000
Cobre	11 000 a 12 500
Alumínio e suas ligas	3 600 a 4 700
Ligas de magnésio	3 600 a 8500
Bronzes e latões	7 000 a 8 500
Resinas sintéticas	400 a 1 600
Vidro	7 000 a 7 500
Madeira	1 000

A perda de interferência por alisamento ΔU foi definida anteriormente pela expressão:

$$\Delta U = 2(B_f + B_e)$$

em que B_f e B_e representam a diminuição da altura da rugosidade, ao produzir-se o alisamento da superfície do furo e do eixo, fenômeno que ocorre durante a prensagem das duas peças. Para o cálculo quantitativo de B_f e B_e, são adotadas as seguintes relações:

$$B_f = \frac{H_f}{h_f} \quad e \quad B_e = \frac{H_e}{h_e}$$

em que:

H_f, H_e = altura máxima de rugosidade do furo e do eixo em mícrons;

h_f, h_e = distância da linha média do perfil da rugosidade até o seu pico mais alto em mícrons.

Tais valores podem ser determinados em indústrias que possuem aparelhos para medir as grandezas H e h, para furo e eixo, respectivamente.

Em caso de não se dispor de meios para medição direta, a norma DIN 7190 recomenda que o valor de B seja adotado como 0,6 multiplicado pelo valor de H da Tabela 2.15.

Com todos esses elementos, a interferência mínima U_k pode ser determinada. Após a determinação desta, é necessário calcular a interferência máxima U_g, acima da qual as pressões de trabalho superaram os limites elásticos do material.

As pressões que atuam no acoplamento levando-se em conta as tensões de escoamento são dadas pelas fórmulas:

$$P_f = \frac{1-Q_f^2}{1+Q_f^2} \times \sigma_{ef}$$

$$P_e = \frac{1-Q_e^2}{1+Q_e^2} \times \sigma_{ee}$$

em que:

p_f = pressão no furo, em kgf/mm²;

p_e = pressão no eixo, em kgf/mm²;

σ_{ef} = tensão de escoamento do material do furo, em kgf/mm²;

σ_{ee} = tensão de escoamento do material do eixo, em kgf/mm².

Tabela 2.15 – Altura da rugosidade H em μ para diversas superfícies

Operação	H
Torneamento em desbastes	16 a 40
Torneamento em semiacabamento	6 a 16
Torneamento em acabamento	2,5 a 6
Furação e escariado à máquina	10 a 25
Furação em semiacabamento e alargamento em uma operação	6 a 10
Furação em semiacabamento com dois alargadores	2,5 a 6
Retificação em desbaste	16 a 40
Retificação em semiacabamento	6 a 16
Retificação em acabamento, rebolo de grana fina	2,5 a 6
Lapidação, brunimento etc.	1 a 2,5
Brochamento	1,6 a 4

Assim, a interferência máxima U_G é aquela na qual as pressões sobre furo e eixo são tais que não ultrapassam o limite elástico dos materiais correspondentes. Se o eixo for maciço, pela própria expressão das pressões, resulta que p_e é sempre menor que p_f. Assim sendo, a interferência máxima é calculada pela expressão:

$$U_G: 10^3 p_f \times (K_f + K_e) \times D + \Delta U$$

No valor da expressão anterior, sempre que o eixo for oco, há necessidade de se calcular o valor de p_f e p_e, adotando-se sempre o maior deles.

A diferença entre a interferência máxima U_G e a interferência mínima U_k determina a tolerância do ajuste. A partir dela, é possível repartir essa tolerância entre furo e eixo, enquadrando-as em ajustes normalizados. Caso se chegue à conclusão, porém, de que as tolerâncias assim determinadas para o furo e o eixo são demasiadamente estreitas para os recursos de fabricação que se tem disponível, a solução é aumentar a tensão do material além do limite de escoamento, atingindo-se nesse caso uma prensagem com deformação plástica.

Pode-se adotar como valor orientativo para aços que, se o valor da pressão mínima necessária na secção do ajuste ($p_{mín.}$) for menor que a metade do menor valor de p_f ou p_e, no ponto-limite superior de tensão da Figura 2.29, será ultrapassado o limite de escoamento do material. Portanto, a condição para se trabalhar no regime plástico em um ajuste com interferência é:

$$p_{mín.} \leq 0,5 \times (\text{menor valor de } p_f \text{ou } p_e).$$

Os materiais distintos do aço, como ferro fundido, metais leves etc., como não apresentam limite de escoamento, podem ser prensados sem inconveniência acima do limite plástico, sempre que as tensões se mantenham abaixo do limite de ruptura.

A utilização da zona plástica para ajustes com interferência é sempre conveniente, na medida em que se utilizam tolerâncias ISO mais abertas e, consequentemente, custos mais baixos.

Nota-se também que a passagem do limite elástico para o limite plástico fica bastante influenciada pela relação de diâmetros Q. Geralmente adota-se como valor-limite:

$$Q_e = 0,75$$

para o qual a força de aderência pode reduzir-se até a metade do seu valor normal, sendo possível a utilização do regime plástico. Para valores menores de 0,75, ou seja, para peças mais robustas, a denominação da força de aderência é menor.

Observações gerais

Para se ter um bom ajuste prensado longitudinal, é preciso manter a perda de interferência por alisamento ΔU o mais baixo possível, obtendo-se superfícies com bom acabamento dentro das condições econômicas permissíveis.

Como já foi visto, à medida que ΔU tende a zero, obtém-se uma medida de aderência M_a maior, o que contraria a tendência inicial de se supor que a interferência é maior se maiores forem as vistas do perfil de rugosidade superficial das peças em acoplamento.

Para facilitar ainda mais o ajuste, costuma-se fazer uma superfície cônica na extremidade da peça interior com um comprimento de, aproximadamente, 2 mm a 5 mm, o que corresponde a uma conicidade de, aproximadamente, 10°. O cone assim formado evita, principalmente para grandes interferências, a usinagem de um material sobre o outro, produzindo-se um alisamento das superfícies, diminuindo a rugosidade superficial exatamente como se vê nos cálculos.

Um arredondamento da extremidade da peça inferior deve ser evitado, sendo prejudicial ao ajuste. Além disso, não se deve ultrapassar um ângulo de cone de 30°, pois, nesse caso, a peça interior funcionaria como uma brocha de ângulo de corte negativo, erodindo as superfícies e prejudicando o ajuste. No caso de plásticos, no entanto, o comportamento das peças em ajuste é completamente diferente, sendo empregados ângulos de cone de 90° (chanframento de 45°), com raios de concordância bastante suaves com a parte cilíndrica. O furo da peça exterior deve estar, nesse caso, muito arredondado no lado da entrada, para evitar que se arranquem rebarbas da peça par durante a prensagem.

Por meio de ensaios, provou-se que os materiais plásticos se deformam continuamente quando submetidos a tensões. Após 24 horas, o ajuste perde 30% da aderência inicial, podendo chegar a 50% com o passar do tempo após a prensagem. Essa variação de força de aderência deve ser levada em conta nos cálculos. O lubrificante na prensagem adquire papel importante, visto que é indispensável para um grande número de casos.

No caso de a produção das peças ser em grande escala, como na produção seriada de produtos análogos, é sempre interessante fazer uma série de experiências para se chegar ao melhor lubrificante. Para produções pequenas, em que não compensa financeiramente um investimento nesse tipo de pesquisa, é possível adotar, para qualquer tipo de lubrificante, um coeficiente de aderência da ordem de 0,065. Geralmente, emprega-se óleo hidráulico de baixa viscosidade como lubrificante.

Os ajustes com interferência não devem ser adotados como solução de projeto, a menos que haja limitações dimensionais em conjuntos em que a montagem e a desmontagem se efetuem com frequência, ou quando não se tem conhecimento da frequência de desmontagem. A montagem e a desmontagem constantes levam a uma deterioração rápida do ajuste, resultando em um custo excessivamente alto de reposições do conjunto completo.

Se, porém, essa solução for necessária, deve-se tomar o cuidado de não fazer o ajuste com superfícies oxidadas, pois uma progressão da oxidação provoca um aumento de volume das juntas, tornando impossível a desmontagem sem aquecimento das peças. A velocidade de prensagem não deve ultrapassar 2 mm/s para peças de aço. As forças de aderência diminuem com o aumento da velocidade de prensagem, podendo chegar a 1/4 da inicial para velocidades dez vezes maiores que a recomendada.

Ajustes prensados transversais

O cálculo de dimensionamento dos ajustes prensados transversais por dilatação da peça interior ou por contração da peça exterior é basicamente o mesmo que o dos ajustes longitudinais, apesar de haver diferenciação em alguns valores adotados. A influência da rugosidade superficial na força de aderência e nos respectivos coeficientes de aderência é diferente, visto que, nesses tipos de ajustes, o perfil da rugosidade das duas peças tende a entrar um no outro, ao contrário dos ajustes longitudinais, em que há tendência de alisamento das superfícies pelo deslocamento relativo entre ambas.

À primeira vista, pode parecer uma vantagem que, para esses tipos de ajustes, as superfícies sejam as mais ásperas possíveis. Isso não ocorre porque, se após a união das peças é aplicada uma força longitudinal ou um momento de giro, uma peça se move em relação à outra e os pontos mais altos do perfil da rugosidade das duas tendem a cortar-se entre si. Tal situação agrava-se quando as peças estão submetidas a choque. Recomenda-se, portanto, que esse tipo de ajuste só seja feito quando se tem a certeza de que as cargas aplicadas são estáticas. Não há, portanto, nenhuma vantagem em tornar as superfícies mais ásperas. Para uma mesma interferência dimensional máxima e mínima, o ajuste com superfícies lisas resulta mais firme.

O ajuste de contração tem certas vantagens com relação ao ajuste por dilatação, como economia de operação, uniformidade, facilidade de introdução da peça interior na exterior (por estar aquela na temperatura ambiente), sendo mais fácil sua manipulação.

Devem ser evitadas oxidações nas superfícies de assento das peças, para não prejudicar a qualidade do ajuste. As principais fontes de oxidação são os sistemas de aquecimento ou resfriamento em que deve recair o maior cuidado operacional.

Os sistemas de cálculo são idênticos para os valores de U_G e U_K já desenvolvidos para o ajuste prensado longitudinal, sendo que os valores para o coeficiente de aderência podem ser os da Tabela 2.13.

Para o cálculo das temperaturas de esfriamento da peça interior ou aquecimento da peça exterior, pode-se adotar a seguinte formulação:

$$t_e = t_0 \frac{S_K + U_G}{\alpha_e D}$$

$$t_f = t_0 \frac{S_K + U_G}{\alpha_f D}$$

em que:

t_e = temperatura a ser atingida na peça interior (eixo) no resfriamento (°C);

t_f = temperatura a ser atingida na peça exterior (furo) no aquecimento (°C);

t_0 = temperatura ambiente (°C);

S_K = folga mínima necessária para as peças a serem acopladas, dada em mícrons;

U_G = interferência máxima a ser atingida, dada em mícrons;

D = diâmetro de acoplamento (mm);

α_f, α_e = coeficiente de dilatação térmica da peça exterior (furo) e da peça interior (eixo).

Os valores adotados para a maioria das aplicações podem ser encontrados na Tabela 2.16.

Ao aquecer-se a peça exterior em forno com atmosfera controlada, sem entrada de ar, obtém-se um ajuste por contração a seco, tomando-se sempre o cuidado de limpar a peça interior, que tem coeficientes de aderência mais elevados. O mesmo ocorre com ajustes de dilatação quando o líquido refrigerante vaporiza-se antes da união.

Tabela 2.16 – Coeficientes de dilatação térmica

Material	$\alpha \times 10^{-6}$	
	Aquecimento	Esfriamento
Aço carbono e aço rápido	11	− 8,5
Ferro fundido e ferro maleável	10	− 8
Cobre	16	− 14
Bronze	17	− 15
Latão	18	− 16
Alumínio e suas ligas	23	− 18
Ligas de magnésio	26	− 21
Resinas sintéticas	40-70	−

Se há aparecimento de escamas no aquecimento da peça exterior, aumenta consideravelmente o coeficiente de aderência. Como exemplo, uma camada de escamas acima de 1 μm em materiais diferentes ou de 0,15 μm em materiais iguais é suficiente para impossibilitar a separação das peças ajustadas.

Se for necessário desfazer o ajuste posteriormente, sem haver meios de evitar a formação de escamas, deve ser empregado um ajuste com dilatação ou ainda o de compressão e expansão simultaneamente.

Os ajustes transversais podem ser utilizados imediatamente após sua confecção, não sendo necessária nenhuma espera para sua efetivação.

Os banhos mais comuns para resfriamento e aquecimento das peças utilizam os materiais da Tabela 2.17. Geralmente, nos ajustes de dilatação, a peça interior é resfriada com gás carbônico ou ar líquido, enquanto nos ajustes de contração o aquecimento da peça exterior é feito com óleos especiais.

Tabela 2.17 – Aquecimento e resfriamento utilizados na prática

Banhos de aquecimento ou resfriamento	Temperatura de vaporização ou inflamação (°C)
CO_2 solidificado (gelo-seco)	−
Ar líquido	− 190
Azeite mineral	+ 350

Exemplo de aplicação

Suponha-se que o eixo de saída de um redutor de elevação de uma ponte rolante siderúrgica deve ser acoplado, com interferência, à engrenagem correspondente, devido à alta solicitação e regime ininterrupto de trabalho em aciaria. Nesse caso, justifica-se o ajuste com interferência em razão do rigor da solicitação e da alta periculosidade proveniente de uma quebra provinda de uma união com chaveta ou estrias.

A força de deslocamento horizontal ou força de aderência $P_{in} = 2\,000$ kgf, enquanto o momento torsor a ser transmitido é igual a $30\,000$ kgf.mm.

São dados ainda:

diâmetro do acoplamento – $D = 90$ mm;

diâmetro do cubo da engrenagem – $D_e = 150$ mm;

largura da engrenagem – $L = 150$ mm;

material = ABNT 1030;

σ_R = 50 kgf/mm² – limite de resistência;

σ_e = 27,5 kgf/mm² – limite de escoamento;

E = 20 000 kgf/mm² – módulo de elasticidade;

η = 10/3 – coeficiente de Poisson;

H_f = 16 µm – altura da rugosidade.

Características do eixo:

material = SAE 1050;

limite de resistência – $\sigma_A = 70$ kgf/mm²;

limite de escoamento – $\sigma_e = 38$ kgf/mm²;

módulo de elasticidade – $E = 20\,000$ kgf/mm²;

coeficiente de Poisson – $\eta = 10/3$;

altura de rugosidade – $H_e = 10$ µm;

coeficiente de aderência – $\nu = 0,12$.

Acoplamento feito com lubrificação de óleo mineral fino. A prensagem deve ser feita com uma prensa de 35 toneladas.

Cálculo

1. Esforço tangencial

$$P_{tp} = 2\frac{M_e}{D} = 2 \times \frac{30\,000}{90} \cong 670 \text{ kgf}$$
$$P_{tp} = 670 \text{ kgf}$$

2. Esforço necessário para se manter o ajuste

$$P_i = \sqrt{P_{tp}^2 + P_{in}^2} = \sqrt{670^2 + 2000^2} = 2109 \text{ kgf}$$
$$P_i = 2\,109 \text{ kgf}$$

3. Pressão mínima necessária

$$P_{mín.} = \frac{P_i}{\pi D L v} = \frac{2109}{\pi \times 90 \times 150 \times 0,12}$$
$$= 0,414 \text{ kgf/mm}^2$$

4. Interferência mínima U_K

$$U_K = 10^3 (K_f + K_e) p_{mín.} D + \Delta U$$

calculando-se as constantes da fórmula, tem-se:

$$K_f = \frac{(n_f + 1) + (n_f - 1)Q_f^2}{n_f E_f (1 - Q_f^2)}$$

sendo: $n_f = 10/3$, temos $n_f + 1 = 10/3 + 1 = \dfrac{13}{3}$

$$n_f - 1 = \frac{10}{3} - 1 = \frac{7}{3}$$

$$Q_f^2 = \left(\frac{90}{150}\right)^2 = 0,36$$

portanto:

$$K_f = 0,121 \times 10^{-3}$$
$$K_e = \frac{(\eta_e - 1) + (\eta_e + 1)Q_e^2}{\eta_e E_e (1 - Q_e^2)}$$

sendo:

$$\eta_e = 10/3 \rightarrow \eta_e - 1 = \frac{1}{3}$$
$$\eta_e + 1 = \frac{13}{3}$$

$$Q_e^2 = \frac{0}{90^2} = 0$$

portanto:

$$K_e = 0,035 \times 10^{-3}.$$

O valor da perda de interferência por alisamento ΔU é calculado pela expressão:

sendo:

$$\Delta U = 2(B_f + B_e)$$
$$B_f = 0,6 \, H_f \ e \ B_e = 0,6 \, H_e$$

tem-se:

$$\Delta U = 2(10 + 6) = 32 \ \mu m$$
$$\Delta U = 32 \ \mu m$$

Portanto, o valor da interferência mínima é:

$$U_K = 10^3 (0,121 + 0,035) \times 0,414 \times 90 \times 10^{-3} + 32$$
$$U_K = 5,8 + 32 \cong 38 \ \mu m$$
$$U_K \cong 38 \ \mu m$$

5. Interferência máxima U_G

A interferência máxima é calculada pela expressão:

$$U = 10^3 \times p_f (K_f + K_e)D + \Delta U$$

sendo que a pressão p_f que atua no acoplamento é:

$$P_f = \frac{1 - Q_f^2}{1 + Q_f^2} \sigma_{ef}$$

colocando valores numéricos:

$$P_f = \frac{1 - 0,36}{1 + 0,36} \times 27,5 = p_f = 12,9 \ \text{kgf/mm}^2$$

portanto:

$$U_G = 12,9(0,121 + 0,035) \times 90 \times 10^{-3} \times 10^3 + 32$$
$$U_G = 213 \ \mu m$$

Logo, a tolerância de ajuste T_p é:

$$T_p = U - U_K = 213 - 38$$
$$T_p = 175 \ \mu m$$

Esta tolerância de ajuste deve ser repartida entre o furo e o eixo. Adotando-se tolerâncias fundamentais convenientes, que, para este caso, são $IT\ 9$ para o furo e $IT\ 8$ para o eixo, tem-se:

$$IT\ 9 + IT\ 8 = 87 + 54 = 141 \ \mu m$$

Este valor é menor que o determinado para o ajuste, mantendo-se, por conseguinte, na zona elástica. Nesse caso, pode-se utilizar também o ajuste dentro da zona plástica, pois:

$$P_{mín.} = 0,414 \ \text{kgf/mm}^2 < \frac{P_f}{2} = \frac{12,9}{2} = 6,45 \ \text{kgf/mm}^2$$

Adotando-se o sistema furo-base, a classe adotada para o furo é H. Assim, a tolerância adotada para o furo é $H9$. Portanto:

$$90\ H9 = 90^{+0,087}_{+0,000}$$

Logo, a tolerância do eixo fica determinada por:

$$(IT)_e = T_p - (IT)_f = 175 - 87$$
$$(IT)_e = 88 \ \mu m$$

que deve estar compreendida entre as seguintes diferenças:

a) diferença superior = interferência máxima $U_G = 213 \ \mu m$;

b) diferença inferior = diferença superior do furo + interferência mínima $U_K - 87 + 38 = 213 - 88 = 125 \ \mu m$; diferença inferior = 125 μm.

Portanto, a tolerância do eixo deve estar entre os valores:

$$90^{+0,213}_{+0,125}$$

De acordo com a normalização ISO, o eixo que mais se aproxima dessa normalização é:

$$90u9 = 90^{+0,211}_{+0,124}$$

Vai ser então necessário, por força de normalização, adotar-se para o eixo a qualidade 9. Neste caso, tem-se:

$$IT9 + IT9 = 87 + 87 = 174 \text{ } \mu m < 175 \text{ } \mu m$$
$$\underset{(furo)}{} \underset{(eixo)}{}$$

do que se conclui que, mesmo para este caso, ainda é mantida a zona elástica no ajuste entre as peças. Portanto, o ajuste adotado vai ser:

a) furo, 90 H9 = $90^{+0,087}_{+0,000}$

   eixo, $\mu 9 = 90^{+0,211}_{+0,124}$

b) interferência máxima efetiva $U'_G = 213 \text{ } \mu m$

   interferência mínima efetiva $U'_K = 124 - 87 = 37 \text{ } \mu m$

Extensão do sistema de 500 mm a 3150 mm

A norma ABNT NBR 6158:1995 prevê a extensão dos sistemas de ajuste para peças com dimensões maiores que 500 mm até 3150 mm.

Os cálculos das qualidades e classes das tolerâncias são feitos com base na dimensão D, que, analogamente a dimensões menores que 500 mm, representa a média geométrica das dimensões-limite de cada grupo. Os grupos de dimensões normalizadas são previstos na Tabela 2.18.

Tabela 2.18 – Grupos de dimensões

Grupos de dimensões			
500	560	1 250	1 400
560	630	1 400	1 600
630	710	1 600	1 800
710	800	1 800	2 000
800	900	2 000	2 240
900	1 000	2 240	2 500
1 000	1 120	2 500	2 800
1 120	1 250	2 800	3 150

Qualidade de trabalho: tolerâncias fundamentais

As tolerâncias estão estabelecidas de forma similar às já previstas para o sistema de dimensões abaixo de 500 mm.

São previstas onze qualidades de trabalho, designadas como *IT* 6, *IT* 7, *IT* 8, *IT* 9, *IT* 10, *IT* 11, *IT* 12, *IT* 13, *IT* 14, *IT* 15 e *IT* 16, que constituem as qualidades fundamentais.

Todas as qualidades fundamentais são referidas à unidade fundamental de tolerância, calculadas pela equação:

$$I = 0,004\,D + 2,1$$

em que:

I = unidade fundamental de tolerância, expressa em mícrons;

D = média geométrica dos dois valores extremos de cada grupo de dimensões, expressa em milímetros.

Os valores das tolerâncias fundamentais, em função da unidade de tolerância, I, figuram na Tabela 2.19.

Tabela 2.19 – Tolerâncias fundamentais em função de *I*

IT 6	*IT* 7	*IT* 8	*IT* 9	*IT* 10	*IT* 11	*IT* 12	*IT* 13	*IT* 14	*IT* 15	*IT* 16
10 *I*	16 *I*	25 *I*	40 *I*	64 *I*	100 *I*	160 *I*	250 *I*	400 *I*	640 *I*	1 000 *I*

A Tabela 2.20 mostra os valores numéricos das tolerâncias fundamentais, de acordo com a variação da dimensão D no grupo de dimensões. Até a qualidade 11, os valores são expressos em mícrons e da qualidade 12 até a 16 passam para milímetros.

Tabela 2.20 – Tolerâncias fundamentais

Grupo de dimensões mm	Qualidade (*IT*)										
	6	7	8	9	10	11	12	13	14	15	16
	Valores em mícrons						Valores em mm				
Mais de 500 até 630	44	70	110	175	280	440	0,7	1,1	1,75	2,8	4,4
Mais de 630 até 800	50	80	125	200	320	500	0,8	1,25	2,0	3,2	5,0
Mais de 800 até 1 000	56	90	140	230	360	560	0,9	1,4	2,3	3,6	5,6
Mais de 1 000 até 1 250	66	105	165	260	420	660	1,05	1,65	2,6	4,2	7,8
Mais de 1 250 até 1 600	78	125	195	310	500	780	1,25	1,95	3,1	5,0	7,8
Mais de 1 600 até 2 000	92	150	230	370	600	920	1,5	2,3	3,7	60,	9,2
Mais de 2 000 até 2 500	110	175	280	440	700	1 100	1,75	2,8	4,4	7,0	11,0
Mais de 2 500 até 3 150	135	210	330	540	860	1 350	2,1	3,3	5,4	8,6	11,0

Classes de trabalho

Os valores das classes de trabalho, analogamente às qualidades fundamentais, são determinados a partir de fórmulas baseadas em desenvolvimentos teóricos apoiados em experiências práticas.

As distintas posições da tolerância que se estabelecem para cada grupo de dimensões são designadas mediante letras maiúsculas ou minúsculas, de acordo com a especificação de furos ou eixos, respectivamente.

A designação das posições relativas dos eixos, com relação à linha zero, é dada por:

$$d, e, f, g, h, js, k, m, n, p, r, s, f, u$$

enquanto as posições relativas dos furos são designadas por:

$$D, E, F, G, H, Js, K, M, N, P, K, S, T, U$$

Os valores dos afastamentos ou diferenças de referência estão contidos na Tabela 2.21.

Para os eixos de d até h, e os furos Js até U, o afastamento de referência é o afastamento superior, enquanto para os eixos de js até u e para os furos de D até H, o afastamento é o inferior. Nota-se ainda que a posição do campo, correspondente às letras js e Js, é simétrica à linha zero.

O afastamento dos eixos desde d até h é negativo, enquanto de k até u é positivo. Com relação aos furos, o afastamento das letras de D até H é positivo, enquanto o das letras de K até U é negativo.

Os valores dos afastamentos de referência são determinados segundo as leis e fórmulas constantes da Tabela 2.22.

Supõe-se que, para os eixos de d a h e para os furos de Js a U, o afastamento de referência é o superior, enquanto para os eixos de js a u e para os furos de D a H, o afastamento de referência é o inferior.

Os valores da Tabela 2.21 foram arredondados segundo os valores da Tabela 2.23.

Escolha dos ajustes

A escolha dos ajustes para as peças em acoplamento em um conjunto mecânico exige do projetista um profundo conhecimento dos processos de fabricação e da disponibilidade dos equipamentos. Além disso, os ajustes devem representar as necessidades e exigências do dimensionamento que precedeu o desenho de conjunto e detalhamento das peças. Somente de posse desses conhecimentos, pode-se optar, dentro de uma grande variação de alternativas, pela melhor solução para a qualidade necessária no acoplamento.

Tabela 2.21 – Valores do afastamento de referência

Grupos de dimensões MM	Posição													
	D	E	F	G	H	Js	K	M	N	P	R	S	T	U
	d	e	f	g	h	js	k	m	n	p	r	s	t	u
Mais de 500 até 560	260	146	76	22	0	$\pm \frac{IT}{2}$	0	26	44	78	150	280	400	600
Mais de 560 até 630											155	310	450	660
Mais de 630 até 710	290	160	80	24	0		0	30	50	88	175	340	500	740
Mais de 710 até 800											185	380	560	840
Mais de 800 até 900	320	170	86	26	0		0	34	56	100	210	430	620	940
Mais de 900 até 1 000											220	470	680	1 050
Mais de 1 000 até 1 120	350	195	98	28	0		0	40	66	120	250	520	780	1 150
Mais de 1 120 até 1 250											260	580	840	1 300
Mais de 1 250 até 1 400	390	220	110	30	0		0	48	78	140	300	640	960	1 450
Mais de 1 400 até 1 600											330	720	1 050	1 600
Mais de 1 600 até 1 800	430	240	120	32	0		0	58	92	170	370	820	1 200	1 850
Mais de 1 800 até 2 000											400	920	1 350	2 000
Mais de 2 000 até 2 240	480	260	130	34	0		0	68	110	195	440	1 000	1 500	2 300
Mais de 2 240 até 2 500											460	1 100	1 650	2 500
Mais de 2 500 até 2 800	520	290	140	38	0		0	76	135	240	550	1 250	1 900	2 900
Mais de 2 800 até 3 150											580	1 400	2 100	3 100

Tabela 2.22 – Fórmulas dos afastamentos de referência em função da dimensão nominal

Zona	Fórmula	Zona	Fórmula
d, D	$16\ D^{0,44}$	n, N	$0,04\ D + 21$
e, E	$11\ D^{0,41}$	p, P	$0,072\ D + 37,8$
f, F	$5,5\ D^{0,41}$	r, R	média geométrica entre os valores
g, G	$2,5\ D^{0,34}$		previstos para p, P e s, S
h, H		s, S	$IT + 0,4\ D$
js, Js	$0,5\ IT_{11}$	t, T	$IT + 0,63\ D$
k, K	0	u, U	$IT + D$
m, M	$0,24\ D + 12,6$		

Tabela 2.23 – Valores do arredondamento

mm de	–	60	100	200	500	1 000	2 000	5 000	10 000
mm até	60	100	200	500	1 000	2 000	5 000	10 000	20 000
Arredondados em múltiplos de	1	1	5	10	20	50	100	200	500

Devido à grande variação das possibilidades de acoplamento que oferece o sistema de ajustes, conclui-se que a escolha de um ajuste deve levar em consideração determinados fatores, como peso das peças, custo de fabricação, vida útil desejável ao sistema mecânico e intercambiabilidade das peças em acoplamento.

Para definir os ajustes, em qualquer tipo de indústria, deve-se considerar duas situações principais:

1. Ajustes com peças normalizadas

São ajustes feitos com peças cujas tolerâncias são normalizadas, porque as suas fabricações já são normalizadas para redução de custo, como rolamentos, retentores etc., ou porque a utilização de algumas peças com tolerâncias normalizadas provoca uma redução de custo quando unidas a outras, cujos ajustes e intercambiabilidades são perfeitamente estudadas. A esse grupo pertencem, por exemplo, os ajustes de chavetas, anéis elásticos etc., que, se por imperativo de projeto podem ser elaborados com dimensões e ajustes especiais, torna-se antieconômico utilizá-los de um modo geral, uma vez que assim seriam perdidas as vantagens de baixo custo e boa qualidade que se obtêm nas firmas especializadas em sua fabricação.

2. Ajustes de escolha livre

Dentro de uma grande gama de escolha, deve-se, primeiro, determinar a tendência segundo o tipo de indústria e interesses particulares sobre a preferência de implantar o sistema furo-base ou eixo-base.

Para o caso específico de ajustes diferentes em um mesmo eixo, há uma série de opções entre um sistema e outro, ou ainda um sistema misto, que são desenvolvidas a seguir:

a) Suponha que sobre um eixo (Figura 2.33) se pretenda introduzir uma peça *a* com interferência e uma peça *b* com ajuste deslizante por necessidade de projeto. Nota-se que, ao se introduzir a peça *a*, há tendência de se erodir a parte do assento correspondente à peça *b*. Portanto, a tendência lógica seria escalonar o eixo, se possível (Figura 2.34), ou passar para o sistema furo-base (Figura 2.35) ou para ajustes combinados (Figura 2.36), o que exigiria um pequeno escalonamento entre as duas zonas de assento. Ao se fixar em uma das soluções, a opção mais conveniente economicamente é o furo-base, já que vai ser necessário um menor número de calibradores.

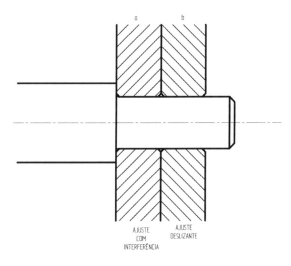

Figura 2.33 – Ajuste entre duas peças.

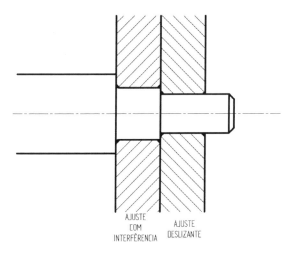

Figura 2.34 – Ajuste entre duas peças com escalonamento do eixo.

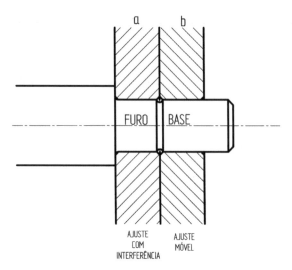

Figura 2.35 – Ajuste entre duas peças adotando-se o sistema furo-base.

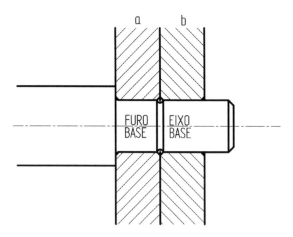

Figura 2.36 – Ajuste entre duas peças adotando-se sistemas combinados.

b) Suponha, agora, que sobre o mesmo eixo do exemplo anterior a peça *a* passe a ser montada com ajuste deslizante, enquanto a peça *b* seja montada com interferência. Ao se adotar o sistema furo-base (Figura 2.37), não é possível executar o ajuste sem escalonar o eixo. Para evitar esse escalonamento do eixo, a solução é adotar o sistema eixo-base (Figura 2.38), com o qual é possível executar perfeitamente a montagem. Pode-se, também, optar por um sistema misto, de furo e eixo-base, obtendo-se a montagem desejada. Neste caso, também é necessário usinar um anel entre uma superfície de ajuste e a outra. É o que mostra a Figura 2.39.

Sistema de ajuste ABNT: sistemas furo-base e eixo-base   **91**

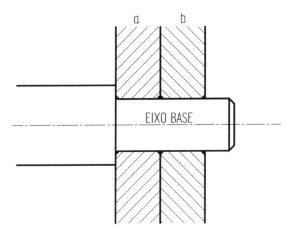

Figura 2.37 – Montagem com a peça *a* com ajuste móvel e a peça *b* com interferência utilizando o sistema furo-base.

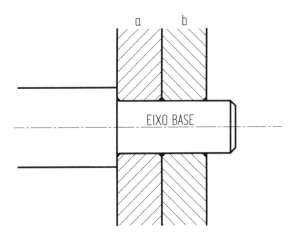

Figura 2.38 – Montagem com o sistema eixo-base.

Observa-se que, em todas as combinações, a de menor custo e menor investimento em calibradores é o sistema eixo-base. Entretanto, deve-se levar em consideração, na escolha do sistema de ajustes, alguns fatores técnicos e econômicos enumerados a seguir.

i) *Exigências de construção*

No sistema furo-base, é preciso escalonar os eixos para se conseguir correspondente ajuste, de acordo com as variações positivas e negativas; no sistema eixo-base, não há necessidade de escalonamento. Porém, o eixo-base não é um eixo liso, sem tolerâncias, sendo o escalonamento de diâmetro necessário para se conseguir, sem problemas, os ajustes deslizantes e de interferência. Segundo o número de escalonamentos necessários, pode-se optar por um ou por outro sistema, ainda que fundamentalmente se possa executar o ajuste por qualquer dos dois sistemas.

O sistema eixo-base é preferível nos casos em que se empregam materiais extrudados ou trefilados, sem usinagem posterior, por exemplo, o ajuste de polias e acoplamento em eixos de transmissão, em que há necessidade de ajustes prensados e deslizantes ao mesmo tempo. É ainda utilizado para os ajustes prensados de buchas em cubos de polias e engrenagens, além de todos os ajustes de capas externas de rolamentos com os respectivos furos de carcaças de assentamento em todos os tipos de máquinas.

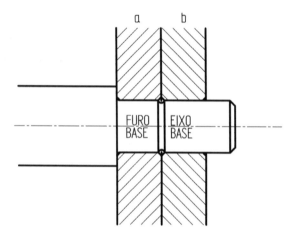

Figura 2.39 – Montagem utilizando sistema furo-base e eixo-base.

ii) *Consumo de material*

Se há possibilidade de utilização de eixo liso, é possível uma construção mais barata com economia de material por meio do sistema eixo-base. É o caso de transmissões com eixos longos e muitas polias, em que se utilizam barras trefiladas com tolerância $h11$ e $h8$. Para todos os outros casos, não há diferença sensível de custo com relação ao consumo de material.

iii) *Custo de fabricação e compra de ferramentas e calibradores*

Os custos de construção e aquisição de ferramentas de fabricação e medição são maiores para o sistema eixo-base, pois para cada furo dos diferentes ajustes são necessários calibres-tampão de boca tipo "passa não passa", com seus respectivos anéis de aferição, que têm construção mais cara e sofisticada que os correspondentes calibradores de boca com seus respectivos padrões de aferição para cada assento de eixo no sistema furo-base.

Com relação à fabricação propriamente dita, é sempre mais fácil a utilização de ferramentas para usinagem externa de eixos para as diversas variações e tolerâncias necessárias aos ajustes.

O ferramental para usinagem interna geralmente é mais sofisticado e de mais difícil utilização, como barras para mandrilamento, em que se pode compor a usinagem de diversos diâmetros simultaneamente.

Aliado a tudo isso, é sempre mais fácil, supondo-se somente a dificuldade de fabricação, a usinagem externa de eixos do que a interna de furos.

No sistema eixo-base, podem ser obtidos custos menores de fabricação só se há possibilidade de eliminação de retífica de furos, condição pouco provável em construção mecânica.

iv) *Montagem e colocação em serviço*

Há sempre maiores facilidades de montagem e desmontagem de eixos escalonados, sobretudo em máquinas de precisão, o que resulta em maior interesse na utilização do sistema furo-base.

v) *Conclusão*

Os modelos apresentados nas Figuras 2.33, 2.34, 2.35, 2.36, 2.37, 2.38 e 2.39 são referências para aplicações necessárias em projetos mecânicos. Eles podem ser utilizados como modelos teóricos na escolha de ajustes de peças durante o projeto de dimensionamento e escolha dos ajustes.

Para a construção mecânica em geral, o sistema furo-base oferece maiores vantagens, principalmente quanto aos custos de fabricação e de ferramental, possibilitando ainda melhores condições de montagem e desmontagem para todos os tipos de ajustes, em razão da possibilidade de escalonamento dos eixos.

No sistema eixo-base deve ser usado, sempre que possível, um eixo com uma única dimensão, sem escalonamento.

Não obstante o que foi indicado, são dadas, a seguir, as tendências mais generalizadas na aplicação para diversos tipos de projetos:

- construção de baixa precisão – eixo-base;
- construção de média e alta precisão – furo-base.

As diversas aplicações industriais são:

- material ferroviário – furo-base;

- maquinaria pesada – eixo-base;

- mecânica leve e média – eixo-base, furo-base ou ajustes combinados;

- indústria naval – furo-base;

- maquinaria elétrica – furo-base;

- maquinaria agrícola e têxtil – eixo-base;

- máquinas-ferramentas – furo-base;

- indústria automobilística e aeronáutica – furo-base, eixo-base e ajustes combinados.

Tabelas de ajustes recomendados

Para os ajustes anteriormente citados, estão previstas, pelas normas ABNT NBR 6158:1995 e ISO 286-2:2010, tabelas de utilização em que as diferenças superiores e inferiores para furos e eixos estão calculadas em mícrons para os diversos grupos de dimensões escalonados em milímetros. Assim, as Tabelas 2.24, 2.25, 2.26, 2.27, 2.28, 2.29, 2.30, 2.31, 2.32, 2.33, 2.34, 2.35, 2.36 e 2.37 dão os valores numéricos citados anteriormente. O emprego dessas tabelas é bastante fácil; desejando-se empregá-las para um ajuste 100 $H7n6$, tem-se:

furo 100 $H7 = 100^{+0,035}_{+0,00}$, eixo $n6 = 100^{+0,045}_{+0,023}$.

Tabela 2.24 – Ajustes ISO – valores numéricos

Escala do diagrama (μm): +400, +300, +200, +100, 0, –100, –200, –300, –400

Medidas nominais mm	H6	u5	t5	s5	r5	p5	n5	m5	k5	k6	j5	j6	h5	g5
Mais de 1,6 / Até 3	+7 / 0	+23 / +18	–	+20 / +15	+17 / +12	+14 / +9	+11 / +6	+7 / +2	–	–	+4 / –1	+6 / –1	0 / –5	–3 / –8
Mais de 3 / Até 6	+8 / 0	+28 / +23	–	+24 / +19	+20 / +15	+17 / +12	+18 / +8	+9 / +4	–	–	+4 / –1	+7 / –1	0 / –5	–4 / –9
Mais de 6 / Até 10	+9 / 0	+34 / +28	–	+29 / +23	+25 / +19	+21 / +15	+16 / +10	+12 / +6	+7 / +1	+10 / +1	+4 / –2	+7 / –2	0 / –6	–5 / –11
Mais de 10 / Até 14	+11 / 0	+41 / +33	–	+36 / +28	+31 / +23	+26 / +18	+20 / +12	+15 / +7	+9 / +1	+12 / +1	+5 / –3	+8 / –3	0 / –8	–6 / –14
Mais de 14 / Até 18	+11 / 0	+41 / +33	–	+36 / +28	+31 / +23	+26 / +18	+20 / +12	+15 / +7	+9 / +1	+12 / +1	+5 / –3	+8 / –3	0 / –8	–6 / –14
Mais de 18 / Até 24	+13 / 0	+50 / +41	–	+44 / +35	+37 / +28	+31 / +22	+24 / +15	+17 / +8	+11 / +2	+15 / +2	+5 / –4	+9 / –4	0 / –9	–7 / –16
Mais de 24 / Até 30	+13 / 0	–	+50 / +41	+44 / +35	+37 / +28	+31 / +22	+24 / +15	+17 / +8	+11 / +2	+15 / +2	+5 / –4	+9 / –4	0 / –9	–7 / –16
Mais de 30 / Até 40	+16 / 0	–	+59 / +48	+54 / +43	+45 / +34	+37 / +26	+28 / +17	+20 / +9	+13 / +2	+18 / +2	+6 / –5	+11 / –5	0 / –11	–9 / –20
Mais de 40 / Até 50	+16 / 0	–	+65 / +54	+54 / +43	+45 / +34	+37 / +26	+28 / +17	+20 / +9	+13 / +2	+18 / +2	+6 / –5	+11 / –5	0 / –11	–9 / –20
Mais de 50 / Até 65	+19 / 0	–	+79 / +66	+66 / +53	+54 / +41	+45 / +32	+33 / +20	+24 / +11	+15 / +2	+21 / +2	+6 / –7	+12 / –7	0 / –13	–10 / –23
Mais de 65 / Até 80	+19 / 0	–	–	+72 / +59	+56 / +43	+45 / +32	+33 / +20	+24 / +11	+15 / +2	+21 / +2	+6 / –7	+12 / –7	0 / –13	–10 / –23
Mais de 80 / Até 100	+22 / 0	–	–	+86 / +71	+66 / +51	+52 / +37	+38 / +23	+28 / +13	+18 / +3	+25 / +3	+6 / –9	+13 / –9	0 / –15	–12 / –27
Mais de 100 / Até 120	+22 / 0	–	–	–	+69 / +54	+52 / +37	+38 / +23	+28 / +13	+18 / +3	+25 / +3	+6 / –9	+13 / –9	0 / –15	–12 / –27
Mais de 120 / Até 140	+25 / 0	–	–	–	+81 / +63	+61 / +43	+45 / +27	+33 / +15	+21 / +3	+28 / +3	+7 / –11	+14 / –11	0 / –18	–14 / –32
Mais de 140 / Até 160	+25 / 0	–	–	–	+83 / +65	+61 / +43	+45 / +27	+33 / +15	+21 / +3	+28 / +3	+7 / –11	+14 / –11	0 / –18	–14 / –32
Mais de 160 / Até 180	+25 / 0	–	–	–	+86 / +68	+61 / +43	+45 / +27	+33 / +15	+21 / +3	+28 / +3	+7 / –11	+14 / –11	0 / –18	–14 / –32
Mais de 180 / Até 200	+29 / 0	–	–	–	+100 / +80	+70 / +50	+51 / +31	+37 / +17	+24 / +4	+33 / +4	+7 / –13	+16 / –13	0 / –20	–15 / –35
Mais de 200 / Até 225	+29 / 0	–	–	–	+104 / +84	+70 / +50	+51 / +31	+37 / +17	+24 / +4	+33 / +4	+7 / –13	+16 / –13	0 / –20	–15 / –35
Mais de 225 / Até 250	+29 / 0	–	–	–	+86 / +68	+70 / +50	+51 / +31	+37 / +17	+24 / +4	+33 / +4	+7 / –13	+16 / –13	0 / –20	–15 / –35
Mais de 250 / Até 280	+32 / 0	–	–	–	+117 / +94	+79 / +56	+57 / +34	+43 / +20	+27 / +4	+36 / +4	+7 / –16	+16 / –16	0 / –23	–17 / –40
Mais de 280 / Até 315	+32 / 0	–	–	–	+121 / +98	+79 / +56	+57 / +34	+43 / +20	+27 / +4	+36 / +4	+7 / –16	+16 / –16	0 / –23	–17 / –40
Mais de 315 / Até 355	+36 / 0	–	–	–	+133 / +108	+87 / +62	+62 / +37	+46 / +21	+29 / +4	+40 / +4	+7 / –18	+18 / –18	0 / –25	–18 / –43
Mais de 355 / Até 400	+36 / 0	–	–	–	+139 / +114	+87 / +62	+62 / +37	+46 / +21	+29 / +4	+40 / +4	+7 / –18	+18 / –18	0 / –25	–18 / –43
Mais de 400 / Até 450	+40 / 0	–	–	–	+153 / +126	+95 / +68	+67 / +40	+50 / +23	+32 / +5	+45 / +5	+7 / –20	+20 / –20	0 / –27	–20 / –47
Mais de 450 / Até 500	+40 / 0	–	–	–	+159 / +132	+95 / +68	+67 / +40	+50 / +23	+32 / +5	+45 / +5	+7 / –20	+20 / –20	0 / –27	–20 / –47

Tabela 2.25 – Ajustes ISO – valores numéricos

Diagrama de campos de tolerância — escala do eixo vertical (em µm): +400, +300, +200, +100, 0, −100, −200, −300, −400.

Medidas nominais mm (Mais de – Até)	H7	za6	z6	x6	u6	t6	s6	r6	p6	n6	m6	k6	j6	h6	g6	f6	f7
1,6 – 3	+9 / 0	+39 / +32	+35 / +28	+29 / +22	+25 / +18	—	+22 / +15	+19 / +12	+16 / +9	+13 / +6	+9 / +2	—	+6 / −1	0 / −7	−3 / −10	−7 / −14	−7 / −16
3 – 6	+12 / 0	+50 / +42	+43 / +35	+36 / +28	+31 / +23	—	+27 / +19	+23 / +15	+20 / +12	+16 / +8	+12 / +4	—	+7 / −1	0 / −8	−4 / −12	−10 / −18	−10 / −22
6 – 10	+15 / 0	+61 / +52	+51 / +41	+43 / +34	+37 / +28	—	+32 / +23	+28 / +19	+24 / +15	+19 / +10	+15 / +6	+10 / +1	+7 / −2	0 / −9	−5 / −14	−13 / −22	−13 / −28
10 – 14	+18 / 0	+75 / +64	+61 / +50	+51 / +40	+44 / +33	—	+39 / +28	+34 / +23	+29 / +18	+23 / +12	+18 / +7	+12 / +1	+8 / −3	0 / −11	−6 / −17	−16 / −27	−16 / −34
14 – 18	+18 / 0	+88 / +77	+71 / +60	+56 / +45	+44 / +33	—	+39 / +28	+34 / +23	+29 / +18	+23 / +12	+18 / +7	+12 / +1	+8 / −3	0 / −11	−6 / −17	−16 / −27	−16 / −34
18 – 24	+21 / 0	—	+86 / +73	+67 / +54	+54 / +41	—	+48 / +35	+41 / +28	+35 / +22	+28 / +15	+21 / +8	+15 / +2	+9 / −4	0 / −13	−7 / −20	−20 / −33	−20 / −41
24 – 30	+21 / 0	—	+101 / +88	+77 / +64	+61 / +48	+54 / +41	+48 / +35	+41 / +28	+35 / +22	+28 / +15	+21 / +8	+15 / +2	+9 / −4	0 / −13	−7 / −20	−20 / −33	−20 / −41
30 – 40	+25 / 0	—	+128 / +112	+96 / +80	+76 / +60	+64 / +48	+59 / +43	+50 / +34	+42 / +26	+33 / +17	+25 / +9	+18 / +2	+11 / −5	0 / −16	−9 / −25	−25 / −41	−25 / −50
40 – 50	+25 / 0	—	—	+113 / +97	+86 / +70	+70 / +54	+59 / +43	+50 / +34	+42 / +26	+33 / +17	+25 / +9	+18 / +2	+11 / −5	0 / −16	−9 / −25	−25 / −41	−25 / −50
50 – 65	+30 / 0	—	—	+141 / +122	+106 / +87	+85 / +66	+72 / +53	+60 / +41	+51 / +32	+39 / +20	+30 / +11	+21 / +2	+12 / −7	0 / −19	−10 / −29	−30 / −49	−30 / −60
65 – 80	+30 / 0	—	—	—	+121 / +102	+94 / +75	+78 / +59	+62 / +43	+51 / +32	+39 / +20	+30 / +11	+21 / +2	+12 / −7	0 / −19	−10 / −29	−30 / −49	−30 / −60
80 – 100	+35 / 0	—	—	—	+146 / +124	+113 / +91	+93 / +71	+73 / +51	+59 / +37	+45 / +23	+35 / +13	+25 / +3	+13 / −9	0 / −22	−12 / −34	−36 / −58	−36 / −71
100 – 120	+35 / 0	—	—	—	+166 / +144	+126 / +104	+101 / +79	+76 / +54	+59 / +37	+45 / +23	+35 / +13	+25 / +3	+13 / −9	0 / −22	−12 / −34	−36 / −58	−36 / −71
120 – 140	+40 / 0	—	—	—	+195 / +170	+147 / +122	+117 / +92	+88 / +63	+68 / +43	+52 / +27	+40 / +15	+28 / +3	+14 / −11	0 / −25	−14 / −39	−43 / −68	−43 / −83
140 – 160	+40 / 0	—	—	—	—	+159 / +134	+125 / +100	+90 / +65	+68 / +43	+52 / +27	+40 / +15	+28 / +3	+14 / −11	0 / −25	−14 / −39	−43 / −68	−43 / −83
160 – 180	+40 / 0	—	—	—	—	+171 / +146	+133 / +108	+93 / +68	+68 / +43	+52 / +27	+40 / +15	+28 / +3	+14 / −11	0 / −25	−14 / −39	−43 / −68	−43 / −83
180 – 200	+46 / 0	—	—	—	—	+195 / +166	+151 / +122	+106 / +77	+79 / +50	+60 / +31	+46 / +17	+33 / +4	+16 / −13	0 / −29	−15 / −44	−50 / −79	−50 / −96
200 – 225	+46 / 0	—	—	—	—	—	+159 / +130	+109 / +80	+79 / +50	+60 / +31	+46 / +17	+33 / +4	+16 / −13	0 / −29	−15 / −44	−50 / −79	−50 / −96
225 – 250	+46 / 0	—	—	—	—	—	+169 / +140	+113 / +84	+79 / +50	+60 / +31	+46 / +17	+33 / +4	+16 / −13	0 / −29	−15 / −44	−50 / −79	−50 / −96
250 – 280	+52 / 0	—	—	—	—	—	+190 / +158	+129 / +94	+88 / +56	+66 / +34	+52 / +20	+36 / +4	+16 / −16	0 / −32	−17 / −49	−56 / −88	−56 / −108
280 – 315	+52 / 0	—	—	—	—	—	+202 / +170	+130 / +98	+88 / +56	+66 / +34	+52 / +20	+36 / +4	+16 / −16	0 / −32	−17 / −49	−56 / −88	−56 / −108
315 – 355	+57 / 0	—	—	—	—	—	+226 / +190	+144 / +108	+98 / +62	+73 / +37	+57 / +21	+40 / +4	+18 / −18	0 / −36	−18 / −54	−62 / −98	−62 / −119
355 – 400	+57 / 0	—	—	—	—	—	+244 / +208	+150 / +114	+98 / +62	+73 / +37	+57 / +21	+40 / +4	+18 / −18	0 / −36	−18 / −54	−62 / −98	−62 / −119
400 – 450	+63 / 0	—	—	—	—	—	+272 / +232	+166 / +126	+108 / +68	+80 / +40	+63 / +23	+45 / +5	+20 / −20	0 / −40	−20 / −60	−68 / −108	−68 / −131
450 – 500	+63 / 0	—	—	—	—	—	+292 / +252	+172 / +132	+108 / +68	+80 / +40	+63 / +23	+45 / +5	+20 / −20	0 / −40	−20 / −60	−68 / −108	−68 / −131

Tabela 2.26 – Ajustes ISO – valores numéricos

Escala do diagrama (em μm): +400, +300, +200, +100, 0, −100, −200, −300, −400

Medidas nominais mm	H8	zc8	zb8	za8	z8	x8	u8	t8	s8	h8	h9	f7	f8	e8	d9	c9	b9
Mais de 1,6 / Até 3	+14 / 0	+64 / +50	+54 / +40	–	+42 / +28	+36 / +22	–	–	+29 / +15	0 / −14	0 / −25	−7 / −16	−7 / −21	−14 / −28	−20 / −45	−60 / −85	−140 / −165
Mais de 3 / Até 6	+18 / 0	+87 / +69	+71 / +53	–	+53 / +35	+46 / +28	–	–	+37 / +19	0 / −18	0 / −30	−10 / −22	−10 / −28	−20 / −38	−30 / −60	−70 / −100	−140 / −170
Mais de 6 / Até 10	+22 / 0	+119 / +97	+92 / +70	+74 / +52	+64 / +42	+56 / +34	–	–	+45 / +23	0 / −22	0 / −36	−13 / −28	−13 / −35	−25 / −47	−40 / −76	−80 / −116	−150 / −186
Mais de 10 / Até 14	+27 / 0	+157 / +130	+117 / +90	+91 / +64	+77 / +50	+67 / +40	–	–	+55 / +28	0 / −27	0 / −43	−16 / −34	−16 / −43	−32 / −59	−50 / −93	−95 / −138	−150 / −193
Mais de 14 / Até 18	+27 / 0	+177 / +150	+135 / +108	+104 / +77	+87 / +60	+72 / +45	–	–	+55 / +28	0 / −27	0 / −43	−16 / −34	−16 / −43	−32 / −59	−50 / −93	−95 / −138	−150 / −193
Mais de 18 / Até 24	+33 / 0	+221 / +188	+169 / +136	+131 / +98	+106 / +73	+87 / +54	–	–	+68 / +35	0 / −33	0 / −52	−20 / −41	−20 / −53	−40 / −73	−65 / −117	−110 / −162	−160 / −212
Mais de 24 / Até 30	+33 / 0	+251 / +188	+193 / +160	+151 / +118	+121 / +88	+97 / +64	+81 / +48	–	+68 / +35	0 / −33	0 / −52	−20 / −41	−20 / −53	−40 / −73	−65 / −117	−110 / −162	−160 / −212
Mais de 30 / Até 40	+39 / 0	–	+239 / +200	+187 / +148	+151 / +112	+119 / +80	+99 / +60	–	+82 / +43	0 / −39	0 / −62	−25 / −50	−25 / −64	−50 / −89	−80 / −142	−120 / −182	−170 / −232
Mais de 40 / Até 50	+39 / 0	–	+281 / +242	+219 / +180	+175 / +136	+136 / +97	+109 / +70	–	+82 / +43	0 / −39	0 / −62	−25 / −50	−25 / −64	−50 / −89	−80 / −142	−130 / −192	−180 / −242
Mais de 50 / Até 65	+46 / 0	–	+346 / +300	+272 / +226	+218 / +172	+168 / +122	+133 / +83	–	+99 / +53	0 / −46	0 / −74	−30 / −60	−30 / −76	−60 / −106	−100 / −174	−140 / −214	−170 / −232
Mais de 65 / Até 80	+46 / 0	–	–	+320 / +274	+256 / +210	+192 / +146	+148 / +102	–	+105 / +59	0 / −46	0 / −74	−30 / −60	−30 / −76	−60 / −106	−100 / −174	−150 / −224	−190 / −264
Mais de 80 / Até 100	+54 / 0	–	–	+389 / +335	+312 / +258	+232 / +178	+178 / +124	–	+125 / +71	0 / −54	0 / −87	−36 / −71	−36 / −90	−72 / −126	−120 / −207	−170 / −257	−220 / −307
Mais de 100 / Até 120	+54 / 0	–	–	–	+364 / +310	+264 / +210	+198 / +144	+158 / +104	+133 / +79	0 / −54	0 / −87	−36 / −71	−36 / −90	−72 / −126	−120 / −207	−180 / −267	−240 / −327
Mais de 120 / Até 140	+63 / 0	–	–	–	+428 / +365	+311 / +248	+233 / +170	+185 / +122	+155 / +92	0 / −63	0 / −100	−43 / −83	−43 / −106	−85 / −148	−145 / −245	−200 / −300	−260 / −360
Mais de 140 / Até 160	+63 / 0	–	–	–	+478 / +415	+343 / +280	+253 / +190	+197 / +134	+163 / +100	0 / −63	0 / −100	−43 / −83	−43 / −106	−85 / −148	−145 / −245	−210 / −310	−280 / −380
Mais de 160 / Até 180	+63 / 0	–	–	–	–	+373 / +310	+273 / +210	+209 / +146	+171 / +108	0 / −63	0 / −100	−43 / −83	−43 / −106	−85 / −148	−145 / −245	−230 / −330	−310 / −410
Mais de 180 / Até 200	+72 / 0	–	–	–	–	+422 / +350	+308 / +236	+232 / +166	+194 / +122	0 / −72	0 / −115	−50 / −96	−50 / −122	−100 / −172	−170 / −285	−240 / −355	−340 / −455
Mais de 200 / Até 225	+72 / 0	–	–	–	–	+457 / +385	+330 / +258	+252 / +180	+202 / +130	0 / −72	0 / −115	−50 / −96	−50 / −122	−100 / −172	−170 / −285	−260 / −375	−380 / −495
Mais de 225 / Até 250	+72 / 0	–	–	–	–	+497 / +425	+356 / +284	+268 / +196	+212 / +140	0 / −72	0 / −115	−50 / −96	−50 / −122	−100 / −172	−170 / −285	−280 / −420	−420 / −535
Mais de 250 / Até 280	+81 / 0	–	–	–	–	+556 / +475	+396 / +315	+299 / +218	+239 / +158	0 / −81	0 / −130	−56 / −108	−56 / −137	−110 / −191	−190 / −320	−300 / −430	−480 / −610
Mais de 280 / Até 315	+81 / 0	–	–	–	–	+606 / +525	+431 / +350	+321 / +240	+251 / +170	0 / −81	0 / −130	−56 / −108	−56 / −137	−110 / −191	−190 / −320	−330 / −460	−540 / −670
Mais de 315 / Até 355	+89 / 0	–	–	–	–	+679 / +590	+479 / +390	+357 / +268	+279 / +190	0 / −89	0 / −140	−62 / −119	−62 / −151	−125 / −214	−210 / −350	−360 / −500	−600 / −740
Mais de 355 / Até 400	+89 / 0	–	–	–	–	–	+524 / +435	+383 / +294	+297 / +208	0 / −89	0 / −140	−62 / −119	−62 / −151	−125 / −214	−210 / −350	−400 / −540	−680 / −820
Mais de 400 / Até 450	+97 / 0	–	–	–	–	–	+587 / +490	+427 / +330	+329 / +232	0 / −97	0 / −155	−68 / −131	−68 / −165	−135 / −232	−230 / −385	−440 / −595	−760 / −915
Mais de 450 / Até 500	+97 / 0	–	–	–	–	–	+637 / +540	+457 / +360	+349 / +252	0 / −97	0 / −155	−68 / −131	−68 / −165	−135 / −232	−230 / −385	−480 / −635	−840 / −995

Tabela 2.27 – Ajustes ISO – valores numéricos

Medidas nominais mm	H9	zc9	zb9	za9	z9	x9	u9	t9	h8	h9	h11	f8	e9	d10	c10	c11	b10
Mais de 1,6 Até 3	+25 / 0	+75 / +50	+65 / +40	–	+53 / +28	+47 / +22	–	–	0 / –14	0 / –25	0 / –60	–7 / –21	–14 / –39	–20 / –60	–60 / –100	–60 / –120	–140 / –180
Mais de 3 Até 6	+30 / 0	+99 / +69	+83 / +53	–	+65 / +35	+58 / +28	–	–	0 / –18	0 / –30	0 / –75	–10 / –28	–20 / –50	–30 / –78	–70 / –118	–70 / –145	–140 / –188
Mais de 6 Até 10	+36 / 0	+133 / +97	+106 / +70	–	+78 / +42	+70 / +34	–	–	0 / –22	0 / –36	0 / –90	–13 / –35	–25 / –61	–40 / –98	–80 / –138	–80 / –170	–150 / –208
Mais de 10 Até 14	+43 / 0	+173 / +130	+133 / +90	–	+93 / +50	+83 / +40	–	–	0 / –27	0 / –43	0 / –110	–16 / –43	–32 / –75	–50 / –120	–95 / –165	–95 / –205	–150 / –220
Mais de 14 Até 18		+193 / +150	+151 / +108	–	+103 / +60	+88 / +45	–	–									
Mais de 18 Até 24	+52 / 0	+240 / +188	+188 / +136	+150 / +98	+125 / +73	+106 / +54	–	–	0 / –33	0 / –52	0 / –130	–20 / –53	–40 / –92	–65 / –149	–110 / –194	–110 / –240	–160 / –244
Mais de 24 Até 30		+270 / +218	+212 / +160	+170 / +118	+140 / +88	+116 / +64	+100 / +48	–									
Mais de 30 Até 40	+62 / 0	+336 / +274	+262 / +200	+210 / +148	+174 / +112	+142 / +80	+122 / +60	–	0 / –39	0 / –62	0 / –160	–25 / –64	–50 / –112	–80 / –180	–120 / –220	–120 / –280	–170 / –270
Mais de 40 Até 50		+387 / +325	+304 / +242	+242 / +180	+103 / +60	+159 / +97	+132 / +70	–							–130 / –230	–130 / –290	–180 / –280
Mais de 50 Até 65	+74 / 0	+336 / +274	+374 / +300	+300 / +226	+246 / +172	+196 / +122	+161 / +87	–	0 / –46	0 / –74	0 / –190	–30 / –76	–60 / –134	–100 / –220	–140 / –260	–140 / –330	–190 / –310
Mais de 65 Até 80		–	+434 / +360	+348 / +274	+284 / +210	+159 / +97	+176 / +102	–							–150 / –270	–150 / –340	–200 / –320
Mais de 80 Até 100	+87 / 0	–	+532 / +445	+422 / +335	+345 / +258	+265 / +178	+211 / +124	–	0 / –54	0 / –87	0 / –220	–36 / –90	–72 / –159	–120 / –260	–170 / –310	–170 / –390	–190 / –310
Mais de 100 Até 120				+487 / +400	+397 / +310	+297 / +210	+231 / +144								–180 / –320	–180 / –400	–240 / –380
Mais de 120 Até 140	+100 / 0	–	–	+570 / +470	+465 / +365	+348 / +248	+270 / +170	–	0 / –63	0 / –100	0 / –250	–43 / –106	–85 / –185	–145 / –305	–200 / –360	–200 / –450	–260 / –420
Mais de 140 Até 160				+635 / +535	+515 / +415	+380 / +280	+290 / +190								–210 / –370	–210 / –460	–280 / –440
Mais de 160 Até 180				–	+565 / +465	+410 / +310	+310 / +210								–230 / –390	–230 / –480	–310 / –470
Mais de 180 Até 200	+115 / 0	–	–	–	+635 / +520	+465 / +350	+351 / +236	–	0 / –72	0 / –115	0 / –290	–50 / –122	–100 / –215	–170 / –355	–240 / –425	–240 / –530	–340 / –525
Mais de 200 Até 225					+690 / +575	+500 / +385	+373 / +258	+295 / +180							–260 / –445	–260 / –550	–380 / –565
Mais de 225 Até 250					–	+540 / +425	+399 / +284	+311 / +196							–280 / –465	–280 / –570	–420 / –605
Mais de 250 Até 280	+130 / 0	–	–	–		+605 / +475	+445 / +315	+348 / +218	0 / –81	0 / –130	0 / –320	–56 / –137	–110 / –240	–190 / –400	–300 / –510	–300 / –620	–480 / –690
Mais de 280 Até 315						+655 / +525	+480 / +350	+370 / +240							–330 / –540	–330 / –650	–540 / –750
Mais de 315 Até 355	+140 / 0	–	–	–		+730 / +590	+530 / +390	+408 / +268	0 / –89	0 / –140	0 / –360	–62 / –151	–125 / –265	–210 / –440	–360 / –590	–360 / –720	–600 / –830
Mais de 355 Até 400						+800 / +660	+575 / +435	+434 / +294							–400 / –630	–400 / –760	–680 / –910
Mais de 400 Até 450	+155 / 0	–	–	–		+895 / +740	+645 / +490	+485 / +330	0 / –97	0 / –155	0 / –400	–68 / –165	–135 / –290	–230 / –480	–440 / –690	–440 / –840	–760 / –1010
Mais de 450 Até 500						+975 / +820	+695 / +540	+515 / +360							–480 / –730	–480 / –880	–840 / –1090

Tabela 2.28 – Ajustes ISO – valores numéricos

Medidas nominais mm	H10	zc10	zb10	za10	z10	x10	u10
Mais de 1,6 / Até 3	+40 / 0	+90 / +50	–	–	+68 / +28	–	–
Mais de 3 / Até 6	+48 / 0	+117 / +69	–	–	+83 / +35	–	–
Mais de 6 / Até 10	+58 / 0	+155 / +97	+128 / +70	–	+100 / +42	–	–
Mais de 10 / Até 14	+70 / 0	+200 / +130	+160 / +90	–	+120 / +50	–	–
Mais de 14 / Até 18	+70 / 0	+220 / +150	+178 / +108	–	+130 / +60	+115 / +45	–
Mais de 18 / Até 24	+84 / 0	+272 / +188	+220 / +136	–	+157 / +73	+138 / +54	–
Mais de 24 / Até 30	+84 / 0	+302 / +218	+244 / +160	–	+172 / +88	+148 / +64	–
Mais de 30 / Até 40	+100 / 0	+374 / +274	+300 / +200	–	+212 / +112	+180 / +80	–
Mais de 40 / Até 50	+100 / 0	+425 / +325	+342 / +242	+280 / +180	+236 / +136	+197 / +97	+170 / +70
Mais de 50 / Até 65	+120 / 0	+525 / +405	+420 / +300	+346 / +226	+292 / +172	+242 / +122	+207 / +87
Mais de 65 / Até 80	+120 / 0	+600 / +480	+480 / +360	+394 / +274	+339 / +210	+266 / +146	+222 / +102
Mais de 80 / Até 100	+140 / 0	+725 / +585	+585 / +445	+475 / +335	+398 / +258	+318 / +178	+264 / +124
Mais de 100 / Até 120	+140 / 0	+830 / +690	+665 / +525	+540 / +400	+450 / +310	+350 / +210	+284 / +144
Mais de 120 / Até 140	+160 / 0	+960 / +800	+780 / +620	+630 / +470	+525 / +365	+408 / +248	+330 / +170
Mais de 140 / Até 160	+160 / 0	–	+860 / +700	+695 / +535	+575 / +415	+440 / +280	+350 / +190
Mais de 160 / Até 180	+160 / 0	–	+940 / +780	+760 / +600	+625 / +465	+470 / +310	+370 / +210
Mais de 180 / Até 200	+185 / 0	–	+1 065 / +880	+885 / +670	+705 / +520	+535 / +350	+421 / +236
Mais de 200 / Até 225	+185 / 0	–	–	+925 / +740	+760 / +575	+570 / +385	+443 / +258
Mais de 225 / Até 250	+185 / 0	–	–	+1 005 / +820	+825 / +640	+610 / +425	+469 / +284
Mais de 250 / Até 280	+210 / 0	–	–	+1 130 / +920	+920 / +710	+685 / +475	+525 / +315
Mais de 280 / Até 315	+210 / 0	–	–	+1 200 / +1 000	+1 000 / +790	+735 / +525	+560 / +350
Mais de 315 / Até 355	+230 / 0	–	–	+1 380 / +1 150	+1 130 / +900	+820 / +590	+620 / +390
Mais de 355 / Até 400	+230 / 0	–	–	–	+1 230 / +1 000	+890 / +660	+665 / +435
Mais de 400 / Até 450	+250 / 0	–	–	–	+1 350 / +1 100	+990 / +740	+740 / +490
Mais de 450 / Até 500	+250 / 0	–	–	–	+1 500 / +1 250	+1 070 / +820	+790 / +540

Tabela 2.29 – Ajustes ISO – valores numéricos

Medidas nominais mm	H11	zc11	zb11	za11	z11	x11	h9	h11	d9	d11	c11	b11	b12	a11
Mais de 1,6 / Até 3	+60 / 0	+110 / +50	–	–	–	–	0 / −25	0 / −60	−20 / −45	−20 / −80	−60 / −120	−140 / −200	−140 / −230	−270 / −330
Mais de 3 / Até 6	+75 / 0	+144 / +69	–	–	–	–	0 / −30	0 / −75	−30 / −60	−30 / −105	−70 / −145	−140 / −215	−140 / −260	−270 / −345
Mais de 6 / Até 10	+90 / 0	+187 / +97	+160 / +70	–	–	–	0 / −36	0 / −90	−40 / −76	−40 / −130	−80 / −170	−150 / −240	−150 / −300	−280 / −370
Mais de 10 / Até 14	+110 / 0	+240 / +130	+200 / +90	–	–	–	0 / −43	0 / −110	−50 / −93	−50 / −160	−95 / −205	−150 / −260	−150 / −330	−290 / −400
Mais de 14 / Até 18	+110 / 0	+260 / +150	+218 / +108	–	–	–	0 / −43	0 / −110	−50 / −93	−50 / −160	−95 / −205	−150 / −260	−150 / −330	−290 / −400
Mais de 18 / Até 24	+130 / 0	+318 / +188	+266 / +136	–	–	–	0 / −52	0 / −130	−65 / −117	−65 / −195	−110 / −240	−160 / −290	−160 / −370	−300 / −430
Mais de 24 / Até 30	+130 / 0	+348 / +218	+290 / +160	–	+218 / +88	–	0 / −52	0 / −130	−65 / −117	−65 / −195	−110 / −240	−160 / −290	−160 / −370	−300 / −430
Mais de 30 / Até 40	+160 / 0	+434 / +274	+360 / +200	–	+272 / +112	–	0 / −62	0 / −160	−80 / −142	−80 / −240	−120 / −280	−170 / −330	−170 / −420	−310 / −470
Mais de 40 / Até 50	+160 / 0	+485 / +325	+402 / +242	–	+296 / +136	–	0 / −62	0 / −160	−80 / −142	−80 / −240	−130 / −290	−180 / −340	−180 / −430	−320 / −480
Mais de 50 / Até 65	+190 / 0	+595 / +405	+490 / +300	–	+362 / +172	+322 / +122	0 / −74	0 / −190	−100 / −174	−100 / −290	−140 / −330	−190 / −380	−190 / −490	−340 / −530
Mais de 65 / Até 80	+190 / 0	+670 / +480	+550 / +360	–	+400 / +210	+336 / +146	0 / −74	0 / −190	−100 / −174	−100 / −290	−150 / −340	−200 / −390	−200 / −500	−360 / −550
Mais de 80 / Até 100	+220 / 0	+805 / +585	+665 / +445	–	+478 / +258	+398 / +178	0 / −87	0 / −220	−120 / −207	−120 / −340	−170 / −390	−220 / −440	−220 / −570	−380 / −600
Mais de 100 / Até 120	+220 / 0	+910 / +690	+745 / +525	+620 / +400	+530 / +310	+430 / +210	0 / −87	0 / −220	−120 / −207	−120 / −340	−180 / −400	−240 / −460	−240 / −590	−410 / −630
Mais de 120 / Até 140	+250 / 0	+1 050 / +800	+870 / +620	+720 / +470	+615 / +365	+498 / +248	0 / −100	0 / −250	−145 / −245	−145 / −395	−200 / −450	−260 / −510	−260 / −660	−460 / −710
Mais de 140 / Até 160	+250 / 0	+1 050 / +900	+950 / +700	+785 / +535	+665 / +415	+530 / +280	0 / −100	0 / −250	−145 / −245	−145 / −395	−210 / −460	−280 / −530	−280 / −680	−520 / −770
Mais de 160 / Até 180	+250 / 0	+1 250 / +1 000	+1 030 / +780	+850 / +600	+715 / +465	+560 / +310	0 / −100	0 / −250	−145 / −245	−145 / −395	−230 / −480	−310 / −560	−310 / −710	−580 / −830
Mais de 180 / Até 200	+290 / 0	+1 440 / +1 150	+1 170 / +880	+960 / +670	+810 / +520	+640 / +350	0 / −115	0 / −290	−170 / −285	−170 / −460	−240 / −530	−340 / −630	−340 / −800	−660 / −950
Mais de 200 / Até 225	+290 / 0	+1 540 / +1 250	+1 250 / +960	+1 030 / +740	+865 / +575	+675 / +385	0 / −115	0 / −290	−170 / −285	−170 / −460	−260 / −550	−380 / −670	−380 / −840	−740 / −1 030
Mais de 225 / Até 250	+290 / 0	+1 640 / +1 350	+1 340 / +1 050	+1 110 / +820	+930 / +640	+715 / +425	0 / −115	0 / −290	−170 / −285	−170 / −460	−280 / −570	−420 / −710	−420 / −880	−820 / −1 110
Mais de 250 / Até 280	+320 / 0	+1 870 / +1 550	+1 520 / +1 200	+1 240 / +920	+1 030 / +710	+795 / +475	0 / −130	0 / −320	−190 / −320	−190 / −510	−300 / −620	−480 / −800	−480 / −1 000	−920 / −1 240
Mais de 280 / Até 315	+320 / 0	+2 020 / +1 700	+1 620 / +1 300	+1 320 / +1 000	+1 110 / +790	+845 / +525	0 / −130	0 / −320	−190 / −320	−190 / −510	−330 / −650	−540 / −860	−540 / −1 060	−1 050 / −1 370
Mais de 315 / Até 355	+360 / 0	+2 260 / +1 900	+1 860 / +1 500	+1 510 / +1 150	+1 260 / +900	+950 / +590	0 / −140	0 / −360	−210 / −350	−210 / −570	−360 / −720	−600 / −960	−600 / −1 170	−1 200 / −1 560
Mais de 355 / Até 400	+360 / 0	+2 460 / +2 100	+2 010 / +1 650	+1 660 / +1 300	+1 360 / +1 000	+1 020 / +660	0 / −140	0 / −360	−210 / −350	−210 / −570	−400 / −760	−680 / −1 040	−680 / −1 250	−1 350 / −1 710
Mais de 400 / Até 450	+400 / 0	+2 750 / +2 350	+2 250 / +1 850	+1 850 / +1 450	+1 500 / +1 100	+1 140 / +740	0 / −155	0 / −400	−230 / −385	−230 / −630	−440 / −840	−760 / −1 160	−760 / −1 390	−1 500 / −1 900
Mais de 450 / Até 500	+400 / 0	+3 000 / +2 600	+2 450 / +2 050	+2 000 / +1 600	+1 650 / +1 250	+1 220 / +820	0 / −155	0 / −400	−230 / −385	−230 / −630	−480 / −880	−840 / −1 240	−840 / −1 470	−1 650 / −2 050

Tabela 2.30 – Ajustes ISO – valores numéricos

Medidas nominais mm		H12	h12	d12	b12	a12
Mais de	1,6	+90	0	−20	−140	−270
Até	3	0	−90	−110	−230	−360
Mais de	3	+120	0	−30	−140	−270
Até	6	0	−120	−150	−260	−390
Mais de	6	+150	0	−40	−150	−280
Até	10	0	−150	−190	−300	−430
Mais de	10					
Até	14	+180	0	−50	−150	−290
Mais de	14	0	−180	−230	−330	−470
Até	18					
Mais de	18					
Até	24	+210	0	−65	−160	−300
Mais de	24	0	−210	−275	−370	−510
Até	30					
Mais de	30				−170	−310
Até	40	+250	0	−80	−420	−560
Mais de	40	0	−250	−330	−180	−320
Até	50				−430	−570
Mais de	50				−190	−340
Até	65	+300	0	−100	−490	−640
Mais de	65	0	−300	−400	−200	−360
Até	80				−500	−660
Mais de	80				−220	−380
Até	100	+350	0	−170	−570	−730
Mais de	100	0	−350	−470	−240	−410
Até	120				−590	−760
Mais de	120				−260	−460
Até	140				−660	−860
Mais de	140	+400	0	−145	−280	−520
Até	160	0	−400	−545	−680	−920
Mais de	160				−310	−580
Até	180				−710	−980
Mais de	180				−340	−660
Até	200				−800	−1 120
Mais de	200	+460	0	−170	−380	−740
Até	225	0	−460	−630	−840	−1 200
Mais de	225				−420	−820
Até	250				−880	−1 280
Mais de	250				−480	−920
Até	280	+520	0	−190	−1 000	−1 440
Mais de	280	0	−520	−710	−540	−1 050
Até	315				−1 060	−1 570
Mais de	315				−600	−920
Até	355	+570	0	−210	−1 170	−1 440
Mais de	355	0	−570	−780	−680	−1 350
Até	400				−1 250	−1 920
Mais de	400				−760	−1 500
Até	450	+630	0	−230	−1 390	−2 130
Mais de	450	0	−630	−860	−840	−1 650
Até	500				−1 470	−2 280

Medidas nominais mm		H13	h13	d13	b13	a13
Mais de	1,6	+140	0	−20	−140	−270
Até	3	0	−140	−160	−280	−410
Mais de	3	+180	0	−30	−140	−270
Até	6	0	−180	−210	−320	−450
Mais de	6	+220	0	−40	−150	−280
Até	10	0	−220	−260	−370	−500
Mais de	10					
Até	14	+270	0	−50	−150	−290
Mais de	14	0	−270	−320	−420	−560
Até	18					
Mais de	18					
Até	24	+210	0	−65	−160	−300
Mais de	24	0	−210	−275	−370	−510
Até	30					
Mais de	30				−170	−310
Até	40	+390	0	−80	−560	−700
Mais de	40	0	−390	−470	−180	−320
Até	50				−570	−710
Mais de	50				−190	−340
Até	65	+460	0	−100	−650	−800
Mais de	65	0	−460	−560	−200	−360
Até	80				−660	−820
Mais de	80				−220	−380
Até	100	+540	0	−120	−760	−920
Mais de	100	0	−540	−660	−240	−410
Até	120				−780	−950
Mais de	120				−280	−460
Até	140				−890	−1 090
Mais de	140	+630	0	−145	−280	−520
Até	160	0	−630	−775	−910	−1 150
Mais de	160				−310	−580
Até	180				−940	−1 210
Mais de	180				−340	−660
Até	200				−1 060	−1 380
Mais de	200	+720	0	−170	−380	−740
Até	225	0	−720	−890	−1 100	−1 460
Mais de	225				−420	−820
Até	250				−1 140	−1 540
Mais de	250				−480	−920
Até	280	+810	0	−190	−1 290	−1 730
Mais de	280	0	−810	−1 000	−540	−1 050
Até	315				−1 350	−1 860
Mais de	315				−600	−1 200
Até	355	+890	0	−210	−1 490	−2 090
Mais de	355	0	−890	−1 100	−680	−1 350
Até	400				−1 570	−2 240
Mais de	400				−760	−1 500
Até	450	+970	0	−230	−1 730	−2 470
Mais de	450	0	−970	−1 200	−840	−1 650
Até	500				−1 810	−2 620

Tabela 2.31 – Ajustes ISO – valores numéricos

Medidas nominais mm	h5	U6	T6	S6	R6	P6	N6	M6	X6	J6	H6	G6
Mais de 1,6	0	-16	—	-13	-10	-7	-4	0	—	+3	+7	+10
Até 3	-5	-23		-20	-17	-14	-11	-7		-4	0	+3
Mais de 3	0	-20	—	-16	-12	-9	-5	-1	—	+4	+8	+12
Até 6	-5	-28		-24	-20	-17	-13	-9		-4	0	+4
Mais de 6	0	-25	—	-20	-16	-12	-7	-3	+2	+5	+9	+14
Até 10	-6	-34		-29	-25	-21	-16	-12	-7	-4	0	+5
Mais de 10 Até 14	0	-30	—	-25	-20	-15	-9	-4	+2	+6	+11	+17
Mais de 14 Até 18	-8	-41		-36	-31	-26	-20	-15	-9	-5	0	+6
Mais de 18 Até 24	0	-37 / -50	—	-31	-24	-18	-11	-4	+2	+8	+13	+20
Mais de 24 Até 30	-9	—	-37 / -50	-44	-37	-31	-24	-17	-11	-5	0	+7
Mais de 30 Até 40	0	—	-43 / -59	-38	-29	-21	-12	-4	+3	+10	+16	+25
Mais de 40 Até 50	-11		-49 / -65	-54	-45	-37	-28	-20	-13	-6	0	+9
Mais de 50 Até 65	0	—	-60 / -79	-47 / -66	-35 / -54	-26	-14	-5	+4	+13	+19	+29
Mais de 65 Até 80	-13		—	-53 / -72	-37 / -56	-45	-33	-24	-15	-6	0	+10
Mais de 80 Até 100	0	—	—	-64 / -86	-44 / -66	-30	-16	-6	+4	+16	+22	+34
Mais de 100 Até 120	-15			—	-47 / -69	-52	-38	-28	-18	-6	0	+12
Mais de 120 Até 140	0	—	—	—	-56 / -81	-36	-20	-8	+4	+18	+25	+39
Mais de 140 Até 160	-18				-58 / -83	-61	-45	-33	-21	-7	0	+14
Mais de 160 Até 180					-61 / -86							
Mais de 180 Até 200	0	—	—	—	-68 / -97	-41	-22	-8	+5	+22	+29	+44
Mais de 200 Até 225	-20				-71 / -100	-70	-51	-37	-24	-7	0	+15
Mais de 225 Até 250					-75 / -104							
Mais de 250 Até 280	0	—	—	—	-85 / -117	-47	-25	-9	+5	+25	+32	+49
Mais de 280 Até 315	-23				-89 / -121	-79	-57	-41	-27	-7	0	+17
Mais de 315 Até 355	0	—	—	—	-97 / -133	-51	-26	-10	+7	+29	+36	+54
Mais de 355 Até 400	-25				-103 / -139	-87	-62	-46	-29	-7	0	+18
Mais de 400 Até 450	0	—	—	—	-113 / -153	-55	-27	-10	+8	+33	+40	+60
Mais de 450 Até 500	-27				-119 / -159	-95	-67	-50	-32	-7	0	+20

Tabela 2.32 – Ajustes ISO – valores numéricos

Medidas nominais mm	h6	ZA7	Z7	X7	U7	T7	S7	R7	P7	N7	M7	K7	J7	H7	G7	F7	F8
Mais de 1,6	0	-30	-26	-20	-25	–	-13	-10	-7	-4	0	–	+3	+9	+12	+16	+21
Até 3	-7	-39	-35	-29	-16		-22	-19	-16	-13	-9		-6	0	+3	+7	+7
Mais de 3	0	-38	-31	-24	-19	–	-15	-11	-8	-4	0	–	+5	+12	+16	+22	+28
Até 6	-8	-50	-43	-36	-31		-27	-23	-20	-16	-12		-7	0	+4	+10	+10
Mais de 6	0	-46	-36	-28	-22	–	-17	-13	-9	-14	0	+5	+8	+15	+20	+28	+35
Até 10	-9	-61	-51	-43	-37		-32	-28	-24	-19	-15	-10	-7	0	+5	+13	+13
Mais de 10		-57	-43	-33													
Até 14	0	-75	-61	-51	-26	–	-21	-16	-11	-5	0	+6	+10	+18	+26	+34	+43
Mais de 14	-11	-70	-53	-38	-44		-39	-34	-29	-23	-18	-12	-8	0	-6	-16	+16
Até 18		-88	-71	-56													
Mais de 18			-65	-46	-33	–											
Até 24	0	–	-86	-67	-54		-27	-20	-14	-7	0	+6	+12	+21	+28	+41	+53
Mais de 24	-13		-80	-56	-40	-33	-48	-41	-35	-28	-21	-15	-9	0	-7	-20	+20
Até 30			-101	-77	-61	-51											
Mais de 30			-103	-71	-51	-39											
Até 40	0	–	-128	-96	-76	-64	-34	-25	-17	-8	0	+7	+14	+25	+34	+50	+64
Mais de 40	-16		–	-88	-61	-45	-59	-50	-42	-33	-25	-18	-11	0	-9	-25	+25
Até 50			–	-113	-86	-70											
Mais de 50				-111	-76	-55	-42	-30									
Até 65	0	–	–	-141	-106	-85	-72	-60	-21	-9	0	+9	+18	+30	+40	+60	+76
Mais de 65	-19			–	-91	-64	-48	-32	-51	-39	-30	-21	-12	0	-10	-30	+30
Até 80					-121	-94	-78	-62									
Mais de 80					-111	-78	-58	-38									
Até 100	0	–	–	–	-146	-113	-93	-73	-24	-10	0	+10	+22	+35	+47	+71	+90
Mais de 100	-22				-131	-91	-66	-41	-59	-45	-35	-25	-13	0	-12	-36	+36
Até 120					-166	-126	-101	-76									
Mais de 120					-155	-107	-77	-48									
Até 140					-195	-147	-117	-88									
Mais de 140	0	–	–	–	–	-119	-85	-50	-28	-12	0	+12	+26	+40	+54	+83	+106
Até 160	-25					-159	-125	-90	-68	-52	-40	-28	-14	0	+14	+43	+43
Mais de 160						-131	-95	-53									
Até 180						-171	-133	-93									
Mais de 180						-149	-105	-60									
Até 200						-195	-151	-106									
Mais de 200	0	–	–	–	–	–	-113	-63	-33	-14	0	+13	+30	+46	+61	+96	+122
Até 225	-29						-159	-109	-79	-60	-46	-33	-16	0	+15	+50	+50
Mais de 225							-123	-67									
Até 250							-169	-113									
Mais de 250							-138	-74									
Até 280	0	–	–	–	–	–	-190	-126	-36	-14	0	+16	+36	+52	+69	+108	+137
Mais de 280	-32						-150	-78	-88	-66	-52	-36	-16	0	-17	-56	+56
Até 315							-202	-130									
Mais de 315							-169	-87									
Até 355	0	–	–	–	–	–	-226	-144	-41	-16	0	+17	+39	+57	+75	+119	+151
Mais de 355	-36						-187	-93	-98	-73	-57	-40	-18	0	-18	-62	+62
Até 400							-244	-150									
Mais de 400							-209	-103									
Até 450	0	–	–	–	–	–	-272	-166	-45	-17	0	+18	+43	+63	+83	+131	+165
Mais de 450	-40						-229	-109	-108	-80	-63	-45	-20	0	-20	-68	+68
Até 500							-292	-172									

Tabela 2.33 – Ajustes ISO – valores numéricos

Escala do diagrama (µm): +300, +200, +100, 0, −100, −200, −300

Medidas nominais mm		h8	zC8	ZB8	ZA8	Z8	X8	U8	T8	S8	H8	H9	F7	F8	E8	D9	C9	B9
Mais de	1,6	0	−50	−40	—	−28	−22	—	—	−15	+14	+25	+16	+21	+28	+45	+85	+165
Até	3	−14	−64	−54		−42	−36			−29	0	0	+7	+7	+14	+20	+60	+140
Mais de	3	0	−69	−53	—	−35	−28	—	—	−19	+18	+30	+22	+28	+38	+60	+100	+170
Até	6	−18	−87	−71		−53	−46			−37	0	0	+10	+10	+20	+30	+70	+140
Mais de	6	0	−97	−70	−52	−42	−34	—	—	−23	+22	+36	+28	+35	+47	+76	+116	+186
Até	10	−22	−119	−92	−74	−64	−56			−45	0	0	+13	+13	+25	+40	+80	+150
Mais de	10		−130	−90	−64	−50	−40	—	—									
Até	14	0	−157	−117	—	−77	−67			−28	+27	+43	+34	+43	+59	+93	+138	+193
Mais de	14	−27	−150	−108	−77	−60	−45			−55	0	0	+16	+16	+32	+50	+95	+150
Até	18		−177	−135	−104	−87	−72											
Mais de	18		−188	−136	−98	−73	−54		—									
Até	24	0	−221	−169	−131	−106	−84	−48		−35	+33	+52	+41	+53	+73	+117	+162	+212
Mais de	24	−33	−218	−160	−118	−88	−64	−81		−68	0	0	+20	+20	+40	+65	+110	+160
Até	30		−251	−193	−151	−121	−97											
Mais de	30	0	—	−200	−148	−112	−80	−60	—								+182	+212
Até	40			−239	−187	−151	−119	−99		−43	+39	+62	+50	+64	+89	+142	+120	+160
Mais de	40	−39		−242	−180	−136	−97	−70		−82	0	0	+25	+25	+50	+80	+192	+242
Até	50			−281	−219	−175	−136	−109									+130	+180
Mais de	50	0	—	−300	−226	−172	−122	−87	—	+53							+214	+264
Até	65			−346	−272	−218	−168	−133		+99	+46	+74	+60	+76	+106	+174	+140	+190
Mais de	65	−46		—	−274	−210	−146	−102		+59	0	0	+30	+30	+60	+100	+224	+274
Até	80				−320	−256	−192	−148		+105							+150	+200
Mais de	80	0	—	—	−335	−258	−178	−124	—	−71							+257	+307
Até	100				−389	−312	−232	−178		−125	+54	+87	+71	+90	+126	+207	+170	+220
Mais de	100	−54			—	−310	−210	−144	−104	−79	0	0	+36	+36	+72	+120	+267	+327
Até	120					−364	−264	−198	−158	−133							+180	+240
Mais de	120		—	—	—	−365	−248	−170	−122	−95							+300	+360
Até	140					−428	−311	−233	−185	−155							+200	+260
Mais de	140	0				−415	−280	−190	−134	−100	+63	+100	+83	+106	+148	+245	+310	+380
Até	160	−63				−478	−343	−253	−197	−163	0	0	+43	+43	+85	+145	+210	+280
Mais de	160					—	−310	−210	−146	−108							+330	+410
Até	180						−373	−273	−209	−171							+230	+310
Mais de	180		—	—	—	—	−350	−236	−166	−122							+355	+455
Até	200						−422	−308	−238	−194							+240	+340
Mais de	200	0					−385	−258	−180	−130	+72	+115	+96	+122	+172	+285	+375	+495
Até	225	−72					−457	−330	−252	−202	0	0	+50	+50	+100	+170	+260	+380
Mais de	225						−425	−284	−196	−140							+395	+535
Até	250						−497	−356	−268	−212							+280	+420
Mais de	250	0	—	—	—	—	−475	−315	−218	−158							+430	+610
Até	280						−556	−396	−299	−239	+81	+130	+108	+137	+191	+320	+300	+480
Mais de	280	−81					−525	−350	−240	−170	0	0	+56	+56	+110	+190	+460	+670
Até	315						−606	−431	−321	−251							+330	+540
Mais de	315	0	—	—	—	—	−590	−390	−268	−190							+500	+740
Até	355						−679	−479	−357	−279	+89	+140	+119	+151	+214	+350	+360	+600
Mais de	355	−89					—	−435	−294	−208	0	0	+62	+62	+125	+210	+540	+820
Até	400							−524	−383	−297							+400	+680
Mais de	400	0	—	—	—	—		−490	−330	−232							+595	+915
Até	450							−587	−427	−329	+97	+155	+131	+165	+232	+385	+440	+760
Mais de	450	−97						−540	−360	−252	0	0	+68	+68	+135	+230	+635	+995
Até	500							−637	−457	−349							+480	+840

Sistema de ajuste ABNT: sistemas furo-base e eixo-base

Tabela 2.34 – Ajustes ISO – valores numéricos

Eixo vertical do gráfico: +800, +600, +400, +200, 0, −200, −400, −600

Medidas nominais mm	h9	zC9	ZB9	ZA9	Z9	X9	U9	T9	H8	H9	H11	F8	E9	D10	C10	C11	B10
Mais de 1,6	0	−50	−40	−	−28	−22	−	−	+14	+25	+60	+21	+39	+60	+100	+120	+180
Até 3	−25	−75	−65		−53	−47			0	0	0	+7	+14	+20	+60	+60	+140
Mais de 3	0	−69	−53	−	−35	−28	−	−	+18	+30	+75	+28	+50	+78	+118	+145	+188
Até 6	−30	−99	−83		−62	−58			0	0	0	+10	+20	+30	+70	+70	+140
Mais de 6	0	−97	−70	−	−42	−34	−	−	+22	+36	+90	+35	+61	+98	+138	+170	+208
Até 10	−36	−133	−106		−78	−70			0	0	0	+13	+25	+40	+80	+80	+150
Mais de 10		−130	−90	−	−50	−90	−										
Até 14	0	−173	−133		−93	−133		−	+27	+43	+110	+43	+75	+120	+165	+205	+220
Mais de 14	−43	−150	−108	−	−60	−45			0	0	0	+16	+32	+50	+95	+95	+150
Até 18		−193	−151		−103	−88											
Mais de 18		−188	−136	−98	−73	−54	−										
Até 24	0	−240	−188	−150	−125	−106		−	+33	+52	+130	+53	+92	+149	+194	+240	+244
Mais de 24	−52	−218	−160	−118	−88	−64	−48		0	0	0	+20	+40	+65	+110	+110	+160
Até 30		−270	−212	−170	−140	−116	−100										
Mais de 30		−274	−200	−148	−112	−80	−60								+220	+280	+270
Até 40	0	−336	−262	−210	−174	−142	−122	−	+39	+62	+160	+64	+112	+180	+120	+120	+170
Mais de 40	−62	−325	−242	−180	−136	−97	−70		0	0	0	+25	+50	+80	+230	+290	+280
Até 50		−387	−304	−242	−198	−159	−132								+130	+130	+180
Mais de 50		−405	−300	−226	−172	−122	−87								+260	+330	+270
Até 65	0	−479	−374	−300	−246	−196	−161	−	+46	+74	+190	+76	+134	+220	+140	+140	+170
Mais de 65	−74	−	−360	−274	−210	−146	−102		0	0	0	+30	+60	+100	+270	+340	+280
Até 80			−434	−348	−284	−220	−176								+150	+150	+180
Mais de 80		−445	−335	−258	−178	−124	−								+310	+390	+360
Até 100	0	−532	−422	−345	−265	−211		−	+54	+87	+220	+90	+159	+260	+170	+170	+220
Mais de 100	−87	−	−400	−310	−210	−144			0	0	0	+36	+72	+120	+320	+400	+380
Até 120			−487	−297	−297	−231									+180	+180	+240
Mais de 120		−	−	−470	−365	−248	−170								−360	−450	−420
Até 140	0			−570	−465	−348	−270	−	+63	+100	+250	+106	+185	+305	−200	−200	−260
Mais de 140	−100			−535	−415	−280	−190		0	0	0	+43	+85	+145	−370	−460	−440
Até 160				−635	−515	−380	−290								−210	−210	−280
Mais de 160				−	−465	−310	−210								−390	−480	−470
Até 180					−565	−410	−310								−230	−230	−310
Mais de 180		−	−	−	−520	−350	−236	−							−425	−530	−525
Até 200	0				−635	−465	−351								−240	−240	−340
Mais de 200	−115				−575	−385	−258	−180	+72	+115	+290	+122	+215	+355	−445	−550	−565
Até 225					−690	−500	−373	−295	0	0	0	+50	+100	+170	−260	−260	−380
Mais de 225					−425	−284	−196								−465	−570	−605
Até 250					−540	−399	−311								−280	−280	−420
Mais de 250		−	−	−	−475	−315	−218								+510	+620	+690
Até 280	0				−605	−445	−348	−	+81	+130	+320	+137	+240	+400	+300	+300	+480
Mais de 280	−130				−525	−350	−240		0	0	0	+56	+110	+190	+540	+650	+750
Até 315					−665	−480	−370								+330	+330	+540
Mais de 315		−	−	−	−590	−390	−268								+590	+720	+830
Até 355	0				−730	−530	−408	−	+89	+140	+360	+151	+265	+440	+360	+360	+600
Mais de 355	−140				−660	−435	−294		0	0	0	+62	+125	+210	+630	+760	+910
Até 400					−800	−575	−434								+400	+400	+680
Mais de 400		−	−	−	−740	−490	−330								+690	+840	+1010
Até 450	0				−895	−645	−485	−	+97	+155	+400	+165	+290	+480	+440	+440	+680
Mais de 450	−155				−820	−540	−360		0	0	0	+68	+135	+230	+730	+880	+1090
Até 500					−975	−695	−515								+480	+480	+840

Tabela 2.35 – Ajustes ISO – valores numéricos

Medidas nominais mm	h10	zC10	ZB10	ZA10	Z10	X10	U10
Mais de 1,6 / Até 3	0 / −40	−50 / −90	−	−	−28 / −68	−	−
Mais de 3 / Até 6	0 / −48	−69 / −117	−	−	−35 / −83	−	−
Mais de 6 / Até 10	0 / −58	−97 / −155	−70 / −128	−	−42 / −100	−	−
Mais de 10 / Até 14	0 / −70	−130 / −200	−90 / −160	−	−50 / −120	−	−
Mais de 14 / Até 18	0 / −70	−150 / −220	−108 / −178	−	−60 / −130	−45 / −115	−
Mais de 18 / Até 24	0 / −84	−188 / −272	−136 / −220	−	−73 / −157		−
Mais de 24 / Até 30	0 / −84	−218 / −302	−160 / −244	−	−88 / −172	−64 / −148	−
Mais de 30 / Até 40	0 / −100	−274 / −374	−200 / −300	−	−112 / −212	−80 / −180	−
Mais de 40 / Até 50	0 / −100	−325 / −425	−242 / −342	−180 / −280	−136 / −236	−97 / −197	−70 / −170
Mais de 50 / Até 65	0 / −120	−405 / −525	−300 / −420	−226 / −346	−172 / −292	−122 / −242	−87 / −207
Mais de 65 / Até 80	0 / −120	−480 / −600	−360 / −480	−274 / −394	−210 / −330	−146 / −266	−102 / −222
Mais de 80 / Até 100	0 / −140	−585 / −725	−445 / −585	−335 / −475	−258 / −398	−178 / −318	−124 / −264
Mais de 100 / Até 120	0 / −140	−690 / −830	−525 / −665	−400 / −540	−310 / −450	−210 / −350	−144 / −284
Mais de 120 / Até 140	0 / −160	−800 / −960	−620 / −780	−470 / −630	−365 / −525	−248 / −408	−170 / −330
Mais de 140 / Até 160	0 / −160	−	−700 / −860	−535 / −695	−415 / −575	−280 / −440	−190 / −350
Mais de 160 / Até 180	0 / −160	−	−780 / −940	−600 / −760	−465 / −625	−310 / −470	−210 / −370
Mais de 180 / Até 200	0 / −185	−	−880 / −1065	−670 / −855	−520 / −705	−350 / −535	−236 / −421
Mais de 200 / Até 225	0 / −185	−	−	−740 / −925	−575 / −760	−385 / −570	−258 / −443
Mais de 225 / Até 250	0 / −185	−	−	−820 / −1005	−640 / −825	−425 / −610	−284 / −469
Mais de 250 / Até 280	0 / −210	−	−	−920 / −1130	−710 / −920	−475 / −685	−315 / −525
Mais de 280 / Até 315	0 / −210	−	−	−1000 / −1210	−790 / −1000	−525 / −735	−350 / −560
Mais de 315 / Até 355	0 / −230	−	−	−1150 / −1380	−900 / −1130	−590 / −820	−390 / −620
Mais de 355 / Até 400	0 / −230	−	−	−	−1000 / −1230	−660 / −890	−435 / −665
Mais de 400 / Até 450	0 / −250	−	−	−	−1100 / −1350	−740 / −990	−490 / −740
Mais de 450 / Até 500	0 / −250	−	−	−	−1250 / −1500	−820 / −1070	−540 / −790

Sistema de ajuste ABNT: sistemas furo-base e eixo-base

Tabela 2.36 – Ajustes ISO – valores numéricos

Medidas nominais mm		h11	zC11	ZB11	ZA11	Z11	X11	H9	H11	D9	D10	D11	C11	B11	B12	A11
Mais de	1,6	0	−50	−	−	−	−	+25	+60	+45	+60	+80	+120	+200	+230	+330
Até	3	−60	−110					0	0	+20	+20	+20	+60	+140	+140	+270
Mais de	3	0	−69	−	−	−	−	+30	+75	+60	+78	+105	+145	+215	+260	+345
Até	6	−75	−144					0	0	+30	+30	+30	+70	+140	+140	+270
Mais de	6	0	−97	−70	−	−	−	+36	+90	+76	+98	+130	+170	+240	+300	+370
Até	10	−90	−187	−160				0	0	+40	+40	+40	+80	+150	+150	+280
Mais de	10		−130	−90												
Até	14	0	−240	−200	−	−	−	+43	+110	+93	+120	+160	+205	+260	+330	+400
Mais de	14	−110	−150	−108				0	0	+50	+50	+50	+95	+150	+150	+290
Até	18		−260	−218												
Mais de	18		−188	−136	−	−		+52	+130	+117	+149	+195	+240	+290	+370	+430
Até	24	0	−318	−266				0	0	+65	+65	+65	+110	+160	+160	+300
Mais de	24	−130	−218	−160	−	−88	−									
Até	30		−348	−290		−218										
Mais de	30		−274	−200		−112							−280	−330	−420	−470
Até	40	0	−434	−360	−	−272	−	+62	+160	+142	+180	+240	−120	−170	−170	−310
Mais de	40	−160	−325	−242		−136		0	0	+80	+80	+80	−290	−340	−430	−480
Até	50		−485	−402		−296							−130	−180	−180	−320
Mais de	50		−405	−300		−172	−122						−330	−380	−490	−530
Até	65	0	−595	−490	−	−362	−312	+74	+190	+174	+220	+290	−140	−190	−190	−340
Mais de	65	−190	−480	−360		−210	−146	0	0	+100	+100	+100	−340	−390	−500	−550
Até	80		−670	−550		−400	−336						−150	−200	−200	−360
Mais de	80		−585	−445		−258	−178						−390	−440	−570	−600
Até	100	0	−805	−665	−	−478	−398	+87	+220	+207	+260	+340	−170	−220	−220	−380
Mais de	100	−220	−690	−525	−400	−310	−210	0	0	+120	+120	+120	−400	−460	−590	−630
Até	120		−910	−745	−620	−530	−430						−180	−240	−240	−410
Mais de	120		−800	−620	−470	−365	−248						−450	−510	−660	−710
Até	140		−1 050	−870	−720	−615	−498						−200	−260	−260	−460
Mais de	140	0	−900	−700	−535	−415	−280	+100	+250	+245	+305	+395	−460	−530	−680	−770
Até	160	−250	−1 150	−950	−785	−665	−530	0	0	+145	+145	+145	−210	−280	−280	−520
Mais de	160		−1 000	−780	−600	−465	−310						−480	−560	−710	−830
Até	180		−1 250	−1 030	−850	−715	−560						−230	−310	−310	−580
Mais de	180		−1 150	−880	−670	−520	−350						−530	−630	−800	−950
Até	200		−1 440	−1 170	−960	−810	−640						−240	−340	−340	−660
Mais de	200	0	−1 250	−960	−740	−575	−385	+115	+290	+285	+355	+460	−550	−670	−840	−1 030
Até	225	−290	−1 540	−1 250	−1 030	−865	−675	0	0	+170	+170	+170	−260	−380	−380	−740
Mais de	225		−1 350	−1 050	−820	−640	−425						−570	−710	−880	−1 100
Até	250		−1 640	−1 340	−1 110	−930	−715						−280	−420	−420	−820
Mais de	250		−1 550	−1 200	−920	−710	−475						−620	−800	−1 000	−1 240
Até	280	0	−1 870	−1 520	−1 240	−1 030	−795	+130	+320	+320	+400	+510	−300	−480	−480	−920
Mais de	280	−320	−1 700	−1 300	−1 000	−790	−525	0	0	+190	+190	+190	−650	−860	−1 060	−1 370
Até	315		−2 020	−1 620	−1 320	−1 110	−845						−330	−540	−540	−1 050
Mais de	315		−1 900	−1 500	−1 150	−900	−590						−720	−960	−1 170	−1 560
Até	355	0	−2 260	−1 860	−1 510	−1 260	−950	+140	+360	+350	+440	+570	−360	−600	−600	−1 200
Mais de	355	−360	−2 100	−1 650	−1 300	−1 000	−660	0	0	+210	+210	+210	−760	−1 040	−1 250	−1 710
Até	400		−2 460	−2 010	−1 660	−1 360	−1 020						−400	−680	−680	−1 350
Mais de	400		−2 350	−1 850	−1 450	−1 100	−740						−840	−1 160	−1 390	−1 900
Até	450	0	−2 750	−2 250	−1 800	−1 500	−1 140	+155	+400	+385	+480	+630	−440	−760	−760	−1 500
Mais de	450	−400	−2 600	−2 050	−1 600	−1 125	−820	0	0	+230	+230	+230	−880	−1 240	−1 470	−2 050
Até	500		−3 000	−2 450	−2 000	−1 650	−1 220						−480	−840	−840	−1 650

Tabela 2.37 – Ajustes ISO – valores numéricos

Medidas nominais mm	H12	h12	D12	B12	A12
Mais de 1,6	0	+90	+110	+230	+360
Até 3	−90	0	+20	+140	+270
Mais de 3	0	+120	+150	+260	+390
Até 6	−120	0	+30	+140	+270
Mais de 6	0	+150	+190	+300	+430
Até 10	−150	0	+40	+150	+280
Mais de 10				+330	+470
Até 14	0	+180	+230		
Mais de 14	−180	0	+50	+150	+290
Até 18					
Mais de 18				+370	+510
Até 24	0	+210	+275		
Mais de 24	−210	0	+65	+160	+300
Até 30					
Mais de 30				+420	+560
Até 40	0	+250	+330	+170	+310
Mais de 40	−250	0	+80	+430	+570
Até 50				+180	+320
Mais de 50				+490	+640
Até 65	0	+300	+400	+190	+340
Mais de 65	−300	0	+100	+500	+660
Até 80				+200	+360
Mais de 80				+570	+730
Até 100	0	+350	+470	+220	+380
Mais de 100	−350	0	+120	+590	+760
Até 120				+240	+410
Mais de 120				+660	+860
Até 140				+260	+460
Mais de 140	0	+400	+545	+680	+920
Até 160	−400	0	+145	+280	+520
Mais de 160				+710	+980
Até 180				+310	+580
Mais de 180				+800	+1 120
Até 200				+340	+660
Mais de 200	0	+460	+630	+840	+1 200
Até 225	−460	0	+170	+380	+740
Mais de 225				+880	+1 280
Até 250				+420	+820
Mais de 250				+1 000	+1 440
Até 280	0	+520	+710	+480	+920
Mais de 280	−520	0	+190	+1 060	+1 570
Até 315				+540	+1 200
Mais de 315				+1 170	+1 920
Até 355	0	+570	+780	+600	+1 350
Mais de 355	−570	0	+210	+1 250	+1 570
Até 400				+680	+1 050
Mais de 400				+1 390	+2 130
Até 450	0	+630	+860	+760	+1 500
Mais de 450	−630	0	+230	+1 470	+2 280
Até 500				+840	+1 650

Medidas nominais mm	h13	H13	D13	B13	A13
Mais de 1,6	0	+140	+160	+280	+410
Até 3	−140	0	+20	+140	+270
Mais de 3	0	+180	+210	+320	+450
Até 6	−180	0	+30	+140	+270
Mais de 6	0	+220	+260	+370	+500
Até 10	−220	0	+40	+150	+280
Mais de 10				+420	+560
Até 14	0	+270	+320		
Mais de 14	−270	0	+50	+150	+290
Até 18					
Mais de 18				+490	+630
Até 24	0	+330	+395		
Mais de 24	−330	0	+65	+160	+300
Até 30					
Mais de 30				+560	+700
Até 40	0	+390	+470	+170	+310
Mais de 40	−390	0	+80	+570	+710
Até 50				+180	+320
Mais de 50				+650	+800
Até 65	0	+460	+560	+190	+340
Mais de 65	−460	0	+100	+660	+820
Até 80				+200	+360
Mais de 80				+760	+920
Até 100	0	+540	+660	+220	+380
Mais de 100	−540	0	+120	+780	+950
Até 120				+240	+410
Mais de 120				+890	+1 090
Até 140				+260	+460
Mais de 140	0	+630	+775	+910	+1 150
Até 160	−630	0	+145	+280	+520
Mais de 160				+940	+1 210
Até 180				+310	+580
Mais de 180				+1 060	+1 380
Até 200				+340	+660
Mais de 200	0	+720	+890	+1 100	+1 460
Até 225	−720	0	+170	+380	+740
Mais de 225				+1 140	+1 540
Até 250				+420	+820
Mais de 250				+1 290	+1 730
Até 280	0	+810	+1 000	+480	+920
Mais de 280	−810	0	+190	+1 350	+1 860
Até 315				+540	+1 050
Mais de 315				+1 490	+2 090
Até 355	0	+890	+1 100	+600	+1 200
Mais de 355	−890	0	+210	+1 570	+2 240
Até 400				+680	+1 350
Mais de 400				+1 730	+2 470
Até 450	0	+970	+1 200	+760	+1 500
Mais de 450	−970	0	+230	+1 810	+2 620
Até 500				+840	+1 650

Observa-se que para o furo 100 *H7*, no grupo de dimensões compreendido entre 80 mm e 100 mm, incluindo também 120 mm, a diferença superior é de +35 μm, enquanto a diferença inferior é nula, como deve ser sempre para todos os furos de classe *H*. Para os mesmos diâmetros, o eixo 100 *n6* tem diferença inferior de 23 μm e a diferença superior de 45 μm. Assim, as cotas dos dois diâmetros são:

furo 100 *H7*: medida máxima = 100,035 mm,

medida mínima = 100,00 mm;

eixo 100 *n6*: medida máxima = 100,045 mm,

medida mínima = 100,023 mm.

Com relação aos jogos e interferências, tem-se:

jogo máximo $S_G = 100{,}035 - 100{,}023 = 0{,}012$ mm

$$S_G = 12 \text{ μm}$$

jogo mínimo $S_K = 0$

interferência máxima $U_G = 100{,}023 - 100{,}00 = 0{,}023$ mm

$$U_G = 45 \text{ μm}$$

interferência mínima $U_K = 100{,}045 - 100{,}035 = 0{,}010$ mm

$$U_K = 10 \text{ μm}$$

Conclui-se, por meio dos jogos e interferência calculados, que se trata de um ajuste indeterminado, com jogos e interferências positivas, conforme previsão já feita no desenvolvimento teórico anterior.

APLICAÇÕES

As Tabelas 2.38, 2.39, 2.40 e 2.41 apresentam as aplicações industriais mais importantes dos ajustes normalizados, tanto para furo-base como para eixo-base. Aplicações semelhantes, para casos específicos, podem ser utilizadas dependendo da análise de jogos e interferências passíveis de serem efetivadas, de acordo com as exigências do cálculo de dimensionamento.

Tabela 2.38 – Tolerâncias abertas – construção grosseira

Furo-base	Eixo-base	Tipo de ajuste	Aplicações
$H11$ a $a12$	$h11$ a $A12$	Peças móveis com grande tolerância e muito jogo.	
$H11\,c12$	$h11$ a $C12$	Peças móveis com grande tolerância e jogo.	• Rolamentos em máquinas agrícolas. • Varão de acionamento de freio de automóveis. • Eixos interruptores giratórios limitadores de curso.
$H11\,a12$ $H10\,d10$ $H10\,d9$	$h11/D9$ $D10\,h10$ $D10\,h9$	Peças móveis, ajustes muito livres correspondentes a pequena precisão. Assento giratório folgado.	• Peças de freio ferroviário. • Órgãos de máquinas com deslizamento sem lubrificação. • Aros de êmbolos.
$H11\,h12$	$h11\,H12$	Fácil montagem. Grande tolerância com pequeno jogo.	• Peças de máquinas agrícolas com eixos de pino de trava; parafusadas. • Espaçadores de distância.

Tabela 2.39 – Tolerâncias de média precisão

Furo-base	Eixo-base	Tipo de ajuste	Aplicações
$H8/e9$ $H9/e8$	$E8/h9$ $E9/h8$ $F8/h9$	Peças móveis com jogo, desde perceptíveis até amplo. Utilizadas em condições pouco severas, permitindo funcionamento sem lubrificação.	• Virabrequins. • Bielas. • Eixos apoiados em três rolamentos. • Rolamentos em bombas centrífugas e de engrenagens. • Eixos de ventiladores. • Cruzetas.
$H9/d9$	$D10/h9$	Peças móveis com jogo muito amplo.	• Suportes para eixos grandes (árvores de transmissão) de acionamento em guias. • Suportes para transmissão. • Polias loucas. • Suportes em máquinas agrícolas.
$H8\,f8$	$F8\,h8$	Precisão bastante grande. Ajustes de rotação de órgãos que se efetuam em baixas condições de velocidade e pressão, porém não necessitam de usinagem cuidadosa.	• Assento de árvores de comando de válvulas. • Eixos de bomba de óleo. • Ajuste dos porta-escovas nos motores elétricos.
$H8\,h8$ $H8\,h9$	$H8\,h8$	Peças que devem ser montadas sem esforço e deslizar em funcionamento. Casos em que é preciso boa precisão de rotação.	• Retentores em transmissão. • Polias fixas e inteiriças. • Manivelas, engrenagens, acoplamentos que deslizam sobre seus eixos.

Sistema de ajuste ABNT: sistemas furo-base e eixo-base

Tabela 2.40 – Ajustes de precisão

Furo-base	Eixo-base	Tipo de ajuste	Aplicações
H7 d9	D9 h7 F8/h9	Peças móveis com grande jogo. Assento giratório folgado.	• Furos rosqueados em suporte. • Eixos sobre suportes múltiplos em máquina operatriz.
H7 f7	F7 h7	Peças móveis com jogo apreciável. Assento giratório. Provocam jogos de funcionamento pouco importantes.	• Suporte de fusos em afiadoras. • Engrenagens corrediças em caixas de câmbio. • Rolamentos de bielas. • Acoplamentos com discos deslocáveis. • Peças giratórias ou deslizantes em rolamentos ou mancal, correspondentes a uma rotação de menos de 600 rpm e pressão do serviço menor que 40 kgf/cm^2. • Fusos com ressalvos divisores.
H7 g6	G7 h6	Ajuste de peças móveis sem jogo. Assento giratório justo.	• Peças deslizantes de máquinas--ferramentas. • Anéis exteriores de rolamentos e esferas. • Ajuste para rolamentos de cilindros secadores. • Acoplamento de discos deslocáveis ou desacopláveis. • Encaixe de centragem de tubulações e válvulas.
H6 f6	G6 h6	Ajuste de grande precisão para peças móveis entre si que exigem guias precisas e somente deslizamento preferencial à rotação.	
H6 g5	G6 h5		
H7 h6 H6 h5	H7/h6 H6/h5	Assento deslizante em peças lubrificadas, com deslizamento à mão.	• Eixos de contraponto • Fixação por chavetas. • Montagem de acessórios em torre de torno revólver. • Mancais de furadeiras. • Colunas-guia de furadeiras radiais. • Montagem de rolamentos de esferas e rolos. • Fresas em mandris, cabeçote broqueado.
H7 j6 H6 j5 H6 k5	J7 h6 J6 h5 K6 h5	Assento forçado leve. Podem ser montados ou desmontados à mão ou com martelo de madeira. Não são suficientes para transmitir esforço, sendo necessário fixação das peças. Empregadas também para os casos em que há necessidade de grande precisão de giro, com carga leve com direção indeterminada.	• Peças de máquinas operatrizes desmontadas com frequência e com fixação contra o giro como mancais, capas externas de rolamentos de esferas, buchas em engrenagens de câmbio. • Ajustes em máquinas elétricas (rolamentos, polias, alojamentos de chapas do extrator). • Rolamentos em virabrequins. • Pinhões em pontas do eixo. • Discos, engrenagens, cubos etc. que devem deslocar-se facilmente por uma chaveta.

(continua)

Tabela 2.40 – Ajustes de precisão *(continuação)*

Furo-base	Eixo-base	Tipo de ajuste	Aplicações
H7 K6	h6 K6	Assento forçado médio montado ou desmontado com martelo. Não permite rotação ou deslocamento.	• Engrenagens em fusos de torno. • Anel interior de rolamento de esferas. • Discos de excêntricos. • Polias fixas e volantes em eixos. • Manivelas para pequenos esforços.
H8 m7 H7 m6 H6 m5	M8 h7 M7 h6 M6 h5	Assentos forçados com aperto. Montagem e desmontagem com martelo, sem estragar o ajuste.	• Em máquinas-ferramentas, engrenagens que se montam e desmontam com frequência, mas que não devem ter jogo apreciável. • Polias de correias. • Pinhões e engrenagens com assento prensado ou forçado com linguetas para 200 rpm. • Mancais (Ø externo) nos suportes correspondentes.

Tabela 2.41 – Ajustes de precisão

Furo-base	Eixo-base	Tipo de ajuste	Aplicações
H7 n6	N7 h6	Montado e desmontado com grande esforço, com esforço. Assento forçado duro.	• Anéis externos em centros. • Mancais de bronze no cubo. • Anéis sobre eixos com interferência. • Pinhões em eixos motores. • Induzidos em dínamos.
H7 p6 H6 p5	P7 h6 P6 h5	Ajustes com grandes interferências, para peças em que se deve garantir que não haja giro relativo entre uma peça e outra. Montagem e desmontagem somente com prensa a frio, ou com esquentamento de uma das peças com óleo quente. Não podem ser desmontadas sem prejudicar a fixação.	• Cubos induzidos em eixos de motores elétricos. • Rotores sobre eixos até 50 mm de diâmetro. • Montagem de polias e engrenagens de grande diâmetro. • Rolamento para trens de laminação. • Mancais de bronze em cubos (com trabalho forçado). • Coroas de bronze em rodas de parafusos sem fim. • Coroas de bronze para engrenagens. • Acoplamento em pontas de eixo sujeitas a severas condições de trabalho.
H7 s6 H8 u7 H8 x7	S7 h6 U8 h7 X8 h7	Ajustes com prensagem a quente com prensa, com desmontagem impossível sem prejudicar a superfície. Possível transmitir esforços pelo ajuste.	• Ajustes para máquinas elétricas com furos acima de Ø 335 mm. • Anéis coletores com furos acima de 50 mm.

(continua)

Tabela 2.41 – Ajustes de precisão *(continuação)*

Furo-base	Eixo-base	Tipo de ajuste	Aplicações
H7 h9	H7 h9	Ajustes deslizantes para peças que soltam com facilidade.	• Pinhões e engrenagens com *n* 200 rpm, presos com chavetas de cunha. • Acoplamentos e polias de freios montados sobre eixos trefilados a frio. • Aplicação em trens de laminação.
H7 r6	R7 h6	Ajustes prensados.	• Acoplamento elástico e rígido para *n* 200 rpm com chaveta. • Polias de freio com chaveta *n* 200 rpm. • Mancais de aço. • Mancais de bronze inteiriços em cárteres e cubos.
E8 h9	h8 E9	Ajustes deslizantes.	• Engrenagens deslocáveis sobre eixos. • Ajuste giratório de rolamentos presos com anéis. • Ajustes de rolamentos em cárter de engrenagens, lubrificados com graxa grossa.

Tolerâncias para perfis estriados e chavetas

Para o ajuste de perfis estriados, por meio de tolerâncias normalizadas, há de se distinguir, considerando a Figura 2.40, em que:

D = diâmetro maior do furo estriado;

d = diâmetro menor do furo estriado;

b = vão circular do furo estriado;

D_1 = diâmetro maior do eixo estriado;

d_1 = diâmetro menor do eixo estriado;

b_1 = espessura circular do eixo estriado.

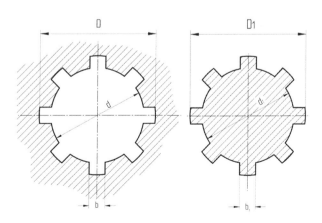

Figura 2.40 – Ajuste com perfis estriados.

Tem-se dois casos distintos:

a) perfis estriados cujo ajuste é feito pelos flancos; neste caso, o ajuste é conseguido por variação de tolerâncias entre a espessura circular b do eixo e o vão circular, havendo grande folga entre os diâmetros D, D_1, d e d_1;

b) perfis estriados cujo ajuste é feito pelo fundo das estrias; o ajuste é conseguido por variação de tolerâncias entre os diâmetros D e D_1 ou d e d_1, havendo grande folga no ajuste entre as dimensões b e b_1.

De acordo com os dois casos anteriores, na Tabela 2.42 estão todas as variações possíveis de ajustes entre eixo e furo, considerando ainda as variações de dureza do cubo.

Tabela 2.42 – Tolerâncias para eixos e cubos estriados

			b	d	D
			Cubo sem temperar	Cubo temperado	Cubo temperado e sem temperar	Cubo temperado e sem temperar
Cubo			D9	F10	H7 (H13)	H11
Eixo	Centragem interior	Eixo móvel no cubo	f9	d9	e9	
			h8	e8	f7	
			j7	f7	g6	
			k7			
		Eixo móvel no cubo	p6	h6	j6	
			s6	j6	k6	
			s6	j6	m6	a11
			u6	k6		
			u6	m6	n6	
	Centragem pelos flancos	Eixo móvel no cubo	h8	e8	b13	
			j7	f7		
			k7	g6		
			n6	–		a11
		Eixo móvel no cubo	u6	k6		
			–	m6	b13	
				n6		

A Tabela 2.42 adota valores das tolerâncias considerando-se estrias com grandezas normalizadas. Quando se trata de estrias não normalizadas, há necessidade de estudos particulares para se determinar as tolerâncias especiais para cada caso. Para os casos em que os perfis estriados transformam-se em chavetas, como na Figura 2.41, as tolerâncias adotadas são indicadas a seguir, supondo-se sempre que a chaveta seja de faces paralelas.

$$\text{Eixo} - t - \text{tolerância } C11$$
$$b_1 - \text{tolerância } R8$$
$$\text{Furo} - t_1 - \text{tolerância } H11$$
$$b_2 - \text{tolerância } H9$$
$$\text{Chaveta} - b - \text{tolerância } h8$$
$$h - \text{tolerância } h11$$

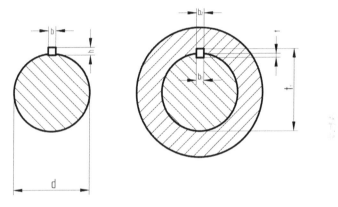

Figura 2.41 – Ajuste para chavetas.

Nota-se que o ajuste entre chaveta e eixo, dado pelas dimensões $b1(R8)$ e $b2(H9)$, é feito com interferência nas faces laterais da chaveta e do eixo, enquanto entre a chaveta e o furo há um ajuste indeterminado, $H9h8$ entre as larguras $b2$ e b, com grande folga no fundo do canal. Esses ajustes são necessários para uma fixação rígida entre eixo e chaveta para transmissão do momento torsor, além de grande precisão e possibilidade de constantes desmontagens entre chaveta e canal de chaveta no cubo. Como caso particular, tem-se a fixação de fresas com arraste de chaveta, cujo ajuste deve ser feito de acordo com as tolerâncias a seguir:

para o diâmetro de acoplamento – furo $H7$,

eixo $h6$;

para o canal e chaveta – ranhura das fresas – $D10$,

ranhura dos eixos – $H7$,

largura da chaveta – $h8$.

As tolerâncias indicadas podem também ser utilizadas em muitos casos de fixação com chaveta cônica.

Aplicação de buchas entre eixo e cubo

Para a aplicação de bucha deslizante entre um furo e um eixo, conforme grandezas da Figura 2.42, prevê-se a aplicação de ajustes como especificado na Tabela 2.43. O ajuste H9 e h8 é genérico, podendo mudar na medida em que varia o projeto do mancal.

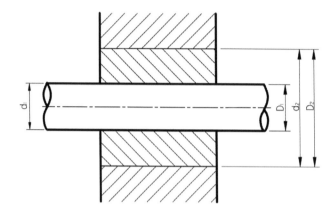

Figura 2.42 – Tolerâncias para buchas intermediárias.

Tabela 2.43 – Tolerância para buchas intermediárias

Eixo	d1	tolerância	h8	H9 h8
Bucha	D1	tolerância	H9	
	d2	tolerância	r6	H7 r6
Cubo	D2	tolerância	H7	

É possível notar que o ajuste entre o diâmetro do eixo e D1 do furo da bucha é H9h8, sendo, portanto, deslizante. O ajuste entre o diâmetro da bucha d2 e o furo D2 do cubo é H7r6, com interferência para evitar que a bucha deslize no cubo. O ajuste H9h8 é genérico, podendo mudar na medida em que varia o projeto do mancal.

Tolerâncias para rolamentos

Uma condição importante para o funcionamento satisfatório dos rolamentos é que seus ajustes sejam bem escolhidos. A escolha depende, preferencialmente, das condições de serviço, se bem que outros fatores de menor importância podem ter alguma influência, como a construção do rolamento, as condições de montagem e seu jogo interno. Por conta disso, é realmente difícil fazer a escolha correta dos ajustes sem recorrer à experiência já adquirida nesse campo pelos principais fabricantes de rolamentos.

A fabricação dos rolamentos já está devidamente estabelecida pelas normas internacionais ISO. Para facilidade e redução de custos em sua fabricação:

a) o furo do rolamento, em seu anel interno, adota o sistema furo-base, portanto, classe de ajustes H, conseguindo-se as montagens respectivas com a variação da classe dos eixos nos quais vai assentado o rolamento. As qualidades utilizadas são $IT\,6$ e $IT\,7$, dependendo da precisão do rolamento;

b) o diâmetro da capa externa adota o sistema eixo-base, portanto, classe de ajuste h, conseguindo-se as montagens respectivas com a variação da classe dos furos dos alojamentos. As qualidades utilizadas são $IT\,5$ e $IT\,6$, dependendo da precisão do rolamento.

Determinação dos ajustes

A partir dessa colocação, são estudadas, agora, as possíveis variações nas tolerâncias dos eixos e dos alojamentos para se conseguir o ajuste desejado com o rolamento indicado. Assim, devem ser considerados os seguintes fatores:

a) Condições de rotação

Sendo necessário que um dos anéis de um rolamento se desloque em sentido axial, deve-se analisar qual dos dois anéis deve receber ajuste deslizante. O deslocamento axial do aro interior ou do aro exterior precisa sempre ser previsto em projeto, para evitar bloqueamentos e, consequentemente, aumento das forças axiais sobre os rolamentos por conta do aumento de temperatura em funcionamento contínuo ou alternado.

Preliminarmente, é preciso definir a carga que atua sobre o anel, fazendo-se distinção entre carga rotativa e carga fixa. A principal função do ajuste em rolamentos é evitar que ocorra movimento relativo entre a superfície do aro de rolamento e a superfície da peça em ajuste com ele. A existência de movimento relativo entre as duas superfícies provocaria sua erosão e o consequente comprometimento dos assentos e das peças. *A carga será fixa sobre o aro do rolamento quando não varia sua posição relativa com a rotação deste.* Assim, tem-se o caso de carga fixa sobre o aro interior quando o aro exterior gira e o interior permanece parado. Nesse caso, a carga é rotativa sobre o aro exterior do rolamento, visto que sua posição varia constantemente devido à rotação do aro exterior. É o caso de polias loucas, engrenagens loucas, rodas de autoveículos etc.

Conforme já foi citado, a carga é rotativa sobre o aro do rolamento quando seu ponto de aplicação varia continuamente devido a sua rotação. Assim, para o caso de transmissão por engrenagens, correias etc., em que o eixo sempre gira, tem-se o caso de carga rotativa sobre o aro exterior e carga fixa sobre o aro interior.

Uma carga fixa admite sempre um ajuste deslizante, visto que o aro não tem tendência de deslocamento no sentido axial. Contrariamente, uma carga rotativa tende sempre a afrouxar o ajuste, em razão da deformação do aro, havendo, portanto, necessidade de um ajuste mais apertado.

Há casos, no entanto, que não são abrangidos por essas descrições, por exemplo, eixos submetidos a tensões de correias e, simultaneamente, a fortes vibrações, ou ainda mecanismos de manivela. Esses casos são definidos como "carga indeterminada", e os aros interiores recebem ajustes como se fossem submetidos a cargas rotativas. Para os aros exteriores, que têm maior superfície de contato que os interiores, pode-se – sempre que a aplicação exija que o aro exterior tenha mobilidade axial dentro do suporte e não esteja submetido a grandes cargas – adotar um ajuste um pouco mais folgado que o indicado para "carga rotativa sobre o aro exterior".

b) Grandeza da carga e temperatura

Sob a ação da carga, o aro interior dilata-se no sentido do seu perímetro e o ajuste se afrouxa. De modo idêntico, atua geralmente uma elevação de temperatura durante o funcionamento.

Com carga rotativa sobre o aro interior, este aro não deve ter ajuste deslizante apenas ao efetuar a montagem como também durante o funcionamento.

Se a carga é muito grande e a variação de temperatura é considerável, é necessário um ajuste com mais tendência à interferência entre o aro interior do rolamento e o eixo do que o necessário para condições de funcionamento mais moderadas.

A mesma linha de raciocínio deve ser seguida quando for necessário escolher o ajuste para o aro exterior.

c) Influência do ajuste na exatidão da aplicação

Quando há necessidade de uma grande precisão de giro do rolamento, é preciso evitar deformações elásticas e vibrações. Em tais casos, como regra geral, não é aconselhável empregar ajustes leves.

Em aplicações precisas, como furos de máquinas e ferramentas de precisão, em que são empregados rolamentos de grande exatidão de giro, assume grande importância a exatidão das formas das superfícies em ajuste. Pequenos defeitos, como ovalização, conicidade, falta de circularidade, são transmitidos às pistas dos rolamentos, provocando ruídos e vibrações indesejáveis. Para se obter a precisão de giro necessária, é sempre preciso, para esses casos, que os assentos sejam retificados.

Escolha do ajuste

Como as tolerâncias para o furo e para o diâmetro exterior dos rolamentos estão padronizadas internacionalmente, o ajuste desejado é conseguido pela fabricação do alojamento e do eixo dentro de tolerâncias adequadas. Para tanto, os principais fabricantes de rolamentos construíram tabelas para sua seleção a partir da utilização desejada. Para que uma aplicação funcione satisfatoriamente, é necessário que se respeitem as tolerâncias recomendadas e para isso supõe-se que se empreguem aparelhos de medida com a precisão desejada.

A construção do suporte do rolamento depende, até certo ponto, do ajuste necessário. Os suportes bipartidos são impróprios quando o aro exterior deve ter um ajuste que tende à interferência, pois há o risco de se comprimir o rolamento introduzindo-se neste uma ovalização. Onde é necessária grande precisão de giro, só se consegue a exatidão de forma dos alojamentos com suportes inteiriços.

Para suportes de material, por exemplo, ligas não ferrosas, é necessário um ajuste mais apertado que para ferro fundido e aço, devido à deformação do material do suporte por conta de tensões provocadas pelo ajuste. Além disso, em razão das deformações do material do suporte, os ajustes para suportes de paredes finas devem ser mais fortes que os de paredes grossas.

A seguir, são dadas as Tabelas 2.44, 2.45 e 2.46, em que são detalhadas as escolhas dos ajustes dos eixos para rolamentos de esferas, de rolos e autocompensadores de rolos e de rolamentos axiais e cônicos.

As Tabelas 2.47 e 2.48 detalham a escolha dos ajustes para os alojamentos correspondentes aos ajustes supracitados.

Tabela 2.44 – Escolha de ajuste: eixos para rolamentos radiais

Condições	Diâmetro — Rolamentos de furo cilíndrico		Tolerância	Exemplos de aplicação	Observações
	Rolamentos esferas	Rolamentos rolos cilíndricos e cônicos / Rolamentos rolos autocompressores			
Carga fixa sobre o aro interior — Aro interior facilmente deslocável sobre o eixo	Todos os diâmetros		g6	Rodas loucas	
Aro interior não necessariamente deslocável sobre o eixo	Todos os diâmetros		h6	Polias tensoras, roldanas de cabo de aço.	
Carga fixa sobre o aro interior — Cargas leves ou variáveis	18	—	h5	Aparelhos elétricos.	Para aplicação de muita precisão, com rolamentos altamente precisos, emprega-se j5, k5 e m5 em vez de j6, k6, m6.
	(18)···100	40	j6	Máquinas-ferramentas, bombas, ventiladores, rodas de vagonetas, etc.	
	(100)···200	(40)···100	k6		
	—	(100)···200	m6		
Cargas normais e pesadas	18	—	j5	• Aplicações em geral	Para rolamentos de rolos cônicos, pode-se, em geral, usar k6 e m6 ao invés de k5 e m5, pois na aplicação desse rolamento não se deve levar em conta a diminuição do jogo interno.
	(18)···100	40	k5	• Motores elétricos	
	(100)···140	(40)···65	m5	• Bombas	
	(140)···200	(65)···100	m6	• Turbinas	
	(200)···280	(100)···140	n6	• Motores a combustão	
	—	(140)···280	p6	• Engrenagens	
	—	(280)···500	r6	• Máquinas para madeira	
	—	500	r7		
Cargas pesadas no aro em condições difíceis de funcionamento	(50)···140	(50)···100	n6	• Caixas de graxa para locomotivas e demais veículos de ferrovias	Devem ser utilizados rolamentos com folga maior que a normal.
	(140)···200	(100)···140	p6	• Motores de tração	
	—	(140)···200	r6		
	—	(2000)···500	r7		
Carga puramente axial	Todos os diâmetros		j6	Todas as aplicações	

Sistema de ajuste ABNT: sistemas furo-base e eixo-base

Tabela 2.45 – Escolha de ajuste: rolamentos de furo cônico e de anel cônico

Cargas de todas as classes	Todos os diâmetros	h9/IT 5	Tolerâncias utilizadas em porcas de fixação cônica ou desmontagem.	• Aplicações em geral • Caixas de graxa para veículos ferroviários	A denominação *IT* 5 ou *IT* 7 colocada depois da tolerância significa que os erros de ovalização, conicidade, entre outros, não devem ultrapassar o 5° e o 7° graus de tolerância, respectivamente.
	Todos os diâmetros	h10/IT 7		Transmissões	

Tabela 2.46 – Escolha de ajuste: eixos para rolamentos axiais

Condições		Diâmetro do eixo (mm)	Tolerância
Carga puramente axial		Todos os diâmetros	j6
Carga combinada em rolamentos axiais de rolos autocompensadores	Carga fixa sobre o aro fixo do eixo	Todos os diâmetros	j6
	Carga rotativa sobre o aro fixo ao eixo ou à direção de carga indeterminada	200	k6
		(200) ⋯ 400	m6
		400	n6

Tabela 2.47 – Escolha de ajuste: alojamento para rolamentos radiais

		Condições	Exemplos	Tolerâncias	Observações
Suportes inteiriços	Carga rotativa sobre o aro exterior	Cargas pesadas, suportes de pouca espessura, cargas pesadas com choque.	Cubos de roda com rolamento de rolos. Rolamentos de virabrequim.	P7	O aro exterior não se desloca axialmente.
		Cargas normais e pesadas.	Cubos de roda com rolamentos de esferas. Rolamentos de virabrequim.	N7	O aro exterior não se desloca axialmente.
		Cargas pequenas e pesadas de choque.	Roletes transportadores. Polias tensoras. Roldanas de cabo.	M7	O aro exterior não se desloca axialmente.
	Direção de carga indeterminada	Cargas pesadas de choque.	Motores elétricos de tração.		
		Cargas pesadas e normais. Deslocamento axial, não necessário, do aro exterior.	Máquinas elétricas de tamanho médio. Rolamentos de apoio de virabrequins.	K7	O aro exterior, geralmente, não se desloca axialmente.
		Cargas normais e pequenas. Deslocamento desejável do aro exterior.	Máquinas elétricas de tamanho médio. Rolamentos de apoio de virabrequins.	J7	O aro exterior, geralmente, desloca-se axialmente.
		Cargas de choque com eventuais interrupções de ação da carga.	Caixas de graxa de veículos ferroviários.		

(continua)

Tabela 2.47 – Escolha de ajuste: alojamento para rolamentos radiais *(continuação)*

	Condições	Exemplos	Tolerâncias	Observações
Carga fixa sobre o aro exterior	Toda classe de cargas.	Aplicações em geral. Grandes máquinas elétricas com rolamentos de rolos cilíndricos e caixas de graxa de veículos ferroviários.	H7	O aro exterior facilmente desloca-se axialmente.
	Cargas normais e pequenas com condições leves de serviço.	Transmissão.	H8	
	Transmissões de calor pelo eixo.	Cilindros secadores. Grandes máquinas elétricas com rolamentos autocompensadores de rolos.	G7	
Suportes inteiriços	Exigências de giro preciso e silencioso.	Rolamentos de rolos em parafusos de máquinas-ferramentas.	K6	O aro exterior, geralmente, não se desloca axialmente.
		Rolamentos de esferas em fusos de retificadoras nos motores elétricos pequenos.	J6	O aro exterior desloca-se axialmente.
		Motores elétricos pequenos, quando é necessário deslocamento fácil do aro exterior.	H6	O aro exterior facilmente desloca-se axialmente.

Tabela 2.48 – Exemplos de ajustes para rolamentos

Aplicação	Carga rotativa		Tolerância do eixo					Tolerância do fluxo da caixa de rolamentos de esferas e de rolos
	Anel interno	Anel externo	Rolamentos fixos de esferas	Rolamentos de contato angular de esferas	Rolamentos de rolos cilíndricos	Rolamentos de rolos cônicos	Rolamentos autocompensadores de rolos	
1. VEÍCULOS MOTORIZADOS								
Rodas dianteiras								
		•	h6-j6	k6 (h6)		k6 (h6)		N6 (N7)
Rolamento interno		•	h6/j6		k6			M6
			k6 (h6)			k6 (h6)		P7
Cubo de metal leve		•		h6/j6		h6/j6		N6 (N7)
		•	h6/j6		k6			M6
Rolamento externo		•	h6/j6			h6/j6		P7
		•	k6					K6
Virabrequin	•			k6/m6	m5/n5			M6
Caixa de metal leve	•		k6	k6/m6	m6/n5			P6
Caixa de câmbio	•		k6					J6/K6
	•				k6/m5			K6/M6

(continua)

Sistema de ajuste ABNT: sistemas furo-base e eixo-base

Tabela 2.48 – Exemplos de ajustes para rolamentos *(continuação)*

Aplicação	Carga rotativa		Tolerância do eixo					Tolerância do fluxo da caixa de rolamentos de esferas e de rolos
	Anel interno	Anel externo	Rolamentos fixos de esferas	Rolamentos de contato angular de esferas	Rolamentos de rolos cilíndricos	Rolamentos de rolos cônicos	Rolamentos autocompensadores de rolos	
Caixa de metal leve	•		*k6*					*M6/N6*
	•				*k6/m5*			*K6/M6*
Rolamentos de rolos cônicos com anéis internos encostados um contra o outro	•					*h6/j6*		*M6/N7*
Rolamentos de rolos cônicos com anéis externos encostados um contra o outro	•					*k6*		*J6*
2. MOTORES ELÉTRICOS								
Motores para aparelhos eletrodomésticos	•		*h5/j5*					*H5 (H6)*
Motores pequenos de série	•		*j5*					*H5 (H6)*
Motores médios de série	•		*k5*		*k5/m5*			*H6/K6*
Motores grandes	•				*m5/m6*			*K6*
Motores de tração	•				*n5*			*K6/M6*
3. VEÍCULOS FERROVIÁRIOS								
Mancais de eixo para:								
Vagonetes	•						*m6/p6*	*H7*
Bondes	•				*m6/p6*		*n6*	*H7/J7*
Vagões de passageiros e de cargas	•				*n6/p6*		*p6*	*H7/J7*
Vagões basculantes	•				*n6/p6*		*p6*	*H7*
Automotrizes	•				*n6/p6*		*n6/p6*	*H7/K7*
Vagonetes de lingotes	•				*m6/p6*		*m6/p6*	*H7*
Locomotivas de trem expresso	•				*p6*		*p6*	*H7*
Locomotivas de manobras	•				*n6/p6*		*n6/p6*	*H7*
Locomotivas de mineração e pedreiras	•				*m6/p6*		*m6/p6*	*H7*
Locomotivas de mineração e pedreiras	•				*m6/p6*		*m6/p6*	*H7* *G7-F7*
Vagonete de fornalha	•		*j6*		*n6/p6*		*n6/p6*	*G7-F7*
Rolamentos autocompensadores de rolos com bucha de desmontagem para caixas de graxa	•		*j6*				*h9/IT 6(5)*	*H7*
Rolamento para "roda livre"		•	*h6*		*h6*	*h6*	*h6*	*N7*
Engrenagens para veículos ferroviários	•		*k5/m5*	*m5*	*m5/p6*	*m5*	*m5/p6*	*K6/M6*

(continua)

Tabela 2.48 – Exemplos de ajustes para rolamentos *(continuação)*

Aplicação	Carga rotativa		Tolerância do eixo					Tolerância do fluxo da caixa de rolamentos de esferas e de rolos
	Anel interno	Anel externo	Rolamentos fixos de esferas	Rolamentos de contato angular de esferas	Rolamentos de rolos cilíndricos	Rolamentos de rolos cônicos	Rolamentos autocompensadores de rolos	
4. LAMINADORES								
Caixa de laminadores a frio e a quente com furo de até 500 mm	•		*f*6 para a fixação axial	*f*6				*D*10
	•				*n*6/*p*6			*H*6
Com furo acima de 500 mm	•		*f*7 para a fixação axial	*f*7				*D*10
	•				*r*6			*H*6
Engrenagens de laminadores	•		*f*6/*h*6 para a fixação axial	*f*6/*h*6	*m*6/*p*6	*j*6/*m*6	*j*6/*p*6	*H*6
Guias rolantes	•		*j*6/*k*6		*k*6/*n*6	*j*6/*n*6	*k*6/*m*6	*G*7/*H*7
Tesouras	•		*j*6/*k*6	*j*6/*k*6	*k*6/*n*6	*j*6/*n*6	*k*6/*m*6	*H*6
5. CONSTRUÇÃO NAVAL								
Rolamentos de empuxo	•						*m*6	*H*7
Rolamentos para o eixo propulsor, buchas de fixação	•						*h*10/*IT* 7	*H*7
Rolamentos do mancal de leme, buchas de fixação	Carga estática						*h*10/*IT* 7	*H*7
6. CONSTRUÇÃO MECÂNICA GERAL								
Ventiladores pequenos	•		*j*5					*H*6/*J*6
Ventiladores médios	•		*k*5	*k*5	*m*5		*k*6	*H*6/*K*6
Buchas de fixação	•						*h*8/*IT* 5	*G*6/*H*7
Ventiladores grandes	•		*k*5	*k*5	*m*5		*k*6	*J*6/*K*6
Buchas de fixação	•						*h*8/*IT* 5	*G*6/*H*7
Compressores	•		*k*5		*m*5			*H*6/*K*6
Centrífugas	•		*k*5	*k*5	*k*5			*H*6/*K*6
Polias para cabos transportadores, buchas de desmontagem	•						*h*7 (6)/*IT* 5	*H*7
Roldanas para cabos		•	*g*6/*h*6		*k*6	*h*6	*g*6/*h*6	*K*6/*N*6 (7)
Rolos de correias transportadoras, eixo fixo		•	*g*6/*h*6					*K*7/*M*7
Rolos de correias transportadoras, eixo giratório	•		*k*6/*m*6					*H*7
Tambores de correias transportadoras, buchas de fixação	•						*h*8/*IT* 5	*H*7

(continua)

Sistema de ajuste ABNT: sistemas furo-base e eixo-base

Tabela 2.48 – Exemplos de ajustes para rolamentos *(continuação)*

Aplicação	Carga rotativa		Tolerância do eixo					Tolerância do fluxo da caixa de rolamentos de esferas e de rolos
	Anel interno	Anel externo	Rolamentos fixos de esferas	Rolamentos de contato angular de esferas	Rolamentos de rolos cilíndricos	Rolamentos de rolos cônicos	Rolamentos autocompensadores de rolos	
Rodas livres de guindaste com eixo fixo	•						g6	M7
Rodas livres de guindaste com eixo giratório	•				n5			K6/M6
	•						m6	H7
Britador mandíbulas, buchas de fixação e de desmontagem	•						h7 (8)/IT 5	H7
Moinhos batedores, buchas de desmontagem	•						h7/IT 5	G7/H7
Moinhos britadores tubulares, buchas de fixação e de desmontagem	•						h7 (8)/IT 5	H7
Peneiras vibratórias		•					g6	N7
Buchas de desmontagem		•					h7/IT 5	N7
Cilindros vibratórios		•			k6			N6/P6
Misturadores	•		j6/k6	j6	k6	k6	k6	J7/H7
Rolos para fornos giratórios, buchas de desmontagem	•						h7/IT 5	H7
Volantes		•	j5	j5	j5/k5		g5/h5	M6
Máquinas cordoeiras	•		j5	j5	j5/k5		g5/h5	M6
			j6/k6		k6/m6		k6	H6
Máquinas para fabricação de papel	•						k6	H7
Buchas de desmontagem	•						h7/IT 5	H7
Cilindro de secagem	•						k6	G7
Buchas de desmontagem	•						h7/IT 5	G7
Máquinas para fundição centrífuga	•		m6		m6			J6
Fusos de máquinas têxteis	•		j5	j5	k5	k5	j5/k5	J6
7. MÁQUINAS OPERATRIZES								
Fusos de tornos de fresadora e de furadeiras	•		j5	j5				J6
	•				k5	k5		K6
				Furo cilíndrico				
			j5	j5				J6

(continua)

Tabela 2.48 – Exemplos de ajustes para rolamentos *(continuação)*

Aplicação	Carga rotativa		Tolerância do eixo					Tolerância do fluxo da caixa de rolamentos de esferas e de rolos
	Anel interno	Anel externo	Rolamentos fixos de esferas	Rolamentos de contato angular de esferas	Rolamentos de rolos cilíndricos	Rolamentos de rolos cônicos	Rolamentos autocompensadores de rolos	
Fusos em furadeiras múltiplas	•				$k4$	$k4$		$K5$
					Furo cilíndrico			
	•		$j4$	$j4$				$J5$
Fusos retificadores, retificadoras para superfícies cilíndricas	•				$k4$	$k4$		$K5$
					Furo cilíndrico			
					$k5$	$k5$		$K6$
	•						$j5$-$k5$	$H6$
Engrenagens para máquinas operatrizes	•		$j5$	$j5$				$J5$
	•				$k5$	$k5$		$K5$
	•						$j5$-$k5$	$K6$
8. MÁQUINAS PARA TRABALHAR MADEIRA								
Eixos para ferramentas	•		$j5$	$j5$				$J6$
Engenhos de serra	•		$j5$	$j5$				$J6$
Pinos de manivela		•					Furo cônico	$P6$
Espigas de moldura	Carga indeterminada				$m6$			$P6$
							$h10$/$IT7$	$J7$

Critérios de escolha

Na escolha dos ajustes, três critérios são de primordial importância:

- fixação segura e apoio uniforme dos anéis;
- facilidade na montagem e desmontagem;
- possibilidade de deslocamento axial do rolamento livre.

Rolamentos radiais

De modo geral, os anéis dos rolamentos não devem deslizar em seus assentos (eixo ou caixa). A maneira mais segura e simples de fixação consiste num ajuste firme, ou seja, ajuste indeterminado. Com um ajuste firme, os anéis são apoiados em toda a sua circunferência, o que é indispensável para que possa ser aproveitada integralmente a capacidade de carga do rolamento.

Quanto maiores forem a carga e a probabilidade de ocorrência de choques, maior deve ser a sobremedida de ajuste a ser escolhida. Ao determinar-se o ajuste adequado, também deve ser observada a diferença térmica que pode ocorrer entre o anel do rolamento e o eixo ou a caixa. Além disso, o tamanho e o tipo do rolamento também são de grande importância na escolha do ajuste. Geralmente, os rolamentos com maiores dimensões são ajustados com mais firmeza que os rolamentos pequenos, principalmente no eixo. Os rolamentos de rolos são montados com um ajuste mais apertado que os rolamentos de esferas.

Em razão da pouca espessura dos anéis dos rolamentos, as irregularidades das superfícies de assento são facilmente transmitidas às pistas. Por essa razão, as tolerâncias de forma, isto é, a ovalização e a conicidade admissíveis do eixo e do furo da caixa, não devem, em geral, ultrapassar 50% das tolerâncias das medidas.

Sempre que possível, o diâmetro do eixo deve ter um acabamento conforme a qualidade *IT* 5. Para o furo da caixa, o acabamento deve ser de acordo com a qualidade *IT* 6. Tolerâncias maiores, conforme *IT* 6 para o eixo e *IT* 7 para o furo da caixa, são ainda admissíveis, dependendo, porém, das condições de serviço.

Para os assentos das buchas de fixação e de desmontagem no eixo, podem ser admitidas maiores tolerâncias de diâmetro. Em geral, os eixos têm acabamento conforme *h*7 ou *h*8 para buchas de desmontagem e *h*9 ou *h*10 para buchas de fixação. Entretanto, em todos os casos, as tolerâncias quanto à forma geométrica devem ser menores, isto é, devem corresponder às qualidades *IT* 5 a *IT* 7. Os anéis de rolamentos separáveis podem ser montados com ajustes firmes.

Tanto a montagem como a desmontagem tornam-se simples, pois os anéis podem ser montados e desmontados separadamente. No caso de rolamentos não separáveis, é necessário, a fim de evitar dano das pistas, que um dos anéis – geralmente o anel externo – receba um ajuste deslizante. Neste caso, as características de apoio do anel móvel não correspondem exatamente às condições desejadas. Para os rolamentos em caixas bipartidas, não deve ser previsto um ajuste demasiado apertado do anel externo, a fim de que este não sofra pré-carga. Via de regra, os furos das caixas bipartidas são acabados de acordo com as classes de tolerâncias *H* ou *J*.

O deslocamento axial do rolamento livre é conseguido mais facilmente com rolamentos de rolos cilíndricos e com rolamentos de agulhas. Todos os outros tipos de rolamentos, ao serem montados como rolamentos livres, devem receber um ajuste deslizante no anel externo ou no anel interno. Para tanto, o acabamento deve corresponder às classes *g* ou *h* para o eixo e *G*, *H* ou também *J* para a caixa.

Rolamentos axiais

Geralmente, esses rolamentos são montados com um ajuste firme sobre o eixo. O tipo de ajuste na caixa depende da carga puramente axial ou combinada – à qual o rolamento é submetido.

Rolamentos axiais de esferas e rolamentos axiais de rolos cilíndricos só admitem cargas puramente axiais, por isso são sempre montados em combinação com dois rolamentos radiais. O anel de caixa deve receber um ajuste tão folgado que não pode apoiar-se no furo da caixa e, porventura, absorver cargas radiais. Da mesma forma, também os rolamentos fixos de esferas, os rolamentos radiais de contato angular de esferas, os rolamentos axiais de contato angular de esferas e os rolamentos axiais autocompensadores de rolos devem ter um ajuste folgado na caixa, desde que atuem como rolamentos puramente axiais. As únicas exceções são os rolamentos axiais de rolos cilíndricos, os quais, em razão de suas pistas planas, se ajustam automaticamente em sentido radial, pelo que podem ser montados com ajuste firme tanto no eixo como na caixa. Os rolamentos axiais de contato angular de esferas e axiais autocompensadores de rolos admitem, além de cargas axiais, também cargas radiais. Em caso de tais cargas combinadas, prevalecem, com respeito aos ajustes, os mesmos critérios já definidos para rolamentos radiais.

Algumas aplicações típicas

A seguir, são exemplificados alguns casos típicos de ajustes mais utilizados na construção mecânica em geral.

a) Virabrequim montado em biela (Figura 2.43).

H7 r6 – cabeça da biela e bronzina – ajuste com interferência para evitar que a bucha se movimente em relação ao furo da biela.

F7 h6 – assento do virabrequim nos mancais – ajuste deslizante, sistema eixo-base, devido à folga necessária entre a bucha e o colo do virabrequim. Esse ajuste pode se tornar mais ou menos preciso dependendo das condições de lubrificação e rotação.

H7 j6 – assento da bucha nos mancais – ajustes indeterminados tendendo à folga por conta da grande precisão de localização e assentamento da bucha no mancal, para evitar seu desgaste prematuro em razão de forças excêntricas.

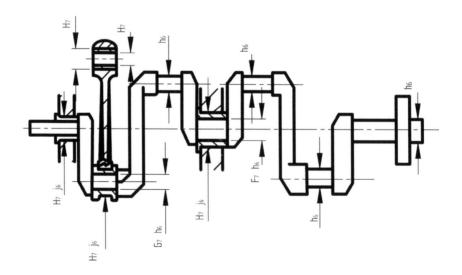

Figura 2.43 – Virabrequim assentado em biela.

Os colos do virabrequim são usinados na tolerância *h*6 para facilitar a fabricação e diminuição dos custos de ferramental.

b) Luva rígida (Figura 2.44) *H*7 *k*6 – eixo e furo da luva.

*H*7 *h*6 – ajuste indeterminado devido à grande precisão necessária para localização, além da necessidade de se minimizar a folga entre as peças, a fim de não sobrecarregar o ajuste da chaveta com cargas alternativas e com choque.

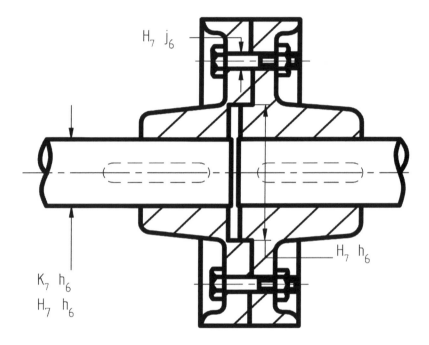

Figura 2.44 – Luva rígida.

*H*7 *j*6 – pino e furos de luva – ajuste indeterminado também devido à precisão necessária e a impossibilidade de haver folga excessiva entre pino e furo que poderia provocar o seu cisalhamento.

c) Polias, pinhões em eixos de motores elétricos (Figura 2.45).

*h*6 *K*7 – ajuste indeterminado em sistema eixo-base – é adotado o sistema eixo-base devido à construção dos eixos de motores elétricos, todos fabricados nesse sistema.

Ajuste de precisão para evitar folgas e manter a localização dentro de limites estreitos, principalmente em engrenagens, onde a folga excessiva pode afetar a distância entre centros e o contato com a engrenagem par.

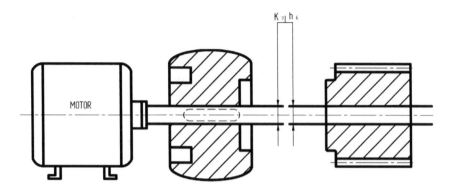

Figura 2.45 – Polias, pinhões em eixos de motores elétricos.

d) Turbina hidráulica (Figura 2.46).

K7 h6 ou H7 k6 – ajuste indeterminado – neste caso, pode-se aplicar um ou outro sistema na fabricação, dependendo das peculiaridades de cada fábrica. O ajuste indeterminado é utilizado para manter a precisão de localização, a fim de não se introduzirem folgas nem excentricidades excessivas, que provocam vibrações e desbalanceamentos em altas rotações.

e) Bomba centrífuga (Figura 2.47) H7 j6 ou h6 J7 – idem ao caso d.

f) Virabrequim montado com peças (Figura 2.48).

S7 h6 – ajuste com interferência no sistema eixo-base – neste caso, o ajuste com interferência deve ser utilizado para transmitir os esforços necessários e diminuir os custos de fabricação. A montagem é conseguida por meio de aquecimento e posterior contração das peças externas.

g) Eixos com rodas para estrada de ferro (Figura 2.49).

H7 r6 – ajuste com interferência – adotado para eixos montados para vagões, onde a responsabilidade é maior, assim como os esforços a serem transmitidos. H7 n6 – ajuste indeterminado tendendo à interferência – adotado para eixos montados em rolos de vagonetas, onde os esforços transmitidos são menores, porém a frequência de desmontagem é maior por conta dos constantes reparos necessários em vagonetes operando em extração de minérios. 0,001 mm por milímetro de diâmetro – ajuste com interferência especial – de ajuste especial, fora de normas de ajustes utilizados para fixação do aro da roda no seu cubo, conseguido por meio de aquecimento e posterior contração do aro.

Sistema de ajuste ABNT: sistemas furo-base e eixo-base 131

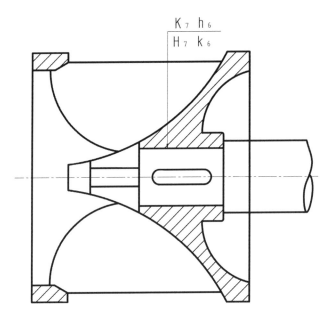

Figura 2.46 – Turbina hidráulica.

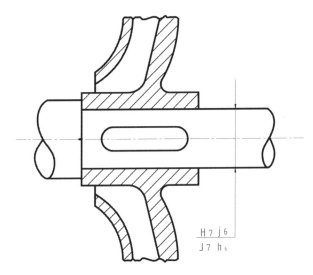

Figura 2.47 – Bomba centrífuga.

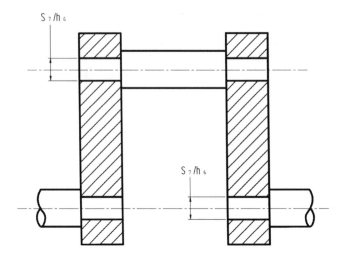

Figura 2.48 – Virabrequim montado com peças.

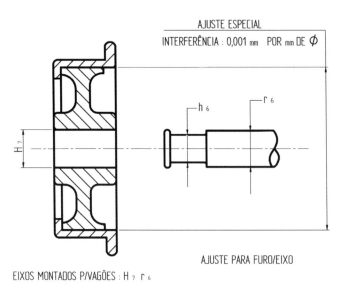

EIXOS MONTADOS P/VAGÕES : H$_7$ r$_6$

EIXOS MONTADOS P/VAGONETES : H$_7$ n$_6$

Figura 2.49 – Eixos com rodas para estrada de ferro.

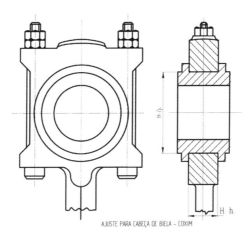

Figura 2.50 – Cabeça de biela e coxim.

h) Cabeça de biela e coxim (Figura 2.50).

H7 j6 – ajuste indeterminado tendendo à folga – necessário em razão da grande precisão de localização, a fim de evitar desgaste prematuro do coxim. H7 h6 – ajuste indeterminado tendendo a folga – idem ao caso anterior.

i) Pistão e haste (Figura 2.51).

H6 k5 – ajuste indeterminado tendendo a folga – ajustes de grande precisão, com qualidades mais finas que os anteriores, por conta da necessidade de se evitar erros de excentricidade nos movimentos do pistão.

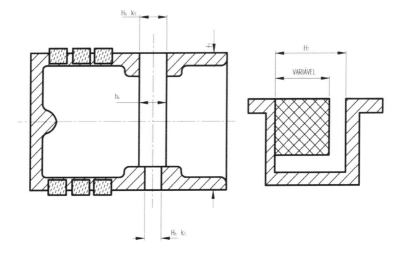

Figura 2.51 – Pistão e haste.

j) Alojamento do anel na ranhura do pistão

A ranhura do pistão é fabricada com tolerância *H7*, sendo que o jogo lateral é variável de acordo com as ordens de colocação do anel e sua aplicação.

Exercício de aplicação

Na Figura 2.52 é dado o desenho de conjunto de um redutor rosca sem fim, com as seguintes características:

a) potência de entrada – $N = 5$ cv, IV polos;

b) rotação de saída – 43 rpm;

c) redução por meio de correias – 1:2;

d) redução rosca sem fim/coroa,

> redução – 1:17,
>
> rosca sem fim – 2 entradas, $m = 5$,
>
> coroa – $Z34$, $m5$;

e) carcaça em ferro fundido;

f) usinagem em médias séries (100 unidades/mês) em máquinas convencionais:

> tornos paralelos,
>
> tornos revólveres,
>
> fresadora vertical,
>
> fresadora universal,
>
> cortadora de dentes tipo "Renânia",
>
> mandriladora universal,
>
> retífica cilíndrica.

g) Aplicação:

Acionamento de válvula alimentadora de moinho de martelos. Com os dados apresentados, deve-se escolher os ajustes para cada peça, detalhando-os.

Sistema de ajuste ABNT: sistemas furo-base e eixo-base

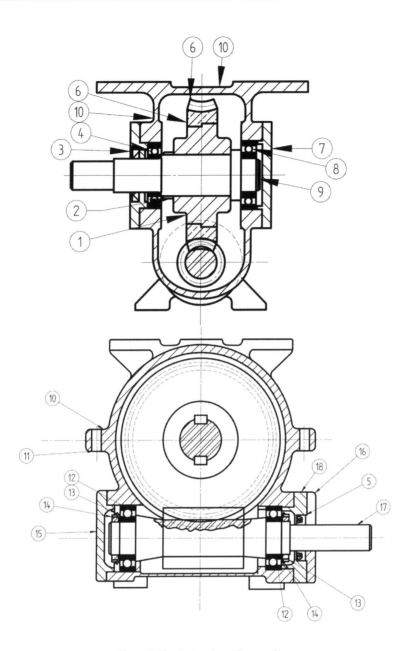

Figura 2.52 – Redutor de parafusos sem fim.

Solução

Inicialmente, tem de se definir a qualidade de trabalho a ser adotada na fabricação. Devido ao tipo de precisão necessária a esse tipo de redutor, com a possibilidade de fabricação com as máquinas-ferramentas à disposição, pode-se adotar como qualidades limites de trabalho *IT* 6 para eixos e *IT* 7 para furos. Deve-se considerar ainda que não são necessários ajustes indeterminados e com interferência, cujas medidas apresentam grandes sobremedidas. Isso se deve ao fato de que os esforços não são grandes nos apoios e na rosca sem fim, coroa e eixos, por conta da potência de entrada relativamente baixa.

É feita agora uma análise dos ajustes adotados para cada peça. São estudados nesta fase somente os ajustes cilíndricos.

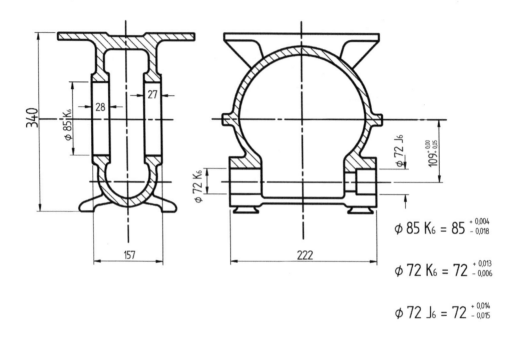

Figura 2.52a – Carcaça.

a) Carcaça (Figura 2.52a).

$$\varnothing 85 \text{ K6} - \varnothing 85^{+0,004}_{-0,01}$$

é um ajuste indeterminado tendendo a folga, cujo aro exterior não se desloca axialmente muito facilmente – neste caso, opta-se por uma fixação um pouco maior do aro externo do rolamento, pois o eixo da coroa tem rotação baixa, não havendo necessidade de deslocamento axial porque o aquecimento dos componentes assentados no eixo é pequeno.

$\varnothing 72$ J6 – ajuste indeterminado tendendo a folga – valem as mesmas considerações anteriores, adotando-se somente uma folga média maior, em razão da necessidade de deslocamento axial. O deslocamento axial é necessário devido à alta rotação da rosca sem fim, provocando seu aquecimento, que exige, portanto, uma liberdade de deslocamento axial.

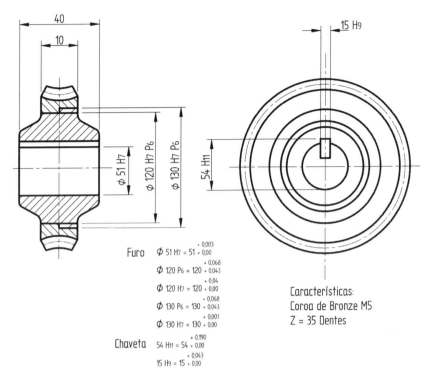

Figura 2.52b – Coroa de bronze.

b) Coroa (Figura 2.52b).

Furo: $\varnothing 51\ H7 = \varnothing 51^{+0,030}_{-0,000}$ – adoção do sistema furo-base com ajuste deslizante entre o eixo e o cubo da coroa.

$\varnothing 120\ H7p6$ – ajuste com interferência para permitir transmissão de momento torsor da coroa de bronze para o seu cubo – o ajuste adotado é o de menor interferência, devido ao baixo esforço solicitante.

$\varnothing 120\ H7 = \varnothing 120^{+0,035}_{-0,000}$ – furo da coroa de bronze.

$\varnothing 120\ p6 = \varnothing 120^{+0,059}_{-0,037}$ – eixo equivalente ao diâmetro externo do

cubo de ferro fundido.

$\varnothing 130\ H7p6$ – idem a $\varnothing 120\ H7p6$.

$\varnothing 130\ H7 = \varnothing 130^{+0,040}_{-0,000}$

$\varnothing 130\ p6 = \varnothing 130^{+0,068}_{-0,043}$

Chaveta – conforme já visto na página 113.

$54\ H11 = \varnothing 54^{+0,190}_{-0,000}$

$15\ H9 = \varnothing 15^{+0,043}_{-0,000}$

c) Rosca sem fim (Figura 2.52c).

$\varnothing 31\ m6 = \varnothing 35^{+0,009}_{-0,025}$ – assento da polia no eixo.

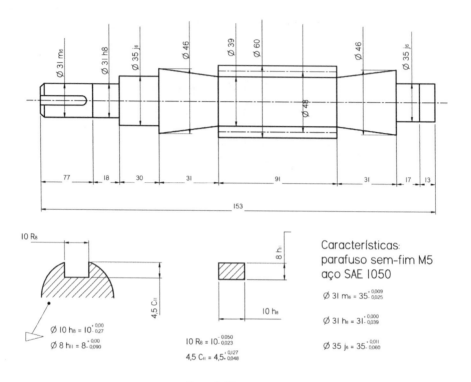

Figura 2.52c – Carcaça.

Ajuste indeterminado com guia precisa para evitar folgas indesejáveis entre furo da polia e eixo, evitando-se folgas adicionais desnecessárias.

$\varnothing 31\ h8 = \varnothing 31^{+0,000}_{-0,039}$

Ajuste recomendado para assentamento de retentores de borracha.

$\varnothing 35\ j6 = \varnothing 35^{+0,011}_{-0,005}$

Assento dos rolamentos de esferas 6207, com carga rotativa sobre o aro interior, sujeito a cargas leves e alta rotação (Tabela 2.44).

Chavetas:

$$10\ R8 = 10^{+0,050}_{-0,023}$$

$$4,5\ C11 = 4,5^{+0,123}_{-0,048}$$

$$10\ h8 = 10^{+0,000}_{-0,027}$$

$$8\ h11 = 8^{+0,000}_{-0,090}$$

conforme já foi explanado na página 113.

d) Eixo de saída (Figura 2.52d).

$$\varnothing 35 \; m6 = \varnothing 35^{+0,025}_{+0,009}$$

Ajuste indeterminado tendendo à interferência. Neste caso, o acoplamento das peças deve ser feito sem folga, devido ao momento torsor de saída alto, além de se ter guia precisa entre furo e eixo para evitar os problemas já citados no item c.

$$\varnothing 40 \; k6 = \varnothing 40^{+0,018}_{+0,002}$$

$$\varnothing 45 \; k6 = \varnothing 45^{+0,018}_{+0,002}$$

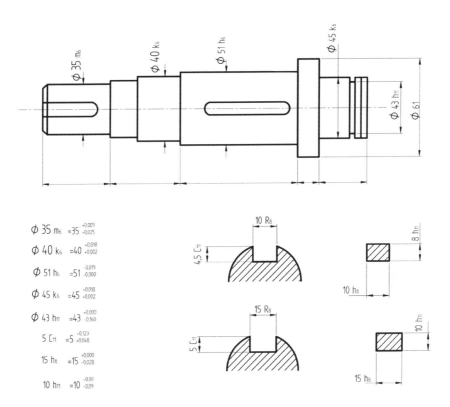

Figura 2.52d – Eixo de saída.

Ambos os casos de assento de rolamentos de esferas com carga rotativa sobre o aro interior (Tabela 2.43).

$$\varnothing 51 \; h6 = \varnothing 51^{+0,000}_{+0,019}$$

Com o furo ∅51 H7, forma-se o ajuste H7h6, onde se tem guia bastante precisa necessária para evitar deslocamentos axiais da coroa sobre o eixo, com consequente desgaste desigual dos dentes em empurramento com a rosca sem fim.

$$\varnothing 43\ h11 = \varnothing 51^{+0,000}_{+0,160}$$

Tolerância do fundo do canal do eixo para assentamento do canal de trava. Essas medidas são necessárias para se evitar que o diâmetro interno do canal de trava toque o fundo do canal do eixo.

Ajustes das chavetas – já detalhado na página 113.

$$10\ h8\ =\ 10^{+0,000}_{+0,022}$$
$$16\ h8\ =\ 16^{+0,000}_{+0,028}$$
$$10\ h11\ =\ 10^{+0,000}_{+0,090}$$
$$5\ C11\ =\ 5^{+0,123}_{+0,048}$$
$$4,5\ C11\ =\ 4,5^{+0,123}_{+0,048}$$
$$10\ R8\ =\ 10^{+0,050}_{+0,023}$$
$$16\ R8\ =\ 16^{+0,050}_{+0,023}$$

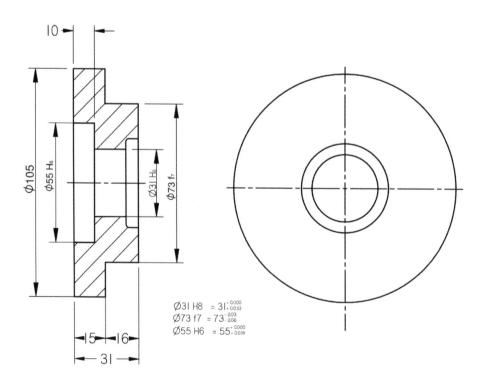

Figura 2.52e – Carcaça.

e) Caixa do retentor do parafuso sem fim (Figura 2.52e).

$$\varnothing 31\ H8 = 31^{+0,033}_{+0,000}$$

Forma com o eixo 31 $h8$ o ajuste necessário para o lábio do retentor, pois as folgas variam de 0 até 0,072 mm, formando um ajuste de precisão, porém sem provocar interferência que pode deformá-lo.

$$\varnothing 55\ H7 = 55^{+0,030}_{+0,000}$$

Esses são os dados para o alojamento do diâmetro externo do retentor, obedecendo as considerações anteriores. Geralmente os retentores, quando têm capa externa revestida de aço, são construídos com tolerância $h6$.

$$72\ f7 = 72^{+0,06}_{+0,03}$$

Adota-se, para o alojamento da tampa na carcaça, um ajuste deslizante com bastante folga, visto que não há necessidade de precisão de ajuste entre a tampa e o furo da caixa.

f) Tampa do retentor (Figura 2.52f).

$$\varnothing 72\ f7 = 72^{-0,06}_{-0,03}$$

Valem as mesmas considerações que foram apresentadas para o ajuste do item e

$$\varnothing 31\ H8 = \varnothing 31^{-0,039}_{-0,000}$$

Ajuste adotado para dar livre passagem ao eixo.

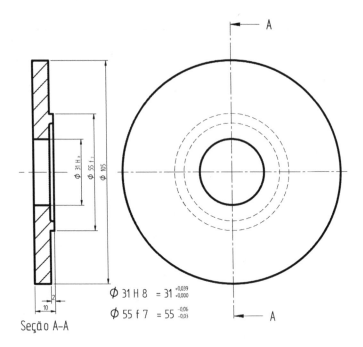

Figura 2.52f – Tampa do retentor.

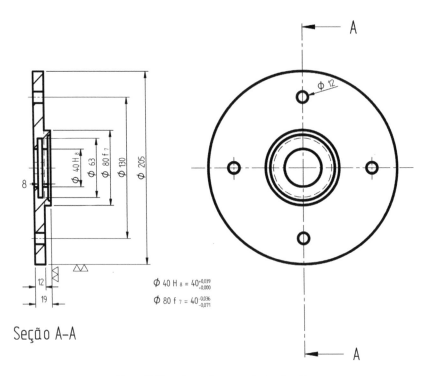

Figura 2.52g – Tampa do retentor do eixo de saída.

g) Tampa de vedação do eixo de saída (Figura 2.52g).

$$\varnothing 40 \; H8 = \varnothing 40^{-0,039}_{-0,000}$$

Ajuste adotado para dar livre passagem ao eixo.

$$\varnothing 63 = \varnothing 63 \pm 0,1$$

Dimensão adotada sem tolerância e, portanto, com variação de 0,2 mm em torno da nominal, por não se justificar tolerância controlada para assento de anel de feltro.

$$\varnothing 80 \; f7 = \varnothing 80^{-0,036}_{-0,071}$$

Idem ao item *f*.

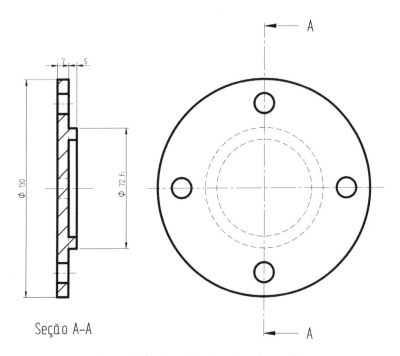

Figura 2.52h – Tampa de vedação do parafuso sem fim.

h) Tampa de vedação do parafuso sem fim.

$$\varnothing 72 \; f7 = \varnothing 72^{-0,030}_{-0,060}$$

Ajuste folgado, somente para localização da tampa na carcaça (Figura 2.52h).

i) Tampa de rolamento traseiro do eixo de saída (Figura 2.52i).

$$\varnothing 85 \ f7 = \varnothing 85^{-0,071}_{-0,036}$$

Idem ao item *f*.

j) Anel separador do eixo de saída (Figura 2.52j).

$$\varnothing 51 \ H7 = \varnothing 51^{-0,03}_{-0,00}$$

Tolerância adotada para se ter ajuste preciso com o eixo $\varnothing 51$ *h6*, aproveitando-se a tolerância usada neste para o assento da coroa de bronze.

Conforme pode-se observar durante as especificações de tolerância neste exercício, deve-se acrescentar, com toda teoria de ajustes apresentada nos capítulos anteriores, uma grande participação do bom senso do projetista, aliado a um perfeito conhecimento das possibilidades de fabricação do parque de máquinas-ferramentas. Sem essas duas considerações complementares e indispensáveis, qualquer ajuste adotado pode complicar a fabricação das peças, em vez de facilitá-la, como deve ser seu objetivo principal.

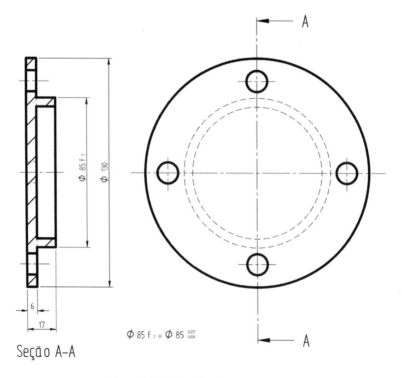

Figura 2.52i – Tampa do rolamento traseiro.

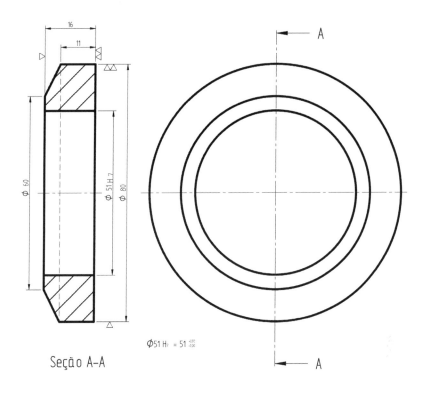

Figura 2.52j – Anel separador.

CONCLUSÃO

Neste capítulo, desenvolveram-se os conceitos de tolerâncias dimensionais, ajustes com folga, indeterminados e com interferência. Cada uma dessas condições foi devidamente detalhada e aplicada com exemplos. Também foi feito um exercício completo, que procura aplicar os conceitos desenvolvidos em peças isoladas e um conjunto mecânico completo.

Ajustes adotados corretamente permitem que a fabricação das peças de determinado produto tenha vantagens de baixo custo operacional, intercambiabilidade, qualidade repetitiva ao longo dos lotes. Porém, se mal escolhidos, podem comprometer a fabricação, tanto sob o aspecto de qualidade como sob o aspecto de custo, tornando-o pouco competitivo no mercado de vendas.

A seguir, são propostas várias questões relativas a conceitos desenvolvidos neste capítulo. A resolução dessas questões vai reafirmar os principais pontos e também outros em que o leitor pode ter acumulado dúvidas, bem como reafirmar conceitos e aplicações.

QUESTÕES PROPOSTAS PARA REVISÃO DE CONCEITOS

2.1) Para os dois diâmetros a seguir:

30 f8

300 n5

Diga qual deles é mais difícil de fabricar e justifique. Supor que os equipamentos de fabricação das duas peças sejam adequados.

2.2) Para os dois ajustes a seguir:

diâmetro: 55 H7 g6

diâmetro: 55 H7 j6

Qual deles terá as menores folgas ou interferências? O que determina essa maior precisão de montagem? Que tipo de ajuste será esse?

2.3) Como o princípio da intercambiabilidade fica preservado no caso de uma indústria que usa em determinado produto o ajuste H7 g6? Justifique.

2.4) A Norma ISO de tolerâncias e ajustes foi estruturada de tal forma que os conjuntos mecânicos feitos de acordo com ela obedecem ao princípio da intercambiabilidade. Enuncie esse princípio, identificando sua influência na construção mecânica, e explique como ele pode ser alcançado por meio da observância da referida norma.

2.5) Um eixo com diâmetro de 30 mm foi torneado a um diâmetro de 30,05 mm, sendo que suas dimensões para ajustagem com o furo da engrenagem a qual será acoplada devem ser 30,1 mm e 29,9 mm.

Caracterize, para esse caso:

a) dimensão nominal N;

b) dimensão real I;

c) medidas-limite máxima (G) e mínima (K);

d) diferença real A_i, diferença superior A_0 e diferença inferior A_u;

e) tolerância de fabricação.

Construa essas grandezas graficamente.

2.6) Defina o que se entende por:

a) jogo máximo e mínimo;

b) interferência máxima e mínima.

Caracterize-os graficamente com exemplos.

2.7) Defina e justifique graficamente o que se entende por ajustes indeterminados. Caracterize seus tipos principais e explique por que esses ajustes são os mais utilizados para aplicações precisas, onde haja necessidade de montagem e desmontagem constante.

2.8) Em um ajuste prensado, quais condições devem ser atendidas pela interferência mínima e máxima? Justifique.

2.9) Na montagem entre uma engrenagem, bucha de bronze e eixo, justifique as afirmações:

a) O ajuste entre o diâmetro externo da bucha e o diâmetro interno do furo da engrenagem deve ser prensado.

b) O ajuste entre o diâmetro interno da bucha e o diâmetro do eixo deve ser com folga.

2.10) Para os ajustes 50 H6 r7, 70 H8 a9, 140 H9 h9 e 30 H7 j6, calcule as respectivas tolerâncias de ajuste Tp.

2.11) Para o conjunto mecânico:

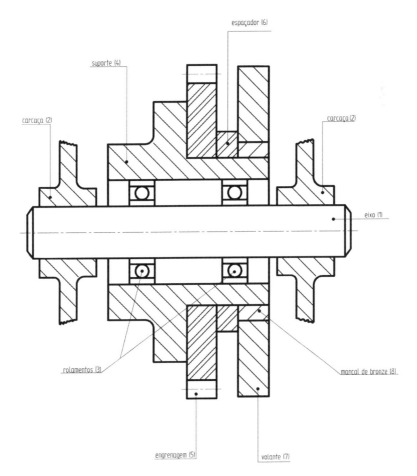

Determine:

a) qual é a carga aplicada aos rolamentos (3);

b) que tipo de ajuste deve ser aplicado ao anel externo e interno dos rolamentos;

c) que tipo de ajuste deve ser aplicado entre o eixo (1) e a carcaça (2);

d) se o conjunto formado entre suporte (4), engrenagem (5), volante (7) e mancal de bronze (8) deve ser montado no sistema furo-base ou eixo-base. A engrenagem deve ser fixa no eixo sem chaveta.

2.12) Dados os ajustes a seguir, determine suas representações gráficas, assim como S_K, S_G, U_K, U_G, conforme seja o caso:

a) 40 H8 d9;

b) 8 H6 k5;

c) 200 H7 r6.

2.13) Para os dois ajustes a seguir:

Φ 50 H7 g6

Φ 50 H7 j6

a) Qual deles terá menores folgas ou interferências?

b) O que determinará a maior precisão de montagem do ajuste escolhido em a)?

c) O que caracteriza esse tipo de ajuste?

2.14) Visando trabalhar no sistema eixo-base, pede-se:

a) Um campo de tolerância para o furo, tal que, independentemente da qualidade IT, o ajuste seja sempre folgado. Explique.

b) Idem para um ajuste com interferência. Explique.

2.15) Um conjunto mecânico deve ter, para uma dimensão nominal de 80 mm, um ajuste folgado, onde a folga máxima é S_G = 12 µm e a tolerância de ajuste é Tp = 14 µm. Escolha um ajuste ABNT eixo-base e outro furo-base que mais se aproximem da condição especificada. O furo será construído com qualidade 7 e o eixo com qualidade 6.

CAPÍTULO 3
TOLERÂNCIAS GEOMÉTRICAS

INTRODUÇÃO

As tolerâncias dimensionais são insuficientes para se determinar exatamente o estado da peça depois de pronta, para evitar retrabalho posterior.

Pela comparação da peça real fabricada com a especificação explicitada pelo projeto e mostrada no seu desenho, pode-se determinar que são diferentes. O grau em que a peça real difere da projetada, determinado pela qualidade da usinagem, caracteriza a *precisão de fabricação*. Na grande maioria dos casos, os desvios da peça original para a realmente fabricada podem ser indicados previamente, enquadrando-se assim nas chamadas tolerâncias geométricas, representadas pelos desvios de forma e posição.

Esses desvios provêm da falta de rigidez da máquina-ferramenta, de um dispositivo de usinagem, da perda do gume cortante de uma ferramenta e de outros inúmeros fatores que influenciam diretamente na qualidade final de uma peça usinada.

Tais erros devem ser limitados e enquadrados em tolerâncias que não prejudiquem funcionamento, montagem ou resistência da peça a ser fabricada.

O projeto da referida peça deve prever, além das tolerâncias dimensionais que definem o ajuste com a peça a ser acoplada também as tolerâncias geométricas, a fim de se obter a melhor qualidade funcional possível.

Os conceitos que se seguem constam das normas ISO R-1101 e DIN 7184.

TOLERÂNCIAS GEOMÉTRICAS: NECESSIDADE E IMPLICAÇÕES

Na maioria dos casos, as peças são compostas de corpos geométricos ligados entre si por superfícies de formatos simples, como planos, superfícies planas, cilíndricas ou cônicas. Durante a sua fabricação, consideram-se também os desvios das formas da superfície real com relação à teórica, sejam eles macro ou microgeométricos, assim como os desvios de posição entre as diversas superfícies entre si.

Os desvios descritos anteriormente podem ser classificados em:

a) *Desvios de forma* – definidos como o grau de variação das superfícies reais com relação aos sólidos geométricos que os definem. Os desvios de forma podem ser classificados em:

   i) desvios de forma macrogeométricos – definidos como a variação da forma real com relação a sua respectiva forma geométrica ideal. São os desvios de retilineidade, circularidade, cilindricidade, planicidade, linha qualquer, superfície qualquer etc.

   ii) desvios de forma microgeométricos – definidos como rugosidade superficial.

b) *Desvios de posição macrogeométricos* – definidos como o grau de variação entre as diversas superfícies reais entre si, com relação ao seu posicionamento teórico. São as tolerâncias angulares, de paralelismo, alinhamento, perpendicularismo, simetria e posicionamento entre as diversas linhas que se relacionam.

Entendem-se os desvios geométricos como a composição conjunta entre os desvios macrogeométricos de forma e posição.

De modo similar às tolerâncias dimensionais, define-se tolerância geométrica como os limites estabelecidos entre duas linhas ou superfícies teóricas, dentro dos quais devem situar-se os desvios geométricos correspondentes àquela forma geométrica teórica ou posição teórica entre duas superfícies ou linhas teóricas.

De um modo geral, é necessário que sejam indicadas as tolerâncias de forma e posição nas seguintes condições:

a) em peças para as quais a exatidão de forma requerida não seja garantida com os meios normais de fabricação;

b) em peças em que deve haver coincidência bastante aproximada entre as superfícies. As tolerâncias de forma devem ser inferiores ou, no máximo, iguais às tolerâncias de suas dimensões de ajuste. Em outras palavras, a variação de forma deve estar contida dentro da tolerância dimensional, a menos que haja indicação em contrário.

c) em peças de um modo geral, em que se necessite, além do controle dimensional, do controle de formas para possibilitar montagens sem interferência. É o caso de montagens seriadas de caixas de engrenagens, em que erros de excentricidade, paralelismo etc. podem influir no desempenho do redutor. Nesse caso, a montagem das peças tem dimensões inter-relacionadas de tal maneira que os deslocamentos da posição previamente fixada não podem ser superiores a certo limite.

Tolerâncias geométricas

As tolerâncias de forma e posição dependem, em geral, do grau de precisão das tolerâncias dimensionais das peças e do grau de ajuste dos elementos que constituem um conjunto mecânico. A observância das regras citadas anteriormente é de grande valia para a determinação de sua necessidade.

A norma ISO R-1101 indica algumas restrições às especificações dos desvios de forma e posição, a saber:

a) As tolerâncias geométricas não devem ser indicadas a menos que sejam indispensáveis para assegurar a funcionalidade do uso da peça.

b) Sempre que é prescrita somente uma tolerância dimensional, esta também limita certos erros de forma e posição (por exemplo, planicidade ou paralelismo). As superfícies reais podem, entretanto, divergir da forma geométrica especificada, com a condição de ficar dentro da tolerância dimensional e da precisão usual de fabricação. Se, no entanto, os erros de forma devem se encontrar dentro de outros limites, uma tolerância de forma deve ser especificada.

c) Uma tolerância de forma ou posição pode ser especificada mesmo na ausência de alguma tolerância dimensional.

d) O fato de se indicar uma tolerância de forma ou posição não implica necessariamente o emprego de um processo particular de fabricação, medição ou verificação.

De maneira geral, a menos que haja indicação explícita, os desvios e tolerâncias geométricas devem estar contidos na tolerância dimensional.

As tolerâncias geométricas são geralmente especificadas para uma superfície, eixo ou plano meridiano tomados em toda sua extensão. Entretanto, pode, em alguns casos, ser interessante especificá-las em termos de desvio linear por unidade de área ou comprimento, por exemplo, "reto, dentro de 0,05 mm por 100 mm".

FORMA E DIFERENÇA DE FORMA

Diferença de forma de uma peça é a diferença entre a superfície real da peça e a forma geométrica teórica.

A *forma* de um elemento isolado é julgada correta quando a distância de cada um de seus pontos a uma superfície de forma geométrica ideal, em contato com ele, é igual ou inferior ao valor da tolerância especificada.

A diferença de forma deve ser medida perpendicularmente à forma geométrica teórica, tomando-se sempre o cuidado de que a peça esteja corretamente assentada no dispositivo de medição para se evitar imperfeições de medida. A posição teoricamente correta é determinada quando for mínimo o valor *fa* medido, conforme mostra a Figura 3.1.

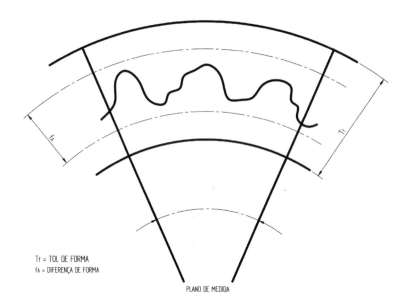

Figura 3.1 – Tolerância de forma e diferença de forma.

A *tolerância de forma (diferença de forma admissível)* T_f é indicada por duas superfícies paralelas ou, para o caso de perfis, por duas linhas paralelas entre as quais se deve encontrar o perfil ou superfície real. Quando as tolerâncias devem ser medidas somente em um setor, define-se o *ramo de medida*, dentro do qual precisa ser observada a forma em questão.

As tolerâncias geralmente são dadas tomando-se um elemento de referência. Para que esse elemento tenha utilidade, é necessário que seja acessível e fácil de ser medido, quando comparado às medidas obtidas na peça em questão. A sua forma deve ser suficientemente precisa para que possa ser tomada como referência. Por essa razão, é necessário adotar-se, em certos casos, tolerâncias de forma também para os elementos de referência. Para certas medições de maior precisão, há necessidade de se indicar a posição de certos pontos que constituem elementos de referência provisórios para usinagem e verificação.

A seguir, são especificadas as formas e diferenças de forma mais importantes.

DIFERENÇA DA RETA (RETILINEIDADE)

Define-se diferença da linha reta, também denominada *retilineidade*, como o espaço de tolerância para a diferença admissível da reta (desigualdade admissível) T_g de um cilindro de diâmetro T_G. Através da intersecção do cilindro de tolerância com dois planos perpendiculares, o perfil da reta real deve situar-se interiormente a duas retas paralelas com distância T_g (Figura 3.2).

Tolerâncias geométricas 153

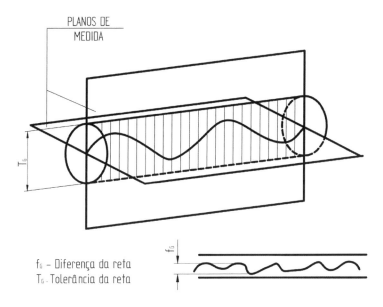

f_G – Diferença da reta
T_G – Tolerância da reta

Figura 3.2 – Diferença da reta T_G.

A diferença enunciada anteriormente vale para a conceituação de desvios da reta em sólidos de revolução, como cilindros, eixos compridos e finos etc. Quando, porém, for necessária a indicação desses desvios para sólidos de formato cuja secção seja retangular, a diferença da reta é definida como se segue.

O campo de tolerância para a diferença admissível da reta é definido por um paralelepípedo, cujo corte transversal estabelece as cotas t_{1G} e t_{2G}, de acordo com dois planos de medida perpendiculares entre si. Dentro desse paralelepípedo, deve estar a reta real (Figura 3.3).

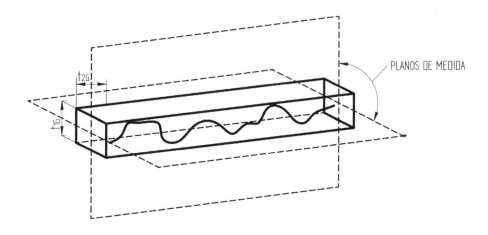

Figura 3.3 – Diferença da reta para peças com forma prismática.

Para se medir as desigualdades admissíveis T_g, alinha-se a peça a ser medida segundo uma reta de comparação (formada pela intersecção dos dois planos de medida, conforme a Figura 3.2). A diferença medida (máxima diferença de indicação dentro do ramo de medida) não deve ser maior que T_g.

Na prática, geralmente, é suficiente a medição em um dos planos de medida, como no exemplo de linhas geratrizes.

Numa peça cilíndrica simples, a retilineidade pode variar de diversas maneiras, como ilustra a Figura 3.4. Se não é especificada nenhuma tolerância de retilineidade, a peça pode ter qualquer forma, desde que esteja dentro dos limites dos diâmetros máximo e mínimo.

Quando se estreitam os limites de desvio permissível dos elementos da superfície cilíndrica com relação às variações da forma reta, é necessário especificar tolerâncias de retilineidade. A especificação da tolerância simplesmente reduz o tamanho da zona de tolerância dentro da qual todos os pontos da forma real devem estar contidos. Nesse caso, essa tolerância deve ser especificada em desenho, por meio de indicações corretas (Figura 3.5).

Seguindo o princípio de medição explicitado anteriormente, a intersecção das duas réguas 1 e 2 gera a linha reta teórica. O deslocamento do relógio comparador ao longo da reta de referência, e simultaneamente medindo a reta real, fornece o desvio da reta f_G, o qual deve ser menor ou igual à tolerância da reta T_G.

A indicação da medida na figura é analógica. O mesmo tipo de medição pode ser feito com recursos digitais.

As desigualdades da reta devem ser medidas em alinhamentos de canais de chaveta, de pinos de guia, eixos finos e compridos etc.

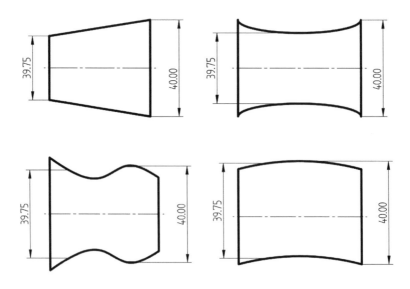

Figura 3.4 – Variações de retilineidade.

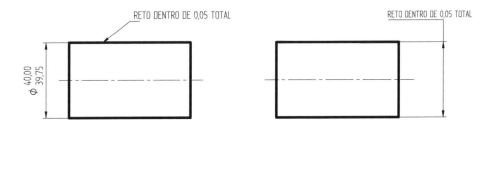

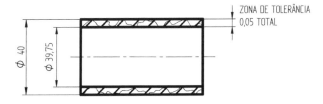

Figura 3.5 – Especificações adicionais na tolerância de retilineidade.

Para maior clareza, o sistema de medição para retilineidade é ilustrado na Figura 3.6.

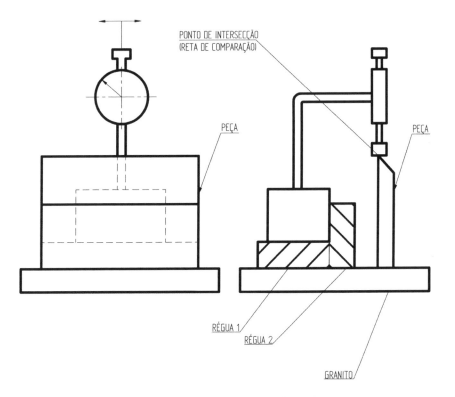

Figura 3.6 – Sistema de medição da diferença da reta.

DIFERENÇA DO PLANO (PLANICIDADE)

A diferença de plano admissível, também conhecida como tolerância de planicidade T_B, é definida como a distância entre dois planos paralelos, entre os quais se deve encontrar a superfície real (Figura 3.7).

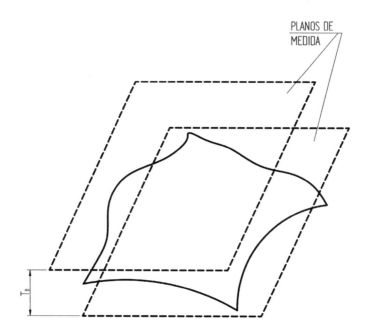

Figura 3.7 – Diferença do plano T_B.

Os limites de imperfeição do plano são de grande interesse, especialmente na construção de máquinas-ferramentas, em que o assento de carros e de caixas de engrenagens sobre guias prismáticas ou paralelas tem grande influência na precisão exigida da máquina. Outras aplicações conhecidas são as superfícies planas de blocos de motor, em que o controle da forma plana impede vazamentos de óleo, água etc.

De uma maneira mais geral, a tolerância de planicidade é medida por meio da intersecção de um plano perpendicular aos planos de medida A e B, sendo que o desvio do plano ideal f_B deve estar incluso na tolerância T_B, conforme ilustração na Figura 3.8.

A medição da diferença de plano é relativamente simples. A peça deve ser alinhada segundo um plano de comparação (por exemplo, um desempeno de granito), de modo que três pontos da superfície da peça tenham distância igual ao plano de referência. A diferença medida não deve ser em nenhum ponto maior que a tolerância T_B (Figura 3.9). É preciso atentar-se ao fato de que o plano de referência deve ser paralelo ao plano de desempenho.

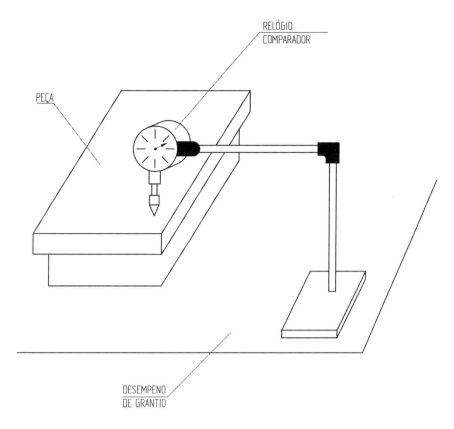

Figura 3.8 – Diferença e tolerância de planicidade.

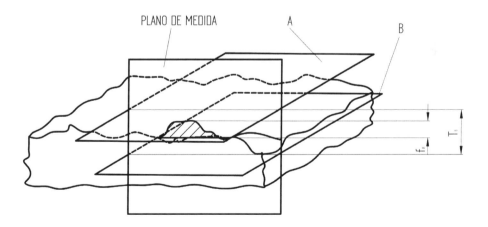

Figura 3.9 – Medição de tolerância T_g.

Entre os tipos de desvios de planicidade mais comuns estão a concavidade e a convexidade. *Concavidade* é o desvio dos pontos na superfície real tal que a leitura obtida aumenta das extremidades para o centro (Figura 3.10); *convexidade* é o desvio dos pontos na superfície real tal que a leitura obtida diminui das extremidades para o centro (Figura 3.11).

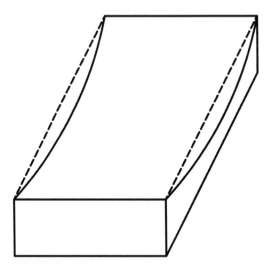

Figura 3.10 – Concavidade.

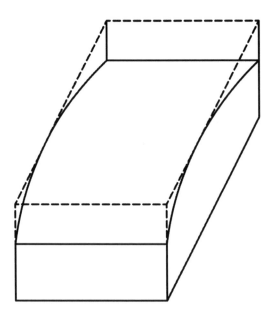

Figura 3.11 – Convexidade.

Um grande número de erros de planicidade pode ser aceito assumindo-se que tolerâncias dimensionais delimitam a forma plana, desde que varie de tal modo que seus limites se mantenham dentro dos limites dimensionais, conforme mostra a Figura 3.12.

Quando, porém, a variação de forma do plano torna-se inadequada e somente controlada pelos limites dimensionais, é necessária a especificação de uma tolerância de planicidade.

Adotando-se a definição já estabelecida anteriormente, na Figura 3.13 a especificação adotada em desenho (a) será interpretada segundo (b) e (c), ou seja, dentro da variação dimensional, a forma plana deve estar contida dentro da distância entre dois planos paralelos que definem a tolerância de planicidade T_B = 0,05 mm.

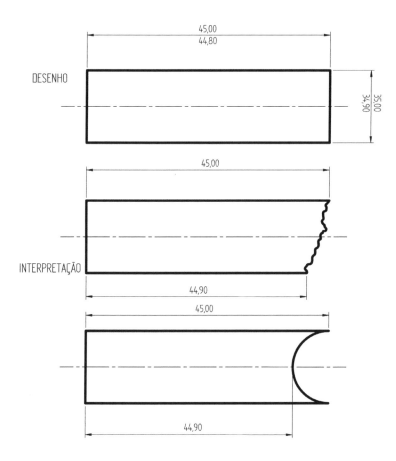

Figura 3.12 – Variações possíveis do plano de acordo com a tolerância dimensional.

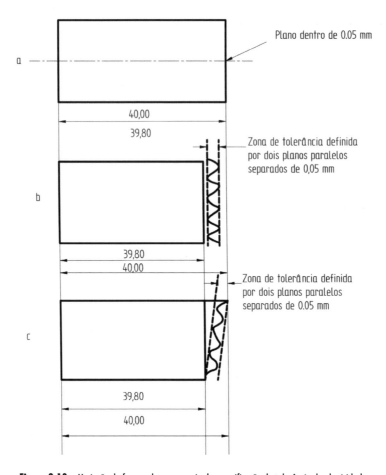

Figura 3.13 – Variação da forma plana por meio de especificação da tolerância de planicidade.

Pode-se notar, pela Figura 3.13, que a tolerância de planicidade é independente da tolerância dimensional especificada pelos limites de medida.

Portanto, conclui-se que a zona de tolerância de forma pode variar de qualquer maneira dentro dos limites dimensionais que ainda satisfaz as especificações de tolerância. Quando há necessidade, expressões como "não deve ser côncavo" ou "não deve ser convexo" podem ser adicionadas às especificações de tolerância. Geralmente, os erros de planicidade ocorrem pelos seguintes fatores: a) variação de dureza da peça ao longo do plano de usinagem; b) desgaste prematuro do fio de corte; c) deficiências de fixação da peça que podem provocar movimentos indesejáveis durante a usinagem.

As tolerâncias admissíveis T_8 de planicidade mais comumente aceitas são:

torneamento: 0,01 a 0,03 mm;

fresamento: 0,02 a 0,05 mm;

retífica: 0,005 a 0,01 mm.

DIFERENÇA DO CÍRCULO (CIRCULARIDADE)

As diferenças do círculo real para o círculo teórico são genericamente denominadas ovalizações. Define-se como diferença admissível do círculo (ovalização admissível) T_c a diferença dos diâmetros D e d de dois círculos concêntricos entre os quais deve encontrar-se o perfil real T_r. Dessas próprias definições, conclui-se que $T_c = 2T_k$, ou seja, nesse caso a diferença admissível é o dobro da tolerância de forma, conforme mostra a Figura 3.14.

Em alguns casos, como no torneamento de buchas de paredes finas ou espaçadores que podem sofrer distorção na usinagem, forçadas à dimensão correta na montagem, a tolerância pode ultrapassar o valor de T_c, utilizando-se diretamente os valores de T_k.

Uma peça cilíndrica é geralmente considerada circular, supondo-se que o desvio de forma esteja dentro dos limites dimensionais do diâmetro. Para furos e eixos de qualidade até IT 8, inclusive, a tolerância de ovalização em geral é no máximo igual à tolerância de fabricação. Para furos e eixos desde IT 9, inclusive, a tolerância de ovalização deve ser igual à metade da tolerância de fabricação.

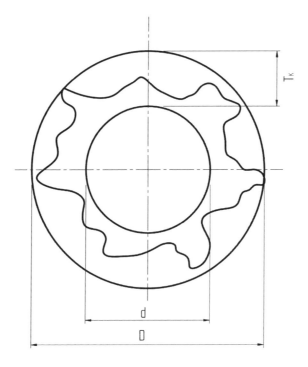

Figura 3.14 – Ovalização.

A menos que haja indicação explícita, o desvio de circularidade deve estar contido na tolerância dimensional, possibilitando montagem e funcionamento adequados da peça em questão. Em aplicações especiais, porém, os desvios de circularidade influenciam diretamente no funcionamento e na operacionalidade do elemento mecânico.

Nesses casos, além das especificações de tolerância dimensional, há necessidade de se especificar também as tolerâncias de circularidade. É o caso típico de cilindros dos motores a combustão interna, em que a tolerância dimensional pode ser aberta (*H11*), porém a tolerância da circularidade tem de ser necessariamente estreita, para evitar vazamentos.

Somente especificações de tolerâncias dimensionais em diâmetros não são suficientes para controlar os desvios de circularidade. Peças com "triangulação", desvios de circularidade advindos de operações de retificação ou torneamento, contêm desvios de circularidade que devem ser controlados isoladamente, dependendo da aplicação. A Figura 3.15 explicita essa situação.

Em verificações de produção, um erro de ovalização pode ser determinado com um dispositivo de medição entre centros, medindo-se a grandeza T_c. Se a peça não pode ser medida entre centros, essa tolerância é bastante difícil de ser verificada devido à variedade de erros de forma que podem ocorrer e à dificuldade de se estabelecer uma superfície-padrão com a qual a superfície acabada pode ser comparada. Quando não é possível a utilização dos centros para medição, é sempre interessante acrescentar à tolerância uma nota especificando como a peça deve ser verificada. Geralmente adota-se um prisma em *V* e um relógio comparador (a), ou um relógio comparador que pode medir em três pontos (b) (Figura 3.16). A medição mais adequada da ovalização é feita com o dispositivo esquematizado na Figura 3.17.

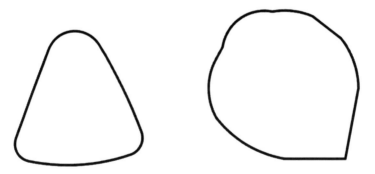

Figura 3.15 — Formas circulares "trianguladas".

A peça deve ser alinhada de modo que o eixo de rotação do dispositivo de medida encontre-se na intersecção de dois diâmetros da peça mutuamente perpendiculares e perpendiculares ao plano de corte da peça. Com esse método de medida, é possível medir a diferença de forma f_A. A diferença medida, ou seja, a diferença de máxima indicação, não deve ser em nenhum ponto do perímetro maior que a tolerância $T_c = 2T_k$.

A medição, neste caso, deve ser feita em aparelhos especiais de medida de circularidade, utilizados em metrologia e laboratórios de medição.

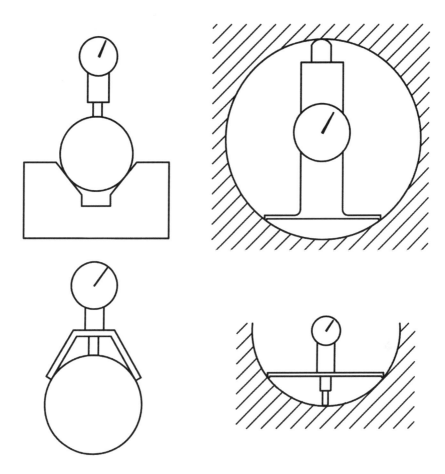

Figura 3.16 – Sistemas de controle de circularidade em peças sem centros.

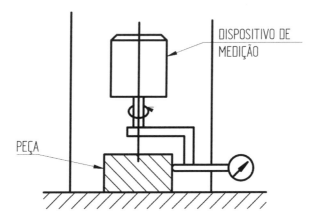

Figura 3.17 – Medida da tolerância de ovalização.

O conceito de medição foi desenvolvido utilizando-se instrumentos analógicos de medida. O mesmo procedimento pode usar instrumentos digitais.

Pode-se considerar, para usinagem em condições de produção, os seguintes valores para a tolerância de ovalização T_c:

$$\text{torneamento:} \quad \text{até 0,01 mm;}$$

$$\text{mandrilamento: 0,01} \quad \text{a} \quad \text{0,015 mm;}$$

$$\text{retificação:} \quad \text{0,005} \quad \text{a} \quad \text{0,015 mm.}$$

Geralmente, de acordo com a necessidade de usinagem ou montagem, tais especificações são indicadas nos desenhos das peças como se segue:

"ovalização máxima dentro de 0,01mm";

"redondo dentro de 0,01 mm";

"circularidade dentro de 0,01 mm".

DIFERENÇA DA FORMA CILÍNDRICA (CILINDRICIDADE)

As diferenças do círculo podem ser consideradas como um caso particular das diferenças de forma cilíndrica ovalizadas através de uma secção do cilindro por um plano perpendicular à geratriz. Genericamente, pode-se definir: *a diferença admissível T_z do cilindro circular é a diferença de diâmetros de dois cilindros concêntricos, entre os quais deve estar localizada a superfície real.* Concluiu-se, portanto, que:

$$T_z = 2T_f$$

em que T_f é a tolerância da forma cilíndrica (Figura 3.18).

Como se torna tecnicamente difícil medir e controlar a diferença admissível T_z, frequentemente ela se divide em:

a) diferença admissível medida na secção longitudinal do cilindro, que compreende: conicidade, concavidade, convexidade;

b) diferença admissível na secção transversal do cilindro que compreende ovalização (diferença do círculo).

Detalhando-se os desvios da forma cilíndrica na secção longitudinal do cilindro, tem-se:

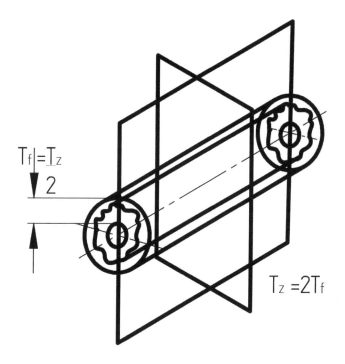

Figura 3.18 – Tolerância da forma cilíndrica.

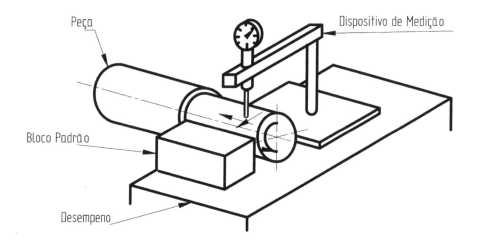

Figura 3.19 – Medição de erros da forma cilíndrica.

Convexidade e concavidade

São as diferenças entre os diâmetros do meio e das extremidades da secção, conforme mostra a Figura 3.20. Assim, tem-se:

$$T_{z0} = D_1 - d_1 \text{ convexidade}$$

$$T_{zn} = D_2 - d_2 \text{ concavidade}$$

em que:

D_1, D_2 = diâmetros maiores;

d_1, d_2 = diâmetros menores.

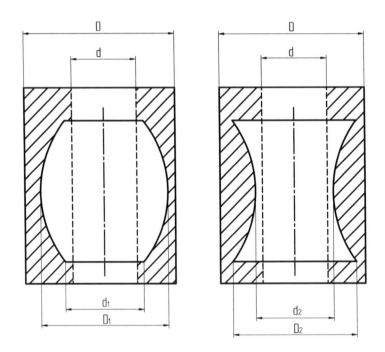

Figura 3.20 – Concavidade e convexidade.

A detecção dessas medidas é feita por meio de várias medições axialmente ao furo.

Conicidade

A conicidade é definida como a falta de paralelismo entre duas geratrizes, sendo determinada pela expressão:

$$F_f = \frac{D_{fi} - D_{fe}}{2}$$

em que:

D_1 = diâmetro maior;

d_1 = diâmetro menor;

l = comprimento entre os diâmetros D_1 e d_1.

A Figura 3.21 mostra o erro de conicidade para o mesmo tipo de peça das Figuras 3.19 e 3.20.

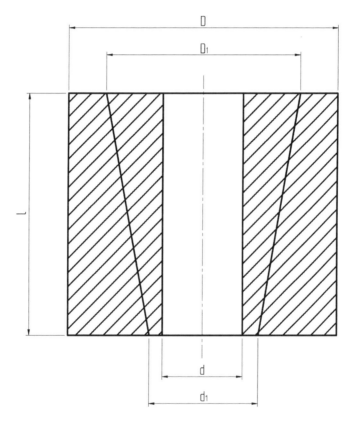

Figura 3.21 – Conicidade.

Para efeito de controle dimensional, tanto a convexidade quanto a concavidade e a conicidade, sendo erros de forma, devem estar situadas entre os limites máximos da tolerância da fabricação, não devendo, entretanto, ser confundidas com a tolerância de fabricação, sendo indicadas com anotações em separado no desenho. São comuns indicações como:

"cônico dentro de 0,05 mm/100 mm";

"conicidade tolerada 0,05 mm/100 mm".

Para se medir a diferença da forma cilíndrica, utiliza-se o dispositivo esquematizado na Figura 3.19. A peça é medida nos diversos planos em todo o comprimento. A diferença entre a indicação máxima e mínima não deve ser, em ponto algum do cilindro, maior que a tolerância T_f.

DIFERENÇA DE FORMA DE UMA LINHA QUALQUER

A fabricação de perfis especiais, como cames, curvas especiais etc., exige a especificação de forma do contorno a ser fabricado. *Assim, define-se como tolerância de forma de uma linha qualquer T_t a distância entre duas linhas paralelas tangentes a uma circunferência de diâmetro T_p cujo centro se desloca sobre a linha nominal* (Figura 3.22).

A indicação das tolerâncias supracitadas, em desenhos, depende do sistema de cotagem adotado.

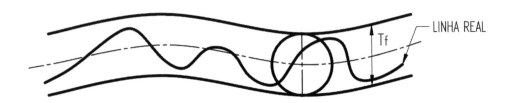

Figura 3.22 – Diferença de forma de uma linha qualquer.

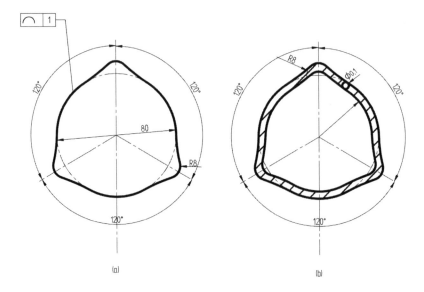

Figura 3.23 – Tolerância de forma de um came.

Tolerâncias geométricas

Ao se adotar a cotagem por meio de cotas angulares, cota de diâmetro ou cotas a partir de uma linha de referência, a zona de tolerância é definida referenciando-se por meio do perfil teórico, que fica situado simetricamente às duas linhas que definem a tolerância.

A largura da zona de tolerância, medida num plano normal ao perfil em todos os seus pontos, é constante. A indicação em desenhos e sua interpretação são mostradas nas Figuras 3.23 e 3.24.

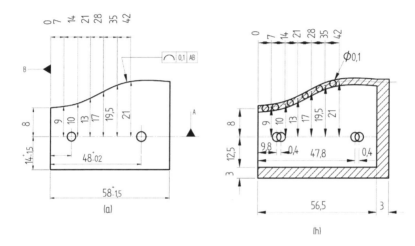

Figura 3.24 – Tolerância de forma de um perfil especial.

Se, no entanto, as coordenadas a partir de um dos eixos são dadas por duas cotas encadeadas, as cotas que definem o perfil são afetadas diretamente pelas tolerâncias.

A largura da zona de tolerância, medida segundo um plano normal ao perfil, faz variar o perfil de maneira constante. A indicação em desenhos e sua interpretação são dadas nas Figuras 3.25 e 3.26.

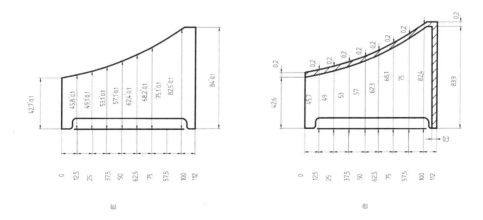

Figura 3.25 – Tolerância de forma para cotas encadeadas em perfil especial.

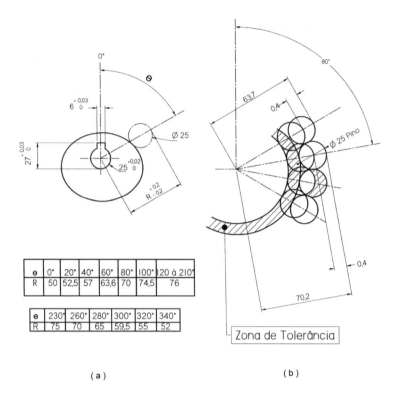

Figura 3.26 – Tolerância de forma para cames com cotas encadeadas.

DIFERENÇA DE FORMA DE UMA SUPERFÍCIE QUALQUER

Da mesma maneira que para perfis especiais, é necessário especificar tolerâncias de forma para superfícies especiais como esferas, superfícies especiais de revolução etc.

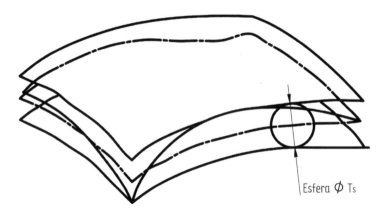

Figura 3.27 – Tolerância de forma de uma superfície qualquer.

Define-se como tolerância de forma de uma superfície qualquer T_s a distância entre duas superfícies tangentes a uma esfera de diâmetro T_s, cujo centro desloca-se sobre a superfície nominal, conforme mostra a Figura 3.27.

A tolerância de planicidade T_B torna-se um caso particular da tolerância T_s, quando a superfície se reduz a um plano geométrico. A indicação da tolerância T_s faz-se importante na copiagem de matrizes para forjamento ou estampagem, quando usinadas em fresadoras copiadoras ou em sistemas não convencionais, como eletroerosão, usinagem eletroquímica etc.

POSIÇÃO E DIFERENÇAS DE POSIÇÃO

Diferença de posição é a diferença entre uma aresta ou superfície da peça e a posição teórica prescrita pelo projeto da peça. É a posição determinada por tolerâncias de ângulo e distância com relação a um sistema de referência, como arestas ou superfícies da peça determinadas *a priori*.

Para o estudo das diferenças de posição supõe-se que as diferenças da forma dos elementos associados são desprezíveis com relação às suas diferenças de posição. Se tal não ocorrer, é necessária uma separação entre os tipos de medição para a detecção de um ou outro desvio. As diferenças de posição, de acordo com as normas ISO R-1101, podem ser classificadas em: orientação para dois elementos associados e posição dos elementos associados.

ORIENTAÇÃO PARA DOIS ELEMENTOS ASSOCIADOS

Esse tipo de desvio de posição é definido para elementos (linhas ou superfícies) que têm pontos em comum através de intersecção de suas linhas ou superfícies. Dentro dessa classificação, há as diferenças apresentadas a seguir.

Diferença angular

A tolerância angular é definida para duas situações: a primeira estabelece como diferença angular aquela entre o ângulo máximo e mínimo entre os quais se pode localizar duas superfícies. A diferença angular admissível T_α é a diferença de ângulos entre os quais se pode localizar duas superfícies, conforme indica a Figura 3.28.

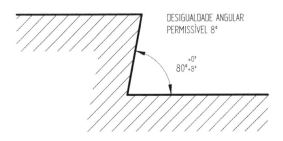

Figura 3.28 – Tolerância angular.

A indicação de 80° + 15' na Figura 3.28 significa que, entre as duas superfícies, em nenhuma medição angular deve-se achar um ângulo menor que 80° ou maior que 80°15'.

A indicação suplementar $T''_\alpha = 8'$ significa que a diferença entre o ângulo máximo e o mínimo medidos não deve ser superior a 8'.

A medição das tolerâncias angulares pode ser feita por meio de transferidores, em baixa produção, ou de máscaras ou calibradores angulares, em médias e altas produções. Algumas vezes pode-se indicar o valor da tolerância angular sob a forma de números decimais, por exemplo, 36° ± 0,5.

A norma DIN 7168 prevê os seguintes valores para as tolerâncias angulares, de acordo com a Tabela 3.1.

Tabela 3.1 – Tolerâncias angulares

Grau de precisão	Alcance das medidas nominais (mm) Comprimento do lado mais curto do ângulo			
	Até 10	Mais de 10 até 50	Mais de 50 até 100	Mais de 100
Fino				
Médio	±1º	±30'	±20'	±10'
Grosso (desbaste)				
Peças em bruto	±3º	±2º	±1º	±30'

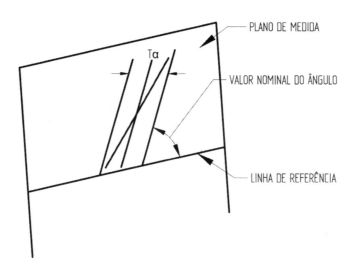

Figura 3.29 – Tolerância angular de duas linhas.

Como segunda situação, tolerância angular T_α pode ainda ser definida como a distância entre dois planos paralelos, tomados em um plano de medida a eles perpendicular, dentro dos quais deve estar a superfície real. Os dois planos devem sempre estar inclinados de uma linha ou superfície de referência de um ângulo cujo valor é o nominal com relação à tolerância especificada. É o que indicam as Figuras 3.29 e 3.30.

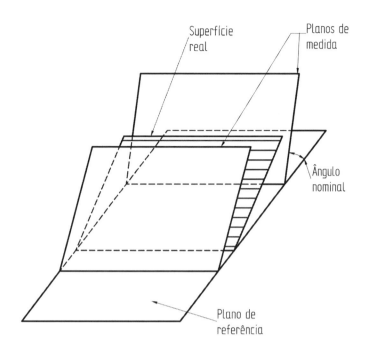

Figura 3.30 – Tolerância angular de dois planos.

Diferença da posição paralela

Dentro dessa classificação geral, pode-se determinar dois tipos principais de desvios de paralelismo, que são apresentados a seguir.

Tolerância de paralelismo entre retas e planos

Define-se como tolerância admissível para a diferença de paralelismo entre duas retas T_{PL} o espaço contido num cilindro de diâmetro T_{PL}, cujo eixo é paralelo a uma das retas. Dentro desse cilindro, deve encontrar-se a outra reta. Geralmente, também para esse caso, limita-se a medição somente em um plano. Nessa classificação, pode-se distinguir:

i) Tolerância de paralelismo entre duas retas em um plano

Esta tolerância é definida como a diferença entre a máxima e a mínima distância entre as duas linhas em determinado comprimento L. Na Figura 3.31 tem-se:

$$T_{PLR} = A - B.$$

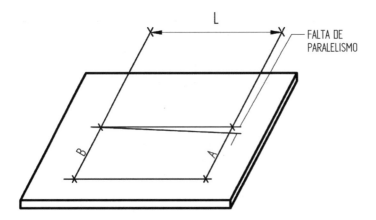

Figura 3.31 – Tolerância de paralelismo entre duas retas num plano.

A tolerância de paralelismo T_{PLR} pode ser utilizada mesmo quando não é explicitada em desenho. Adotando-se a peça da Figura 3.32, a interpretação normal das dimensões especificadas resulta em uma peça aceitável e a linha de centro média de cada furo localiza-se dentro de duas zonas de tolerância 0,40 mm. A mesma tolerância pode ainda significar que os furos estão inclinados entre si, como mostra o item c da mesma figura.

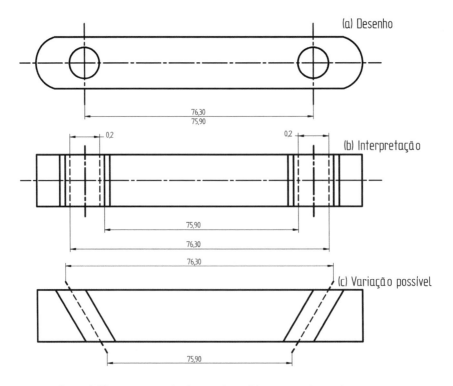

Figura 3.32 – Interpretação de tolerâncias de paralelismo a partir de cotas dimensionais.

Entretanto, se a tolerância de paralelismo entre os dois furos é especificada, o desvio angular entre as duas linhas de centro está limitada dentro dos limites de tolerância, porém este, com relação ao plano de referência, ainda pode ser definido pelos limites dimensionais da distância entre centros, conforme a Figura 3.33.

ii) Tolerância de paralelismo de eixos de superfícies de revolução

Caracterizada pelo desvio espacial de um eixo com relação a outro tomado como referência, pode ser mais bem compreendida subdividindo esse desvio de acordo com a Figura 3.34, em duas tolerâncias cartesianas.

- Tolerância de paralelismo T_{PLEX}

    A tolerância de paralelismo de eixos de superfícies de revolução é igual à tolerância de paralelismo das projeções do eixo, num plano teórico comum, passado por um ponto desse eixo e pelo eixo tomado como referência (Figura 3.34).

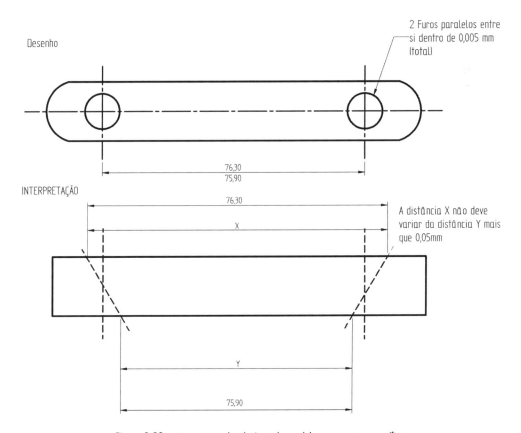

Figura 3.33 – Interpretação de tolerância de paralelismo com notas específicas.

- Tolerância de paralelismo T_{PLEY}

    A tolerância de paralelismo T_{PLEY} de eixos de superfícies de revolução está relacionada à tolerância de paralelismo das projeções do eixo num plano perpendicular ao plano teórico comum. As tolerâncias assim definidas são utilizadas na especificação do mandrilamento de caixas de redutores de engrenagens para garantir engrenamento com folga prevista e ruído admissível de um par de engrenagens, como exemplo. Devem também ser especificadas em todas as aplicações em que o paralelismo entre eixos é importante, como furos retificados de motores a combustão interna, entre outros.

A diferença da posição perpendicular, determinada por uma tolerância de perpendicularismo T_{PR}, é o desvio angular, tomado como referência. Adota-se para usinagens normais de mandriladoras:

$$T_{PLEX} = +0,07 \text{ mm}/100 \text{ mm} \\ +0,00$$

$$T_{PLEY} = +0,07 \text{ mm}/100 \text{ mm} \\ +0,00$$

em distâncias entre eixos até 300 mm. Para distâncias superiores a 300 mm, adota-se:

$$T_{PLEX} = +0,15 \text{ mm}/100 \text{ mm} \\ +0,00$$

$$T_{PLEY} = +0,15 \text{ mm}/100 \text{ mm} \\ +0,00$$

É possível obter-se, quando o projeto exigir, tolerâncias menores, porém adotando-se dispositivos de fixação e localização das peças mais elaboradas e mandriladoras sem deslocamento de cabeçotes no sentido transversal e vertical.

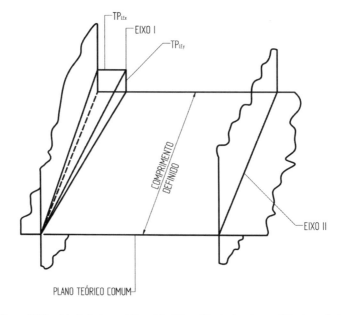

Figura 3.34 – Tolerância de paralelismo TP_{LP}, TP_{LEx} e TP_{LEY} de eixos de superfícies de revolução.

iii) Tolerância de paralelismo de um eixo de superfície de revolução a um plano

A tolerância T_{PLP} determina as máximas e mínimas distâncias entre uma superfície plana tomada como referência e o eixo de revolução a um comprimento prefixado (Figura 3.35). Tal desvio de posição também ocorre em operações de mandrilamento e alargamento de furos, sendo mais sério em alargamentos, quando o pré-furo já foi feito com broca, operação que não oferece condições de alinhamento, mesmo que seja feita com dispositivos providos de buchas de guia. Deve-se sempre evitar alargamentos de furos quando há necessidade de uma tolerância de paralelismo T_{PLP} bastante estreita. Nesses casos, é sempre preferível mandrilar o furo com ferramentas montadas, o que vai garantir um bom paralelismo, desde que o dispositivo de usinagem seja tal que garanta bom posicionamento aliado a uma boa rigidez de fixação. Para operações normais, pode-se admitir valores T_{PLp} como segue:

mandrilamento – 0,05 a 0,1 mm/100 mm;

fresamento – 0,08 a 0,15 mm/100 mm;

alargamento – 0,2 a 0,3 mm/100 mm.

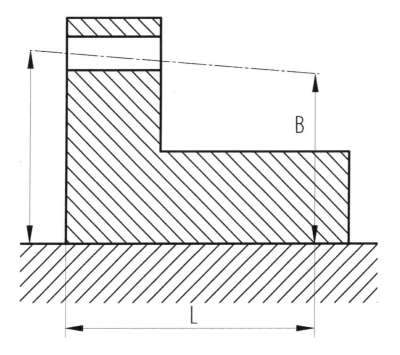

Figura 3.35 – Tolerância de paralelismo de um eixo a um plano.

A tolerância T_{PLP} pode ainda ser definida como a distância de dois planos paralelos, afastados entre si de uma distância T_{PLP} e paralelos à reta tomada como referência. É o que ocorre, geralmente, com operações de faceamento em peças nas quais são tomados como referência eixos de revolução.

Tolerância de paralelismo entre dois planos

A tolerância de paralelismo entre dois planos T_{PPL} é definida como a distância de dois planos paralelos a um plano de referência, entre os quais se devem localizar os planos reais (Figura 3.36).

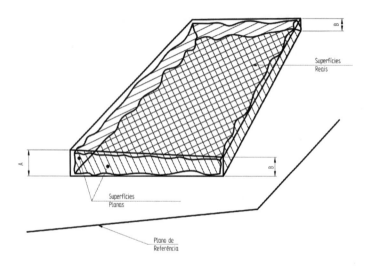

Figura 3.36 – Tolerância de paralelismo entre dois planos.

A tolerância de paralelismo T_{PPL} é também definida sempre com relação a um comprimento de referência L. A interpretação da tolerância T_{PPL} pode ser esclarecida na Figura 3.37.

De acordo com a especificação do desenho, a superfície sobre a qual deve incidir a tolerância de paralelismo T_{PPL} deve se localizar dentro de uma zona de tolerância limitada por dois planos paralelos entre si e a superfície A, distantes entre si 0,02 mm.

Geralmente, a tolerância de paralelismo depende bastante das condições de usinagem disponíveis. Assim, o paralelismo entre faces numa operação de torneamento é mais facilmente conseguido à medida que se sofistica o processo de usinagem. Partindo-se do exemplo simples de usinagem das faces de uma engrenagem, se esta é feita em torno paralelo, devido às duas fixações necessárias, há piores condições de paralelismo de faces que em um torno automático monofuso, onde as ferramentas entram juntas (Figura 3.38).

Tolerâncias geométricas

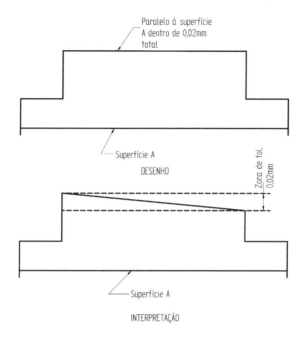

Figura 3.37 – Interpretação da tolerância de paralelismo T_{ppr}

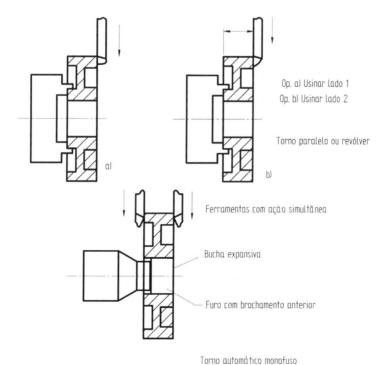

Figura 3.38 – Tolerância de paralelismo T_{pp}.

A mesma usinagem feita em torno automático multifuso ou em tornos CNC propicia uma qualidade ainda melhor de paralelismo, visto que há possibilidade de se executar a operação com várias ferramentas. O mesmo problema ocorre com fresamento de faces de carcaças feitas em fresadoras comuns, em que há necessidade de duas operações de fresamento e uma fresadora do tipo Duplex, na qual o fresamento das faces é feito simultaneamente.

As tolerâncias admissíveis T_{Pp} podem ser enquadradas dentro dos seguintes limites:

torneamento – 0,01 a 0,1 mm/100 mm;
fresamento – 0,02 a 0,1 mm/100 mm.

As operações de retífica quase nunca apresentam desvios importantes de paralelismo por conta da precisão presente no processo.

Já foi dito que o paralelismo é medido com relação a um comprimento de referência. Na Figura 3.39 é esquematizada a forma correta de medir o paralelismo de faces. Supõe-se, para rigor da medição, que a superfície da peça de comparação tenha desvios de planicidade desprezíveis. Adota-se como peça de comparação desempenhos de granito ou equivalente.

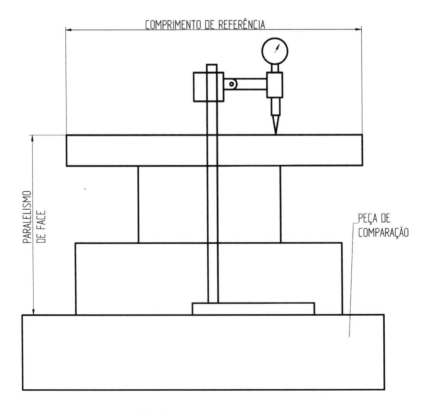

Figura 3.39 – Medição de tolerância de paralelismo T_{pp}.

Diferença da posição perpendicular

A diferença da posição perpendicular, determinada pela tolerância de perpendicularismo T_{PR}, é o desvio angular, tomando-se como referência o ângulo reto entre uma superfície, ou uma reta, supondo-se como elemento de referência uma superfície ou uma reta, respectivamente. Assim, pode-se dividir a diferença da posição perpendicular em vários casos particulares:

Tolerância de perpendicularismo entre duas retas

A tolerância de perpendicularismo T_{PR} entre uma reta e uma reta tomada como referência representa a distância entre dois planos paralelos e perpendiculares à reta de referência (Figura 3.40).

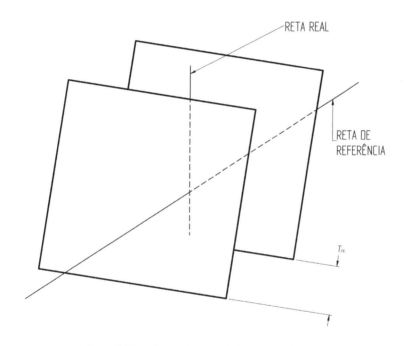

Figura 3.40 — Tolerância de perpendicularismo entre duas retas.

Tolerância de perpendicularismo entre uma reta e um plano T_{PR}

A tolerância de perpendicularismo T_{PR} entre uma reta e um plano tomado como referência é determinada por uma superfície cilíndrica de diâmetro T_{PR} ou pela distância entre duas retas paralelas entre si, respectivamente perpendiculares ao plano de referência (Figura 3.41).

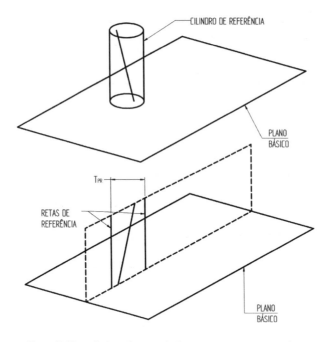

Figura 3.41 – Tolerância de perpendicularismo entre uma reta e um plano.

Tolerância de perpendicularismo entre uma superfície e uma reta

A tolerância de perpendicularismo T_{PR} entre uma superfície e uma reta tomada como referência é determinada por dois planos paralelos, cuja distância entre si é T_{PR}, e que são respectivamente perpendiculares à reta básica (Figura 3.42).

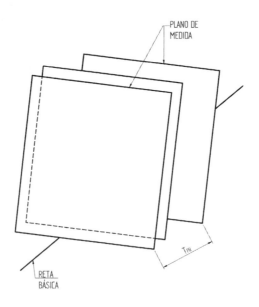

Figura 3.42 – Tolerância de perpendicularismo entre uma superfície e uma reta.

Tolerância de perpendicularismo entre duas superfícies

A tolerância de perpendicularismo T_{PR} entre uma superfície e um plano ou superfície tomada como referência é determinada por dois planos paralelos, cuja distância entre si é T_{PR}, e que são respectivamente paralelos ao plano básico (Figura 3.43).

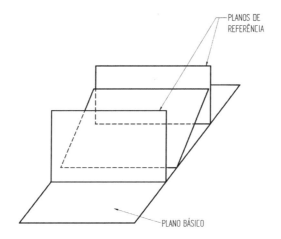

Figura 3.43 – Tolerância de perpendicularismo entre duas superfícies.

POSIÇÃO PARA ELEMENTOS ASSOCIADOS

Dentro dessa classificação, podem-se enquadrar os seguintes exemplos.

Desvio de localização

Os desvios de localização, de um modo geral, podem ser definidos como as diferenças de determinado elemento (ponto, reta, plano) de sua posição teórica determinada por meio de um sistema de coordenadas cartesianas ou polares. Em usinagens de furos de fixação de tampas, que devem ser fixadas em carcaças por meio de parafusos e pinos de guia, essa especificação torna-se fundamental para garantir intercambiabilidade de montagem. O desvio de localização será limitado pela tolerância de localização T_L, que pode ser classificada como apresentado.

Tolerância de localização do ponto

É determinada por uma superfície esférica ou um círculo com diâmetro T_L, cujo centro está estabelecido pelas medidas nominais. Essa tolerância deve ser especificada para a furação em chapas finas, em que a espessura é desprezível com relação ao diâmetro, podendo-se assumir a furação como pontual.

Tolerância de localização da reta

É determinada por uma superfície cilíndrica com diâmetro T_L e cuja linha de centro é a reta nominal, no caso de sua indicação numérica ser precedida pelo símbolo ⌀ (Figura 3.44).

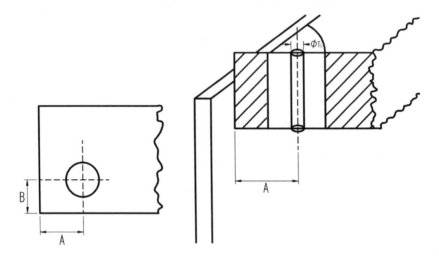

Figura 3.44 – Tolerância de localização da reta.

Quando o projeto da peça indicar o posicionamento de linhas que entre si não podem variar além da localização determinada pelas cotas nominais, a tolerância de localização T_L é determinada pela distância de duas retas paralelas, dispostas simetricamente à reta considerada nominal (Figura 3.45).

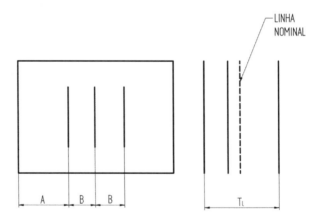

Figura 3.45 – Tolerância de localização da reta num plano.

Tolerância de localização do plano

É determinada por dois planos paralelos separados de T_L e dispostos simetricamente com relação ao plano considerado nominal (Figura 3.46).

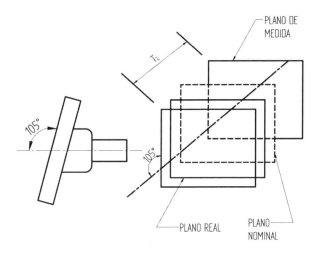

Figura 3.46 – Tolerância de localização de um plano.

As tolerâncias de localização, tomadas isoladamente como diferenças de posição puras, não podem ser adotadas na grande maioria dos casos práticos, visto que, nestes, não se pode dissociá-las das diferenças de forma dos respectivos furos. Assim, são de muito maior valia a associação desses conceitos aos de tolerâncias de forma, resultando nas diferenças da Posição Verdadeira e Condição de Máximo Material, que serão estudadas detalhadamente no capítulo correspondente a desvios acumulados de forma e posição.

Desvios de simetria

Os desvios de simetria podem ser considerados como um caso particular dos desvios de localização para o caso de chavetas, estrias, rebaixos ou ressaltos de forma prismática.

A tolerância de simetria T_s pode ser definida como a distância entre dois planos paralelos, distantes entre si de T_s, e simétricos com relação a um plano de referência determinado pelas cotas nominais (Figura 3.47).

Se a tolerância dimensional for especificada para uma figura simétrica, como um canal de chaveta (Figura 3.48), a tolerância de simetria deve estar localizada dentro dessa tolerância.

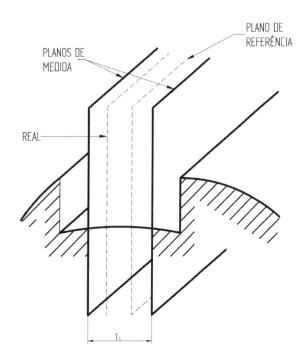

Figura 3.47 – Tolerância de simetria T_s.

Se há necessidade, porém, de grande precisão de simetria, além da tolerância dimensional, deve ser especificada uma tolerância de simetria. Com essa indicação, o canal deve estar centrado na peça circular dentro da tolerância especificada, apesar da tolerância dimensional do canal, que pode ser maior ou menor que a tolerância de simetria.

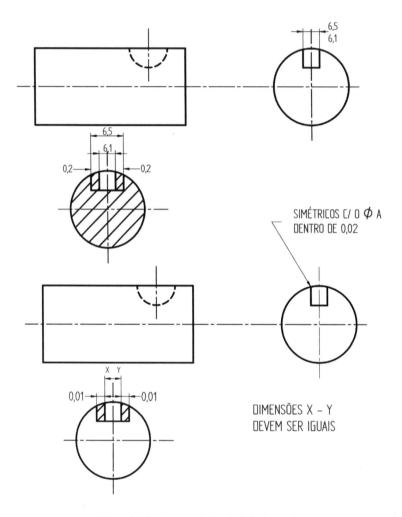

Figura 3.48 – Interpretação da tolerância de simetria.

Desvios de concentricidade

Define-se concentricidade como a condição segundo a qual duas ou mais figuras geométricas regulares, como cilindros, cones, esferas ou hexágonos, em qualquer combinação, têm um eixo comum. Assim, qualquer variação de eixo de simetria de uma das figuras com relação a outro tomado como referência caracteriza uma excentricidade. Assim, pode-se definir tolerância de excentricidade T_E de uma linha de centro com relação à outra tomada como referência ao círculo de raio T_E, com centro no ponto de referência, dentro do qual deve estar localizado o ponto correspondente à linha de centro excêntrica, medida num plano perpendicular à linha de centro de referência (Figura 3.49).

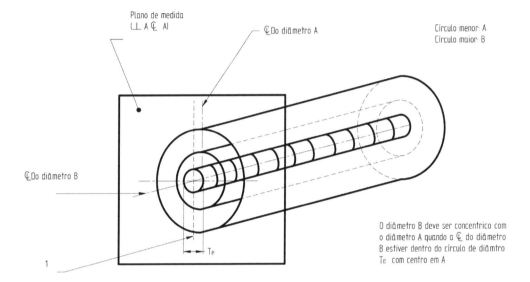

Figura 3.49 – Tolerância de concentricidade.

Pode-se notar, pela própria definição de tolerância de concentricidade, que pode variar de ponto para ponto, quando o plano de medida vai se deslocando paralelamente a si mesmo e perpendicularmente à linha de centro de referência. Conclui-se, portanto, que os desvios de concentricidade são um caso particular dos desvios de coaxialidade que serão vistos a seguir.

Desvios de coaxialidade

Os desvios de concentricidade podem ser assumidos como um caso particular dos desvios de coaxialidade, quando medidos num plano perpendicular ao eixo de simetria adotado como referência. Tais desvios levam em conta a variação da posição entre dois cilindros, portanto, levando-se em consideração sua variação espacial. Assim, pode-se definir tolerância de coaxialidade T_{co} de uma reta com relação à outra adotada como referência a um cilindro de raio T_{co}, tendo como geratriz a reta de referência, dentro do qual deve encontrar-se a outra reta (Figura 3.50). A tolerância de coaxialidade deve sempre ser referida a um comprimento de referência.

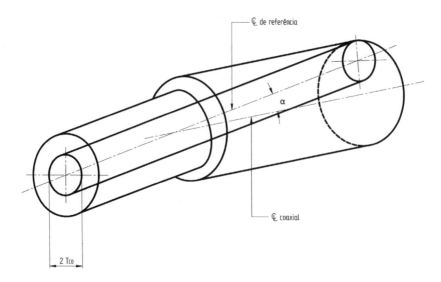

Figura 3.50 – Tolerância de coaxialidade.

Verifica-se que o desvio de coaxialidade pode ser verificado pela medição do desvio de concentricidade em alguns pontos ao longo da geratriz. No caso particular em que as duas retas estão deslocadas paralelamente entre si (Figura 3.5.1), o desvio de coaxialidade confunde-se com o desvio de concentricidade, pois ambos têm o mesmo valor numérico.

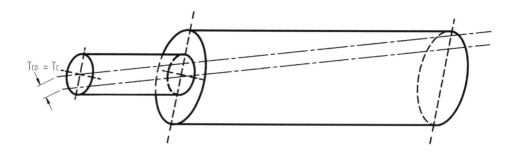

Figura 3.51 – Coincidência das tolerâncias de coaxialidade e concentricidade.

Os desvios de coaxialidade mais comuns na prática são:

Coaxialidade com relação a uma superfície determinada

A tolerância de coaxialidade T_{c0} é a máxima distância do eixo da superfície que está sendo verificada até o eixo de simetria de uma superfície predeterminada com relação a todo o comprimento da superfície que está sendo verificada (Figura 3.52).

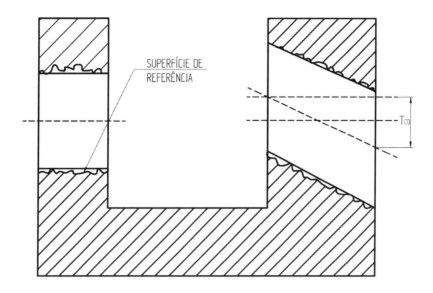

Figura 3.52 – Coaxialidade com relação a uma superfície predeterminada.

Coaxialidade com relação a um eixo comum

A tolerância de coaxialidade com relação a um eixo comum T_{CO} é a máxima distância do eixo da superfície sendo verificada até um eixo comum de duas ou mais superfícies coaxiais com relação ao comprimento dessa superfície (Figura 3.53).

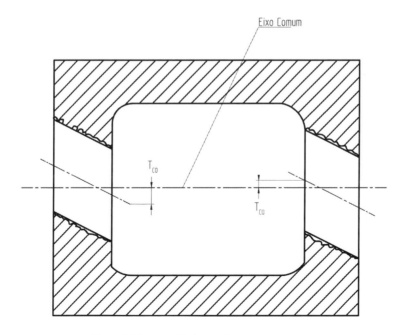

Figura 3.53 – Coaxialidade com relação a um eixo comum.

Nota-se que, em ambos os casos, vale a definição geral segundo a qual as linhas sendo verificadas devem localizar-se dentro de um cilindro de raio T_{CO}, tendo como geratriz a linha de centro de referência.

O eixo comum às duas superfícies para verificação de coaxialidade utilizando-se instrumentos universais é a linha de centro, passando pelos eixos de simetria das duas superfícies através de um plano meridiano. Geralmente, ambos os desvios citados podem ser medidos com calibradores de centragem. São calibres escalonados, cuja excentricidade própria com relação à excentricidade admissível é desprezível. A verificação da concentricidade admissível T_E ou coaxialidade admissível T_{CO} de modo que o diâmetro do calibre tampão, cujo eixo é admitido como eixo comum de referência, corresponde ao lado "passa" do calibre tampão, e o diâmetro do segundo calibre tampão, correspondente ao diâmetro do lado "passa", é menor que a dimensão $2T_E$. A peça está aprovada quando é introduzida normalmente no calibre. É também possível, em vez de um calibrador somente de verificação, substituir-se o segundo calibre tampão por um eixo ligado a um relógio comparador. Nesse caso, a tolerância $2T_E$ pode ser lida diretamente em *LTI* (Figura 3.54). A medição da tolerância de coaxialidade é possível por meio de várias medições de concentricidade.

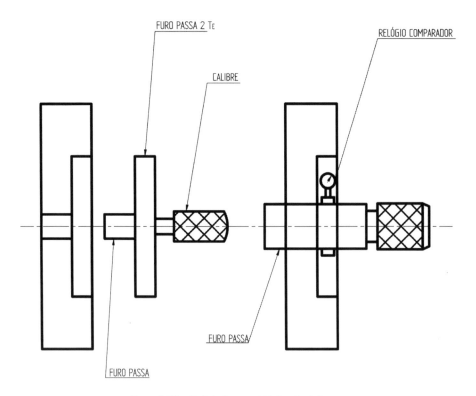

Figura 3.54 – Medição de excentricidade e desalinhamento.

DESVIOS COMPOSTOS DE FORMA E POSIÇÃO

Na grande maioria dos casos práticos, não é possível separar os desvios de forma dos desvios de posição durante a fabricação e posterior medição das peças dentro de um processo produtivo. Tais peças apresentam ambos os desvios conjugados, e, devido a esse fato, os desvios devem ser previstos e limitados dentro dessa conceituação. Geralmente, em razão da grande dificuldade de separá-los, na aplicação diária, os desvios de forma e posição, apesar de serem considerados simultaneamente, são erroneamente designados somente pelos desvios de posição, ignorando-se os desvios de forma a eles associados.

São comuns as expressões:

"eixo concêntrico dentro de 0,05 mm LTI";

"tolerância de localização de 0,03 mm".

Na realidade, com os correspondentes desvios de posição (concentricidade, localização), são medidos também erros de forma (ovalizações, conicidades, circularidades etc.). Com relação a esses desvios compostos, pode-se classificá-los conforme segue.

DESVIOS DA VERDADEIRA POSIÇÃO DE UM PONTO: CONDIÇÃO DE MÁXIMO MATERIAL

O desenho de uma peça em geral especifica a posição exata de um elemento dela (furo, degrau, contorno etc.), localizando-a por meio de cotas lineares x e y de um sistema cartesiano. Assim, cada elemento é referenciado a dois planos de referência comuns e, através destes, referenciado indiretamente a outro elemento qualquer. Analisando-se esse conceito, chega-se à conclusão de que os elementos de uma peça realmente, para efeito de funcionamento e intercambiabilidade, são relacionados naturalmente entre si. Os planos de referência são um artifício intermediário, porém necessário, para se determinar a relação preliminar entre os elementos, mas não existem como entidade física no contorno da peça.

As dimensões cartesianas de localização estão afetadas por uma tolerância que determina sua máxima e mínima dimensão.

O sistema de localização dos elementos de uma peça através da determinação da verdadeira posição simplifica os sistemas de usinagem e verificação das peças em relação à localização por meio de um sistema cartesiano.

As principais vantagens são:

a) evitar acúmulos de tolerância na localização entre dois elementos de uma peça, o que ocorre quando é utilizado o sistema cartesiano. O acúmulo observado obriga que a peça seja fabricada com tolerâncias de localização menores para garantir intercambiabilidade e funcionamento. Esse problema torna-se cada vez mais complexo à medida que aumentam os elementos inter-relacionados, aumentando-se, consequentemente, os acúmulos e diminuindo-se as tolerâncias de fabricação.

b) utilização, para verificação das peças, de calibradores de pino, que permitem localização de um elemento com relação ao outro com maior precisão e maior facilidade que o sistema cartesiano. Por essa razão, é utilizado com frequência em usinagens de alta série.

A precisão sempre crescente, necessária em razão da intercambiabilidade, condição indispensável em projetos modernos, torna essencial uma caracterização precisa da peça em termos dimensionais. O sistema de verdadeira posição estabelece tolerâncias de localização adequadas para o ajuste de elementos internos e externos (geralmente furos e pinos), com relação à superfície de referência.

Por conta da inter-relação existente entre a verdadeira posição, a dimensão do elemento e as diferenças de forma dos elementos a serem cotados, além das superfícies de referência, é o sistema mais complexo dos vários utilizados para a localização afetada por tolerâncias.

Define-se verdadeira posição como o desvio total permissível na posição e na forma do elemento real da localização teórica do elemento de forma geométrica ideal.

Em um sistema de localização natural, ou seja, que relaciona diretamente um elemento com o outro, a tolerância de verdadeira posição é uma tolerância simétrica bilateral, resultando, portanto, em uma zona de tolerância circular em torno da posição teórica. Por meio do estabelecimento de dimensões funcionais, a tolerância de verdadeira posição controla precisamente as folgas máximas e mínimas entre as superfícies que estão sendo acopladas.

A tolerância de verdadeira posição é determinada para a condição mais crítica de montagem, que ocorre quando os elementos em acoplamento e respectivas superfícies de referência estão na *condição de máximo material* com relação às suas dimensões. Quando não ocorre essa condição, pode-se utilizar uma tolerância de verdadeira posição sem prejudicar a intercambiabilidade. A tolerância de verdadeira posição caracteriza o sistema de coordenadas funcional.

Define-se condição de máximo material (CMM) de uma peça a condição segundo a qual a peça tem o seu máximo material, ou seja, com a dimensão mínima para furos ou dimensões internas e dimensão máxima para eixos ou dimensões externas.

Adota-se como prática usual para fabricação e inspeção aceitar que a tolerância de verdadeira posição, estabelecida em desenho, é determinada na condição de máximo material da peça. Isso é evidente pela utilização de calibradores funcionais de pinos fixos para a inspeção de peças, a fim de garantir sempre a condição-limite de montagem.

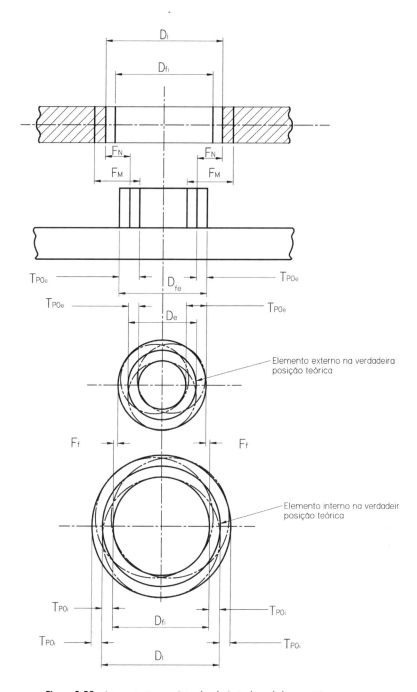

Figura 3.55 – Interpretação geométrica da tolerância de verdadeira posição.

A Figura 3.55 mostra a interpretação geométrica para peças de forma cilíndrica. Devido à sua frequente aplicação, essas peças são apresentadas como exemplos; entretanto, as definições e as equações fundamentais são válidas para peças de outros formatos. A peça interna (furo) é adotada em sua posição teórica, que é estabelecida por dimensões básicas sem tolerância a partir das superfícies de referência. Os desvios de forma da peça e das superfícies de referência são considerados nulos.

Sistema de coordenadas funcional

Adota-se o sistema de coordenadas funcional, conforme o exposto na Figura 3.55, e supõe-se que:

D_e – dimensão do elemento externo na condição de máximo material;

D_i – dimensão do elemento interno na condição de máximo material;

T_{POi} – tolerância de posicionamento da peça interna na condição de máximo material;

T_{POe} – tolerância de posicionamento da peça externa na condição de máximo material.

Desse modo, verifica-se que os dois círculos D_e e D_i, mais ou menos T_{POe} e T_{POi}, respectivamente, representam os limites dentro dos quais se devem encontrar o elemento externo e interno na condição de máximo material. Convém lembrar que a condição de máximo material da peça externa (elemento interno) admite sua dimensão mínima, enquanto a peça interna (elemento externo) admite a sua dimensão máxima.

Na Figura 3.55 são mostradas três das infinitas possibilidades de ocorrência da condição-limite de ajuste, ou seja, o máximo desvio permissível. Cada círculo tem um ponto de tangência com ambas as coordenadas e superpõe-se às peças na verdadeira posição. Para se determinar a dimensão funcional do elemento interno, deve-se considerar a influência da tolerância de posicionamento T_{POi}:

$$D_{fi} = D - 2T_{POi} \qquad (3.1)$$

Uma equação similar pode ser deduzida a partir do elemento externo:

$$D_{fe} = D_e + 2T_{POe} \qquad (3.2)$$

em que:

D_f = dimensão funcional do elemento interno (furo);

D_{fe} = dimensão funcional do elemento externo (eixo).

A folga funcional F_f pode ser determinada através da equação:

$$F_f = \frac{D_{fi} - D_{fe}}{2}$$

ou
$$D_{fl} - D_{fe} - 2F_f = 0. \tag{3.3}$$

A folga funcional F_f determina a folga mínima necessária entre as peças em acoplamento na condição-limite de montagem. Substituindo-se os valores das Equações (3.1) e (3.2) na Equação (3.3), obtém-se a equação geral para a tolerância de verdadeira posição.

$$D_i - 2T_{POi} - D_e - 2T_{POe} - 2F_f = 0 \tag{3.4}$$

A aplicação dos conceitos de tolerância de verdadeira posição não apresenta dificuldades para elementos internos, ou seja, superfícies de furos. São necessários, porém, alguns esclarecimentos adicionais quando são aplicados para elementos externos, ou seja, superfícies de pinos ou eixos. Os elementos externos podem ser enquadrados em três grupos distintos.

Grupo A

A posição do elemento externo é controlada na operação de usinagem. Neste caso, os elementos externos são usinados a partir do sólido, com a peça, não havendo submontagens. Assim, a Equação (3.4) pode ser aplicada.

Grupo B

Frequentemente a posição de um elemento externo é obtida pelo desvio composto da submontagem advinda da fixação de pinos ou parafusos rosqueados em furos. A posição do pino ou do parafuso é uma função do furo usinado. A tolerância de posição do elemento externo é dada por:

$$T_{POe} = T_{POi} + \frac{R_e}{2} \tag{3.5}$$

em que:

R_e = desvio total permissível de forma e posição do elemento externo com relação ao elemento interno no qual está fixado.

Substituindo-se os valores da Equação (3.5) na Equação (3.4), a equação geral para o grupo B é:

$$Di - 4T_{POi} - D_e - R_e - 2F_f = 0 \tag{3.6}$$

Grupo C

Quando todos os elementos internos de todas as peças em acoplamento são furos passantes, ou seja, os elementos externos são autoalinhados, pode-se desprezar a influência do desvio de posição do elemento interno (furo) com relação ao elemento externo (pino) no ajuste entre eles. Nesse caso, tem-se:

$$T_{POe} = \frac{R'_e}{2}$$

(3.7)

em que R'_e é o desvio total permissível na forma do elemento externo.

Substituindo-se a Equação (3.7) na Equação (3.4), para o caso de pinos autoalinhados que compõem o grupo C, tem-se que a equação geral é:

$$D_i - 2T_{POi} - D_e - R'_e - 2F_f = 0$$

(3.8)

Determinação das folgas

A Figura 3.55 mostra as folgas possíveis entre as peças em acoplamento. Quando a folga funcional F_f é desconhecida, pode ser determinada pelas Equações (3.4), (3.6) e (3.8), dependendo do problema a ser enquadrado nos grupos estudados anteriormente.

A folga nominal pode ser calculada por

$$F_N = \frac{D_i - D_e}{2}$$

(3.9)

A folga máxima é calculada por

$$\text{para o grupo A: } F_M = \frac{D_i + 2T_{POi} - D_e + 2T_{POe}}{2}$$

(3.10)

$$\text{para o grupo B: } F_M = \frac{D_i + 4T_{POi} - R_e + D_e}{2}$$

(3.11)

$$\text{para o grupo C: } F_M = \frac{D_i + 2T_{POi} - R'_e + D_e}{2}$$

(3.12)

Tolerâncias geométricas

A tolerância de verdadeira posição, a folga funcional, a folga nominal e a folga máxima são calculadas para a condição de máximo material na montagem.

Para se determinar a folga nominal, os elementos são tomados em sua verdadeira posição, enquanto para a máxima folga são considerados os desvios permissíveis totais. Quando as peças não estão na condição de máximo material, as folgas nominais e máxima aumentam. Neste caso, porém, apesar de se permitir um aumento das tolerâncias de verdadeira posição acima das especificadas, ainda são obtidas dimensões funcionais, visto que foram determinadas para a pior condição.

O sistema de tolerância de verdadeira posição estabelece relações matemáticas exatas entre as superfícies de referência e os elementos que estão sendo afetados pelas tolerâncias. Visto ser impossível obter-se uma referência ou um elemento sem erros de forma, há necessidade de se considerar tais erros nos casos práticos. Quando se consideram as superfícies como teóricas, torna-se necessário supor que os desvios de forma são compatíveis com as tolerâncias de verdadeira posição que estão sendo adotadas. Se tal não ocorrer, a capacidade do processo de usinagem e a inspeção ficam grandemente reduzidas. Assim, é possível, com essa incerteza, rejeitar peças boas para montagem e vice-versa. Essa redução na segurança do processo ocorre quando os desvios de forma são ponderáveis com relação à tolerância de posição. É o que ocorre, por exemplo, quando os pinos de verificação de um calibrador não coincidem com os furos da peça, quando estes estão com desvio de ovalização ou conicidade.

Para evitar esse problema, quando uma ou mais tolerâncias geométricas devem ser mantidas a um valor menor do que seria o compatível com a tolerância de posição, estas devem ser indicadas à parte, por exemplo:

Os furos devem ser localizados dentro de 0,1 mm de sua verdadeira posição, porém os furos devem ser redondos dentro de 0,015 mm.

A tolerância de circularidade de 0,015 mm especificada deve ser verificada nas dimensões de todos os elementos, salvo especificação em contrário, além de sua garantia dimensional.

Como será visto a seguir, a norma ISO tem indicações próprias para cada caso particular.

Comparação entre os sistemas cartesiano e de verdadeira posição

Os princípios de cotagem pelo sistema de verdadeira posição são mais bem explicados quando comparados ao sistema cartesiano de cotagem, mais comum e, portanto, mais conhecido para essas aplicações. A Figura 3.56 mostra duas peças idênticas, dimensionadas por ambos os sistemas. No sistema cartesiano, as cotas do ponto são $U \pm u$ e $V \pm v$, respectivamente nos eixos horizontal e vertical, sendo u e v as suas tolerâncias de posição nos respectivos eixos. Nesse caso, a zona de tolerância é um retângulo com lados $2u$ e $2v$. Em verdadeira posição, por definição, a zona de tolerância é um círculo de raio ω ou diâmetro 2ω. Essas zonas de tolerância representam as áreas nas quais deve localizar-se o centro do furo. A comparação dessas duas zonas de tolerância – o círculo de raio ω para o sistema de verdadeira posição e o retângulo para o sistema cartesiano – mostra como o sistema cartesiano pode restringir as tolerâncias de fabricação, principalmente em médias e altas produções em que a verificação é feita por meio de calibradores de pinos circulares ou calibradores "passa não passa". Esses calibradores aprovam peças com variação ω em qualquer direção a partir do centro do furo, sendo ou não as peças dimensionadas pelo sistema cartesiano ou de verdadeira posição. A razão para isso é que, possuindo eles um pino circular, não há meios de distinção entre os pontos $M2$, $M3$ ou $M4$, na zona de tolerância retangular. A Figura 3.57 mostra graficamente essas possibilidades aplicadas para o ponto $M2$.

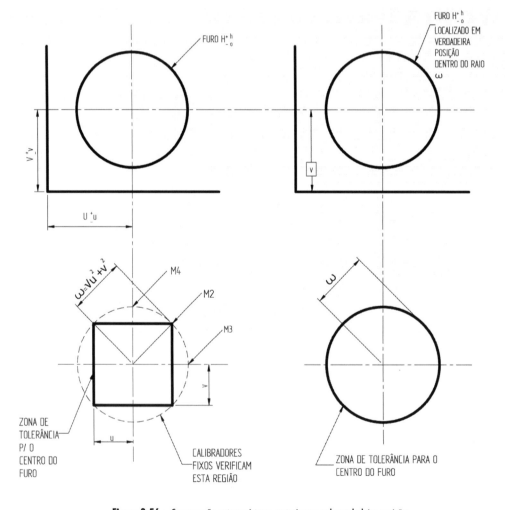

Figura 3.56 – Comparação entre o sistema cartesiano e o de verdadeira posição.

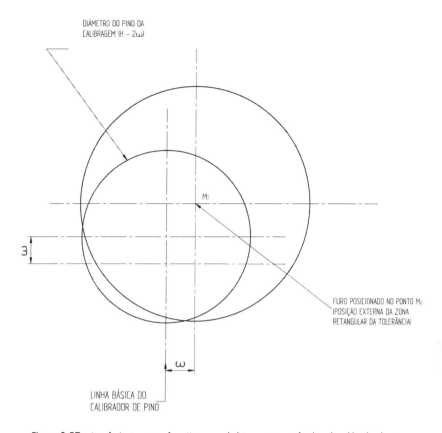

Figura 3.57 – Interferência entre o furo *H* e sua verdadeira posição verificada pelo calibrador de pino.

Conclui-se que não é possível utilizar toda a zona de tolerância retangular quando são utilizados calibradores funcionais na inspeção das peças. Fazendo-se agora o mesmo tipo de raciocínio para o sistema de cotagem de verdadeira posição, verifica-se que, sendo o pino dimensionado conforme foi mostrado anteriormente, o calibrador correspondente aprova peças reproduzindo as condições funcionais de montagem. São aprovadas peças cujo centro difere do centro teórico dentro de uma zona de tolerância com raio ω. É o que mostra graficamente a Figura 3.58.

Entende-se, portanto, que o sistema de cotagem por verdadeira posição reflete com maior precisão as necessidades reais da montagem de duas peças, além de permitir à fabricação delas a maior tolerância possível, possibilitando, por consequência, reduções de custos de fabricação.

A equação seguinte, que pode ser deduzida da Figura 3.56, relaciona as tolerâncias dos dois sistemas de cotagem.

$$\omega = \sqrt{u^2 + v^2} \qquad (3.13)$$

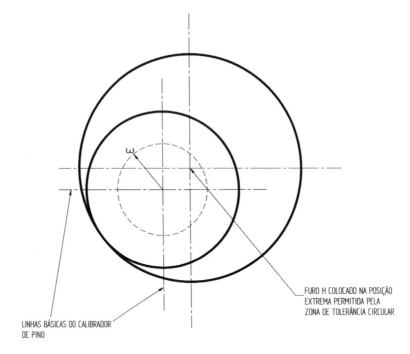

Figura 3.58 – Verificação de um furo colocado na posição extrema permitida pela tolerância de verdadeira posição.

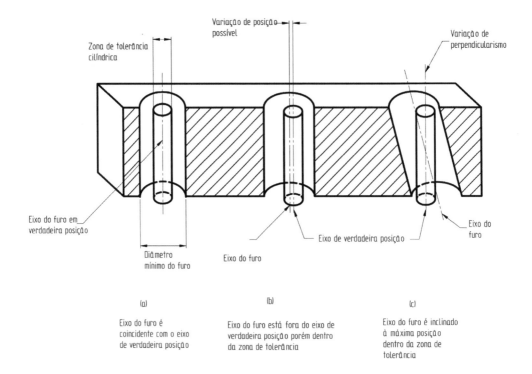

Figura 3.59 – Variações permissíveis dentro da tolerância de verdadeira posição.

Quando as tolerâncias u e v são iguais, a Equação (3.13) se torna:

$$\omega = \sqrt{2u^2} = u\sqrt{2} \tag{3.14}$$

Variações possíveis do dimensionamento por verdadeira posição

Os desvios de verdadeira posição podem admitir diversas interpretações dependendo da variação da linha de centro real dentro do cilindro que representa a tolerância de verdadeira posição.

Raciocinando em termos da linha de centro de um furo e admitindo que o furo esteja em sua condição de máximo material, ou seja, mínimo diâmetro, a linha de centro deve localizar-se dentro da zona de tolerância cilíndrica, tendo por raio a tolerância de verdadeira posição T_{PO}, e o centro deve ficar na posição verdadeira teórica (itens *a* e *b* da Figura 3.59).

Ainda de acordo com o item *c* da Figura 3.59, a zona de tolerância também define os limites dentro dos quais a variação de perpendicularismo do furo deve permanecer. Desde que a condição de máximo material representa a condição mais crítica para a montagem de duas peças, somente nessa condição é aplicada a tolerância de verdadeira posição especificada.

Das próprias definições de tolerância de verdadeira posição e da condição de máximo material, deduz-se que, quando as peças não se encontram nesta última condição, há uma inexatidão na aplicação da tolerância de verdadeira posição, sob a forma de uma variação adicional (ver Figura 3.60). Verifica-se, então, que, quando a dimensão do furo é maior que o mínimo (condição de máximo material), resulta uma tolerância radial adicional, dada pela expressão:

$$A = \frac{D_r - D_m}{2} \tag{3.15}$$

em que:

A = tolerância radial adicional;

D_r = diâmetro real da peça;

D_m = diâmetro mínimo da peça.

Ou seja, a posição real do furo, quando as dimensões não estão nos limites de máximo material, podem ser maiores que as especificadas pela tolerância de verdadeira posição e ainda satisfazem as especificações de um calibre funcional (de pinos) projetado para verificar a posição dos furos em seus limites de máximo material.

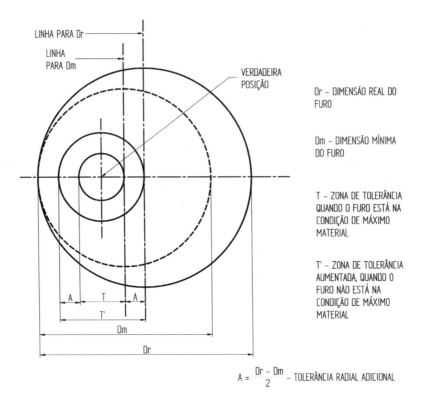

Figura 3.60 – Tolerância radial adicional.

A Equação (3.15) é aplicada para furos; quando a mesma folga for calculada para dimensões externas (pinos, parafusos etc.), a equação será:

$$A = \frac{DM - Dr}{2} \tag{3.16}$$

em que:

D_M = dimensão máxima da peça (condição de máximo material).

Esse princípio de tolerância adicional permissível quando as peças não estão em sua condição de máximo material é largamente utilizado na calibragem funcional das peças em acoplamento.

Partindo-se do princípio de que os calibradores são dimensionados para garantir a montagem de duas peças ajustadas em sua pior condição, essa condição, além de bastante lógica, pois permite montagem em todos os casos, ainda reduz tempos de fabricação. Sua principal finalidade é facilitar a fabricação da peça permitindo que inspetores de qualidade aprovem peças que serão montadas e que funcionalmente não apresentarão nenhum problema.

Tolerâncias geométricas

Tais peças seriam rejeitadas em outras condições, porque as tolerâncias de posição especificadas em desenho foram ultrapassadas.

O controle das tolerâncias de verdadeira posição implica o dimensionamento correto de calibradores funcionais, obedecendo todas as condições anteriormente explanadas.

DESVIOS DE BATIDA

Superfícies de revolução, tais como cilindros ou furos redondos, devem ser convenientemente dimensionadas com suas respectivas tolerâncias, porque estão sujeitas a variações de fabricação bastante diversas. Elas podem estar com erros de ovalização, conicidade, excêntricos com relação ao seu eixo etc. Todas essas variações deverão ser controladas ou limitadas no desenho de produto, a fim de se assegurar que a peça seja fabricada convenientemente.

Uma complicação adicional para superfícies de revolução é que o seu eixo de simetria ou de rotação é geralmente difícil de ser localizado na peça real. Nesses casos, a medição e inspeção devem ser feitas a partir de outras referências que são relacionadas ao eixo de simetria em questão. Essa troca de referências geralmente leva a uma composição de erros entre a superfície medida, a superfície de referência e a linha de centro teórica. Para que se possa fazer uma conceituação desses erros compostos, são definidos os desvios de batida, que são desvios compostos de forma e posição de superfície de revolução quando medidos a partir de um eixo ou superfície de referência.

A tolerância de batida representa a variação máxima admissível T da posição de um elemento considerado, ao completar uma rotação girando em torno de um eixo de referência sem se deslocar axialmente. A tolerância de batida deverá ser aplicada separadamente a cada posição medida.

Se não houver indicação em contrário, a variação máxima permitida deverá ser controlada no ponto indicado pela seta no desenho.

As tolerâncias de batida podem delimitar erros de circularidade, coaxialidade, excentricidade, perpendicularismo e planicidade, desde que a sua medição, que representará a soma de todos os erros acumulados, esteja contida dentro da tolerância especificada. Dentro dessa conceituação, o eixo de referência deverá ser assumido sem erros de retilineidade ou angular.

Os desvios de batida podem ser subdivididos em dois grupos principais:

1. Batida radial

A tolerância de batida radial T_r será definida como o campo de tolerância, determinado por um plano perpendicular ao eixo de giro, composto de dois círculos concêntricos, distantes entre si de T_r (Figura 3.61).

Adotando-se a Figura 3.62, as superfícies de referência *A* e *B* estão determinando o eixo de giração em torno do qual a peça deverá girar, por exemplo, apoiada em dois prismas. Nesse caso, a superfície indicada não deverá ter um erro composto, quando medida através de um relógio comparador colocado no ponto onde deverá ser verificado o desvio, maior que a tolerância T_r. Verifica-se que a medida do relógio comparador, denominada Leitura Total do Indicador (*LTI*), será igual no máximo à tolerância de batida radial, o dobro do deslocamento T_r do centro real com relação ao centro de giro da peça, supondo-se a medida tomada no plano perpendicular às respectivas linhas de centro, no ponto indicado (Figura 3.63). A mesma situação ocorre quando a medição é feita entre centros, usando-se o dispositivo da Figura 3.64.

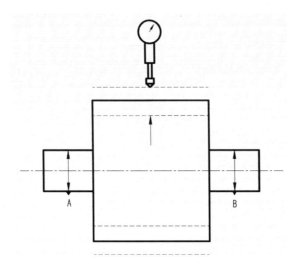

Figura 3.61 – Tolerância de batida radial.

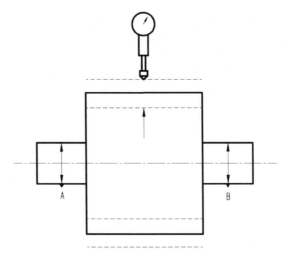

Figura 3.62 – Interpretação da tolerância de batida radial.

Tolerâncias geométricas **205**

As relações, assim deduzidas, valem independentemente das dimensões das peças, não importando se estas estão em condição de Máximo Material (menor diâmetro) ou de Mínimo Material (maior diâmetro). Uma dificuldade apresentada pelo sistema de batida radial para a verificação de cilindros ocorre quando estes apresentam desvios de coaxialidade (Figura 3.65), ou seja, os cilindros têm um ângulo de inclinação entre suas linhas de centro, e devem ser inspecionados através de um prisma em V e um relógio comparador. Neste caso, deverão ser especificadas duas tolerâncias de batida radial T_{RA} e T_{RB}, que deverão ser verificadas em dois pontos, A e B, respectivamente. Pela composição das duas zonas de tolerância, será possível controlar o desvio de coaxialidade indicado. Em casos em que duas ou mais superfícies cilíndricas devam ajustar-se a uma única peça em limites de produção, onde a utilização de calibradores caros não é recomendável, as tolerâncias de batida radial podem ser especificadas em termos de verdadeira posição, conforme mostra a Figura 3.66. Neste caso, de acordo com a definição de desvio de verdadeira posição, linhas de centro dos cilindros devem estar localizadas dentro de uma zona de tolerância em torno da sua posição teórica. A especificação de máximo material (CMM) deverá ser indicada na tolerância de verdadeira posição.

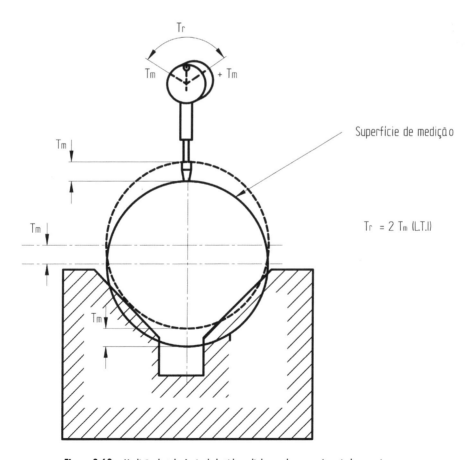

Figura 3.63 – Medição da tolerância de batida radial quando a peça é apoiada em prismas.

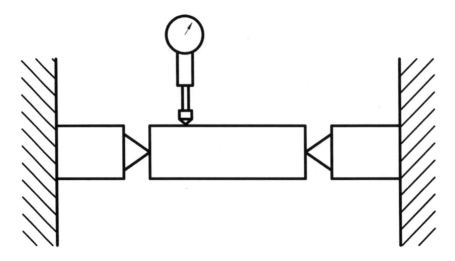

Figura 3.64 – Medição da tolerância de batida radial com a peça entre centros.

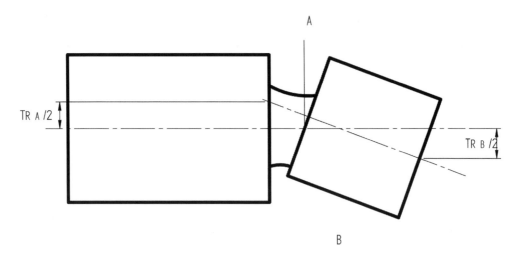

Figura 3.65 – Desvios compostos de coaxialidade e forma.

Com a tolerância de verdadeira posição, o calibrador fixo somente aprovará peças dentro da excentricidade especificada quando estas estão na condição de máximo material, CMM (Figura 3.66b). Para peças com diâmetros menores, o calibrador poderá aprovar peças com excentricidade acima da especificada no desenho. Na maioria dos casos, todas as peças que são aprovadas pelo calibrador funcional, apesar de apresentarem excentricidade acima da especificada, não irão prejudicar o funcionamento da peça nem sua montagem com a peça par.

Se o diâmetro *B* for tomado como referência, o calibrador será dimensionado com os diâmetros *A* + $2e_1$ e *B*.

Tolerâncias geométricas   **207**

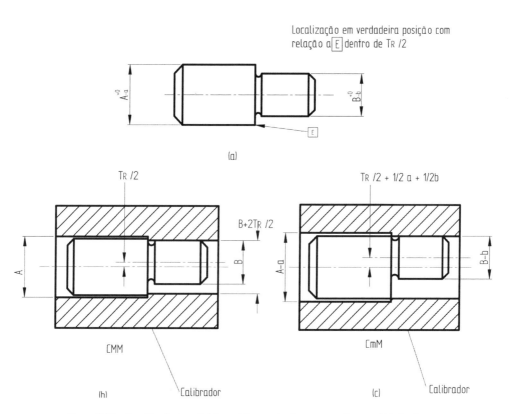

Figura 3.66 – Especificação de verdadeira posição para desvios compostos de excentricidade e forma.

Assim como no sistema de batida radial, cilindros cujas linhas de centro apresentam um ângulo de inclinação poderão ser aprovados com um calibre funcional, conforme mostra a Figura 3.67.

Quando as peças forem compostas de um cilindro e um furo gerados com relação à mesma linha de centros, tais como arruelas, buchas etc., a análise de desvios compostos de forma e posição poderão ser feitas também através da fixação de tolerâncias de verdadeira posição, ao invés do desvio de batida radial.

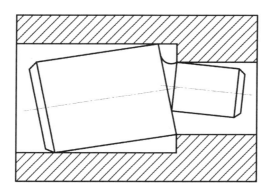

Figura 3.67 – Aprovação de desvios de coaxialidade e de forma através de calibradores funcionais.

Uma maneira de se estabelecer tolerâncias para essas peças é adotar-se o diâmetro na condição de máximo material como superfície de referência, conforme mostra a Figura 3.68.

Será utilizado para aprovação dessas peças um calibrador que aprovará peças com excentricidade máxima T_e conforme especificado no desenho. O pino do calibrador deverá ter um diâmetro $D_p = H - 2\,T_e$.

A inspeção de uma peça na condição de mínimo material (CmM), ou seja, na dimensão máxima do furo, é mostrada na Figura 3.68c. Esta será a pior situação, quando a excentricidade entre os dois diâmetros for de $T_e + 1/2\,h$. Do mesmo modo que o caso anterior, o calibrador aprovará peças com excentricidade acima de T_e, o que não afetará a sua aplicação funcional.

A mesma peça do exemplo anterior poderá ser dimensionada de uma maneira um pouco diferente. As superfícies de referência adotadas serão agora planos perpendiculares C e D, conforme a Figura 3.69. As dimensões do calibrador serão as da Figura 3.69b.

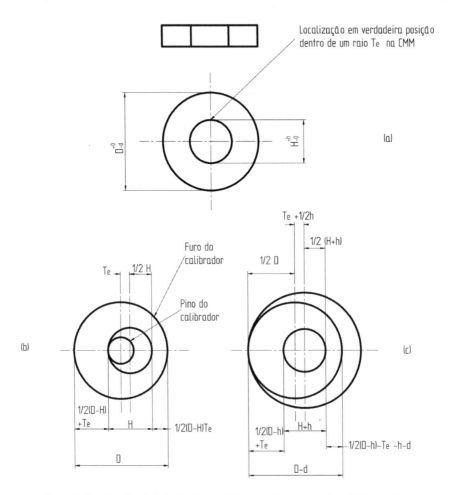

Figura 3.68 – Especificação de desvios de excentricidade e de forma através de verdadeira posição para diâmetros externos e internos.

Tolerâncias geométricas **209**

Peças nas condições de máximo (CMM) e de mínimo material (CmM), aprovadas pelo calibrador, poderão ser idênticas às peças dimensionadas pelo diâmetro externo (exemplo anterior), se as tolerâncias de excentricidade obedecerem à relação

$$T_e = T_{e1} + T_{e2}.$$

Com este sistema de dimensionamento, entretanto, não será possível inspecionar simultaneamente os diâmetros externos e internos, visto que o calibrador só verifica excentricidade. Haverá, portanto, necessidade de utilização de calibradores para verificação dimensional dos referidos diâmetros.

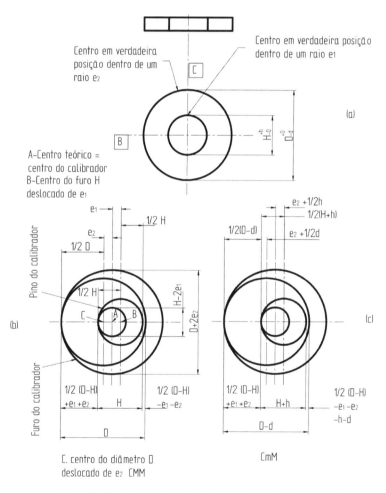

Figura 3.69 – Especificação de desvios de excentricidade e de forma através de verdadeira posição com relação a dois planos perpendiculares.

Batida de uma superfície cônica

Quando a superfície a ser verificada for cônica, as considerações, já explanadas para a batida radial, são todas válidas, variando somente a definição, que será: a tolerância de batida de uma superfície cônica será a distância entre superfícies cônicas concêntricas, dentro das quais deverá encontrar-se a superfície real, quando a peça efetuar um giro completo sobre seu eixo de simetria, sem deslocamento axial (Figura 3.70).

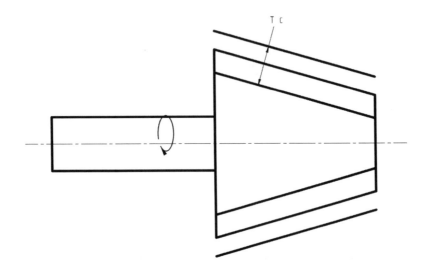

Figura 3.70 – Tolerância de batida de uma superfície cônica.

Do mesmo modo que para a batida radial, a tolerância de batida de superfícies cônicas deve englobar desvios de forma (circularidade, concavidade) e posição (desvios angulares etc.). A medição será feita através de relógios comparadores, com a peça girando em um prisma em V apoiado em sua superfície de referência, ou entre centros.

2. Batida axial

a tolerância de batida axial T_a será definida como o campo de tolerância determinado por duas superfícies paralelas entre si e perpendiculares ao eixo de rotação da peça (Figura 3.71), dentro da qual deverá estar a superfície real, quando a peça efetuar uma volta completa, referendando-se em seu eixo de rotação.

A tolerância de batida axial deverá prever erros compostos de forma (planicidade) e posição (perpendicularismo das faces com relação à linha de centro).

Para a medição dessa tolerância, faz-se girar a peça ao redor de um eixo perpendicular à superfície a ser medida, não permitindo o seu deslocamento no sentido axial (Figura 3.72). Caso não haja indicação através de cotas onde deve ser efetuada a medição, esta valerá para toda a superfície. A diferença entre as indicações $A_{máx}$

e $A_{mín}$ obtidas através da leitura de um relógio comparador determinará o desvio de batida axial que deverá ser menor ou igual à tolerância T_a,

$$A_{máx} - A_{mín} \leq T_a.$$

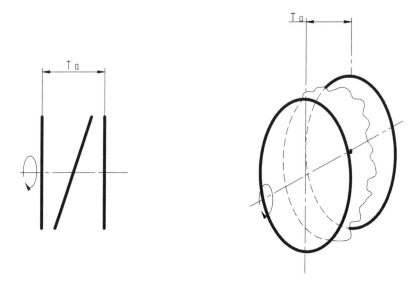

Figura 3.71 — Tolerância da batida axial T_a.

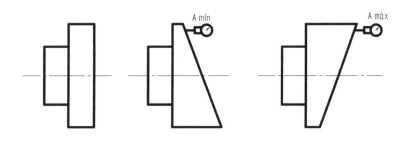

(Amáx − Amín) ≤ Tp

Figura 3.72 — Medição da tolerância de batida axial.

As medições mais comuns para o desvio de batida axial são indicadas na Figura 3.73. Para o caso a, a medição será feita entre pontos, enquanto para o caso b a superfície de referência será apoiada num prisma em V.

Deve-se lembrar ainda que, em algumas indústrias, o desvio de batida axial pode também ser conhecido como excentricidade frontal ou excentricidade de face (*face run-out*).

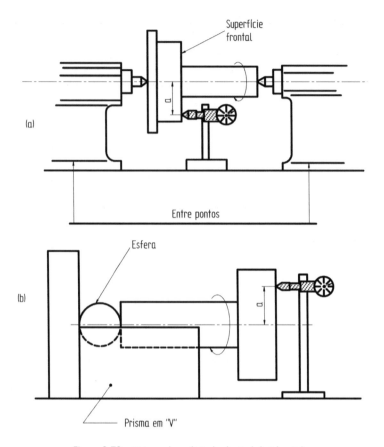

Figura 3.73 – Sistemas de medição do desvio de batida axial.

CONCLUSÃO

Diante dos conceitos emitidos até agora, pode-se concluir que tanto os desvios de forma como os de posição, apesar de serem conceituados separadamente como desvios individuais, dificilmente ocorrerão sozinhos na fabricação de uma peça. Além disso, todas as verificações industriais desses desvios sempre são feitas acumulando-se os dois desvios através de uma única medição, por meio de instrumentos universais ou de calibradores funcionais. A condição de máximo material (CMM) inclui ainda a variação dimensional propriamente dita, considerada juntamente com variações de forma e posição.

As medições individuais dos desvios de forma ou de posição devem ser feitas em laboratórios ou em metrologias industriais. Os primeiros satisfazem condições de pesquisa operacional; as segundas são utilizadas para medições estatísticas, quando um dos desvios passa a ser preponderante para a qualidade da peça que está sendo fabricada. É o caso, por exemplo, de medições de ovalização, circularidade e cilindricidade, quando estas são importantes para o funcionamento da peça. É o caso de eixos ou furos de assentos de rolamento de precisão, onde existem especificações estreitas de circularidade dos assentos destes. É também o caso de medições de circularidade para cones sincronizadores de câmbio de automóvel, bielas de motores a combustão interna etc.

Na fabricação de aparelhos de alta precisão, também será necessária a separação dos desvios de posição mais importantes, como paralelismo de réguas de ajuste, perpendicularismo de barramentos etc., que obrigam a medições individuais.

Na fabricação seriada ou por lotes, de média precisão, porém, serão controlados somente os erros compostos.

Esses conceitos deverão estar sempre presentes no dimensionamento de produtos, a fim de se garantir a melhor qualidade funcional do produto.

SIMBOLOGIA E INDICAÇÕES EM DESENHOS

SIMBOLOGIA

Os principais símbolos, padronizados pelas normas ISO R-1101 para indicação dos desvios de forma e posição, estão esquematizados na Tabela 3.2.

Tabela 3.2 – Tolerâncias de forma e posição – simbologia

	Característica	Símbolo
Forma para elementos isolados	Forma reta	—
	Forma plana	⟋⟋
	Forma circular	○
	Forma cilíndrica	⌿
	Forma de uma linha qualquer	⌒
	Forma de uma superfície qualquer	⌓
Orientação para elementos associados	Paralelismo	//
	Perpendicularismo	⊥
	Inclinação	∠
Posição para elementos associados	Localização de um elemento	⊕
	Concentricidade e coaxialidade	◎
	Simetria	⩦
	Batida	↗

INDICAÇÕES EM DESENHOS

1. As indicações necessárias são inscritas em um quadro retangular, dividido em duas ou três partes (Figura 3.74) da esquerda para a direita, na seguinte ordem:

   - símbolo referente à característica da tolerância (Figura 3.74);
   - o valor da tolerância (valor total) na unidade utilizada para a cotação linear. Esse valor é precedido da letra *cp* se a faixa de tolerância for circular ou cilíndrica, ou da indicação *esfera cp* se a faixa de tolerância for esférica;
   - por último, a(s) letra(s) permite(m) identificar o elemento ou elementos de referência.

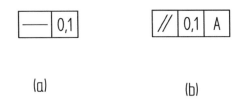

(a)   (b)

Figura 3.74 – Forma de indicações dos desvios de forma e posição.

2. O quadro da tolerância é ligado ao elemento que se deseja verificar por uma linha de marcação terminada por uma seta que pode estar localizada, de acordo com a Figura 3.75:

   - sobre o contorno do elemento ou sobre o prolongamento do contorno (mas nunca sobre uma linha de cota) se a tolerância se aplicar numa superfície propriamente dita *(a)*;
   - sobre a linha de união no prolongamento da linha de cota, quando a tolerância se aplicar ao eixo ou ao plano mediano da parte cotada (*b* e *d*), ou sobre o eixo, quando a tolerância se aplicar ao eixo ou ao plano médio de todos os elementos pertencentes a este ou àquele (*c, e, f*).

   Se a faixa de tolerância não é circular, cilíndrica ou esférica, sua largura se acha na direção da seta que liga o quadro de tolerância ao elemento verificado.

3. O elemento ou elementos de referência são indicados por uma linha de marcação, terminando por um triângulo cheio, cuja base está assentada, conforme a Figura 3.76:

- sobre o contorno do elemento ou sobre o seu prolongamento (mas nunca sobre uma linha de cota) se o elemento de referência for uma linha ou uma superfície propriamente dita (*a*);

- sobre a linha de união no prolongamento da linha de cota, quando o elemento de referência for o eixo ou o plano mediano da parte assim cotada (*b, d, g*) ou sobre o eixo ou plano mediano de todos os elementos relacionados com este ou aquele (*c, e, f*) desde que eles possam ser determinados com precisão suficiente. Se não há espaço para duas setas, uma delas pode ser substituída por esse triângulo.

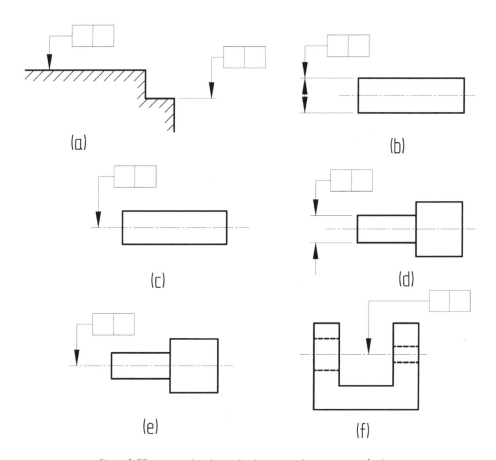

Figura 3.75 – Ligação da indicação da tolerância ao elemento a ser verificado.

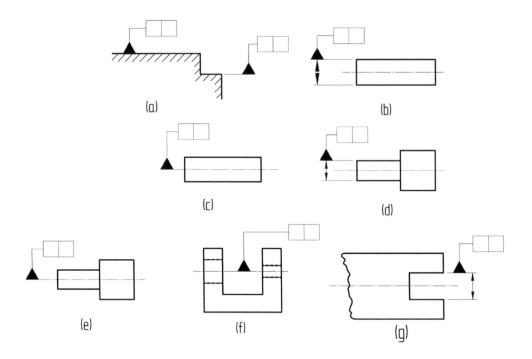

Figura 3.76 – Indicação dos elementos de referência.

Se o quadro de tolerância não pode ser ligado ao elemento de referência de maneira simples e clara, uma letra maiúscula (diferente para cada elemento de referência) é utilizada (Fig. 3.77a e b).

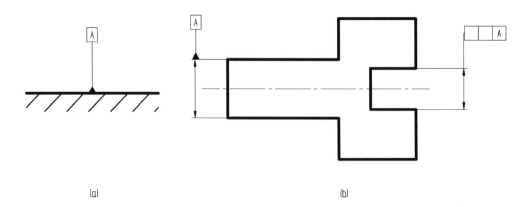

Figura 3.77 – Indicação dos elementos de referência por meio de letras.

4. Se dois elementos associados são idênticos, ou se alguma razão não justifica a escolha de um deles como referência, indicar a tolerância conforme Figura 3.78.

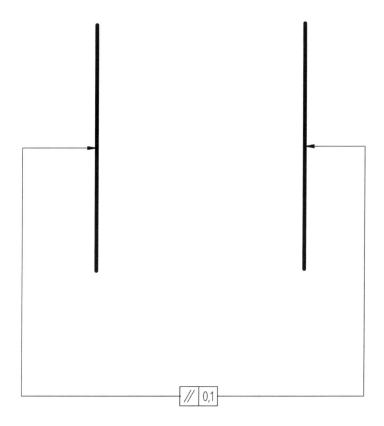

Figura 3.78 – Indicação da tolerância para dois elementos associados idênticos.

5. Se a tolerância se aplica a uma determinada extensão localizada não importa onde, o valor dessa extensão deve ser juntado em seguida ao valor dessa tolerância, e separado dela por um traço oblíquo. O mesmo se aplica com relação às linhas e superfícies com extensão especificada em todas as posições e direções (Figura 3.79a).

6. Se à tolerância do elemento completo é anexada uma outra tolerância da mesma natureza, porém mais fechada e restrita a uma extensão limitada, inscreve-se esta última embaixo da primeira (Figura 3.79b).

(a) (b)

Figura 3.79 – Indicação da tolerância para um comprimento predeterminado.

7. Se a tolerância deve ser aplicada a uma parte restrita do elemento, cotar esta parte como na Figura 3.80 (segundo recomendações na norma ISO R-128 Desenhos técnicos - Cotações).

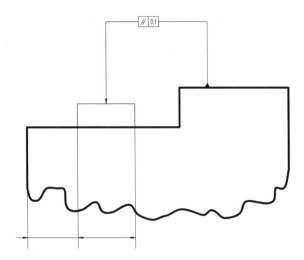

Figura 3.80 – Indicação de tolerância a uma parte restrita do elemento.

8. A indicação da condição de máximo material é dada pelo símbolo M colocado à direita, conforme a Figura 3.81:
   - do valor da tolerância (a),
   - do valor de referência (b),
   - de um e de outro (c).

Figura 3.81 – Indicação de tolerância para a condição de máximo material.

Isto se a condição de máximo material se aplicar, respectivamente, ao elemento calibrado, ao elemento de referência ou a ambos.

9. Se as tolerâncias de forma ou posição são determinadas para um elemento, as cotas que definem a forma ou a posição, propriamente ditas, não devem ser acompanhadas de tolerância. Essas cotas nominais são inscritas em um quadro (Figura 3.82), sendo o valor do campo de tolerância (seja ela de forma ou posição) dado por uma tabela.

EXEMPLOS DE APLICAÇÃO

A seguir, são dados vários exemplos de aplicação para a simbologia dos desvios de forma e posição, com as respectivas interpretações. Por uma questão de padronização do sistema métrico para o Brasil, os desenhos são feitos com projeções no primeiro diedro e com dimensões lineares em milímetros. A norma ISO R-1101 recomenda que esta mesma simbologia deva ser aplicada em países que não adotam o sistema métrico utilizando-se as dimensões em polegadas e projeções no terceiro

Tolerâncias geométricas 219

diedro. Além disso, os desenhos não estão cotados completamente, e sim somente com as cotas necessárias para a indicação das tolerâncias de forma e posição.

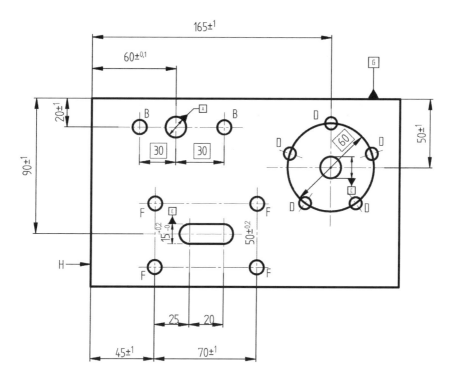

Figura 3.82 – Indicação de tolerâncias de forma e posição de vários elementos associados.

VIRABREQUIM (FIGURA 3.83)

| ○ | 0,03 |

O diâmetro $\varnothing 570 ^{-0,00}_{-0,08}$ deve estar situado entre duas circunferências concêntricas, situadas no mesmo plano, cuja diferença de raios é 0,03 mm.

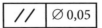

A linha de centro do diâmetro $\varnothing 570^{-0,00}_{-0,08}$ superior deve estar situada entre duas retas paralelas, cuja distância entre si é de 0,05 mm e que são respectivamente paralelas à linha de centro do diâmetro inferior (reta básica), e estão no plano das setas.

No plano indicado, a linha superior deve estar entre duas retas paralelas cuja distância entre si é de 0,05 mm e, respectivamente, paralelas à linha inferior (linha básica).

A indicação da tolerância permite adotar a linha superior como referência e fazer variar a linha inferior.

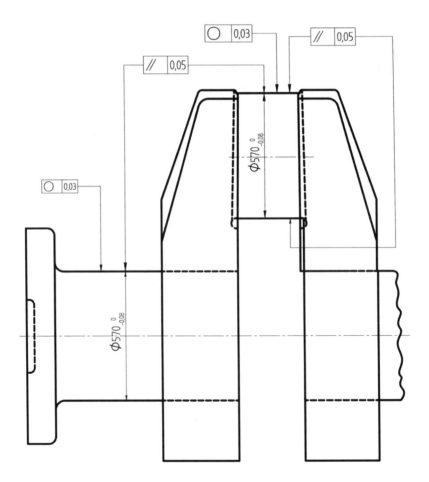

Figura 3.83 – Indicação de circularidade e paralelismo em virabrequim.

RODA DE ATRITO (FIGURA 3.84)

$$\boxed{\perp \;|\; 0{,}01 \;|\; A}$$

As superfícies correspondentes à face do cubo e à face do anel externo devem estar situadas entre dois planos paralelos, distantes entre si de 0,01 mm, respectivamente perpendiculares à linha de centro do furo A. A mesma interpretação é válida para face interna do furo.

$$\boxed{\nearrow \;|\; 0{,}02 \;|\; A}$$

A batida radial do diâmetro externo não deve ser maior que 0,02 mm com relação à linha de centro do diâmetro A, ou seja, quando a peça girar apoiada entre centros, tendo um relógio comparador colocado na superfície indicada, este não deverá indicar mais que 0,04 mm (*LTI*) considerando os erros acumulados de ovalização e excentricidade.

$$\boxed{\nearrow \;|\; 0{,}04 \;|\; A}$$

A batida da superfície cônica em relação à linha de centro correspondente ao diâmetro A não deve ultrapassar 0,04 mm. A leitura em comparador é semelhante ao caso anterior.

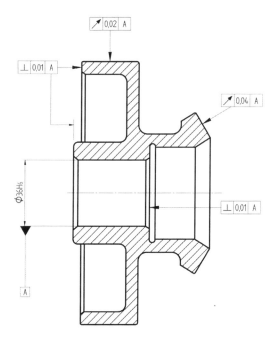

Figura 3.84 – Perpendicularismo e batida (desvio composto) em roda de fricção.

BUCHA DE MONOVIA (FIGURA 3.85)

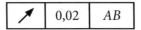

A batida radial com relação aos furos *A* e *B* não deve ultrapassar 0,01 mm. Esta indicação obriga à leitura com relógio comparador para a peça presa entre centros, apoiando-se os centros nos chanfros de cada furo com relação à superfície lateral. Somente desse modo será possível reconstituir a linha de centros entre os dois furos, conforme indica a especificação de forma e posição. Convém salientar que são desvios compostos de ovalização e excentricidade.

A batida da superfície cônica indicada com relação aos furos *A* e *B* não deve ultrapassar 0,02 mm. Valem as mesmas considerações anteriores.

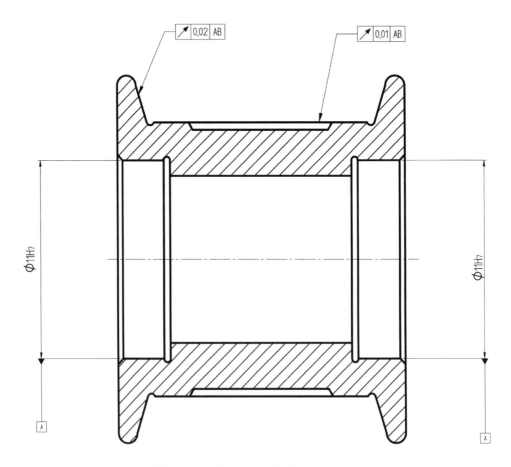

Figura 3.85 – Batida radial e de superfície cônica em bucha de monovia.

MANDRIL PORTA-FERRAMENTA (FIGURA 3.86)

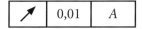

A batida radial do diâmetro de assento da ferramenta não deve ultrapassar 0,01 mm com relação à superfície cônica A. Neste caso, como se trata de peça para aplicação específica de fixação de ferramenta de corte para usinagem (fresa de disco, por exemplo), a verificação deverá ser feita fixando-se o cone A no eixo-árvore de uma máquina-ferramenta e, através de uma volta completa deste, verificar o desvio através de um relógio comparador assentado na posição indicada. A leitura total (*LTI*) não deve ser maior que 0,02 mm (2 x 0,01 mm).

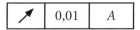

A batida axial da face de assento da ferramenta não deve ultrapassar 0,01 mm com relação à superfície cônica A. A leitura será a mesma que para o caso anterior, somente assentando-se o relógio comparador na face indicada.

Esses dois desvios, assim indicados, irão garantir que a fresa de disco gire concêntrica e em perpendicularismo com o cone indicado, evitando erros de usinagem do tipo arrombamento dos canais usinados, profundidade excessiva etc.

| ≡ | 0,06 | A |

A linha de centro do rasgo 16,1+0,18 +0,00 deve estar situada entre dois planos paralelos, distantes entre si de 0,06 mm e, respectivamente, paralelos à linha de centro da superfície A. Essa tolerância evita erros de localização de um canal com relação a outro, quando usinados com fresa de disco, ou qualquer outro desvio cujo posicionamento dependa da simetria do mandril com relação à chaveta existente no eixo-árvore da máquina operatriz.

| ≡ | 0,1 | B |

Neste caso, a tolerância de simetria é análoga à anterior, com a alteração que a superfície *B* do diâmetro O é tomada como referência.

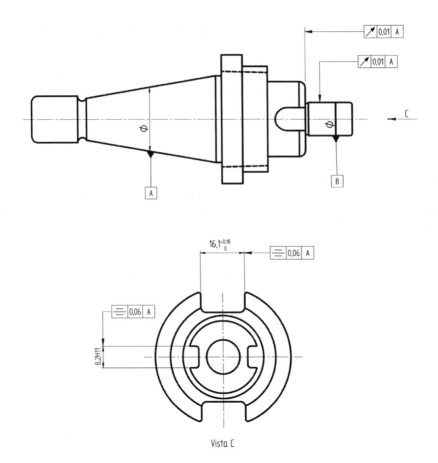

Figura 3.86 – Desvios de batida radial, batida axial e simetria em mandril porta-ferramenta.

ROLO INTERIOR DE ROLAMENTO DE ROLOS CÔNICOS (FIGURA 3.87)

A batida de superfície cônica com relação ao furo $\varnothing 80^{+0,000}_{-0,014}$ não deve ultrapassar 0,012 mm.

A batida axial da superfície indicada com relação ao furo 080 g:g não deve ultrapassar 0,005 mm.

A superfície A deve estar situada entre dois planos paralelos cuja distância entre si é de 0,015 mm, e que são respectivamente perpendiculares à linha de centro correspondente ao furo $\varnothing 80^{+0,000}_{-0,014}$

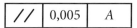

A face indicada deve estar situada entre dois planos paralelos cuja distância entre si é de 0,005 mm e são, respectivamente, paralelos ao plano de referência A.

A geratriz da superfície cônica deve estar entre duas retas paralelas situadas a 0,002 mm uma da outra.

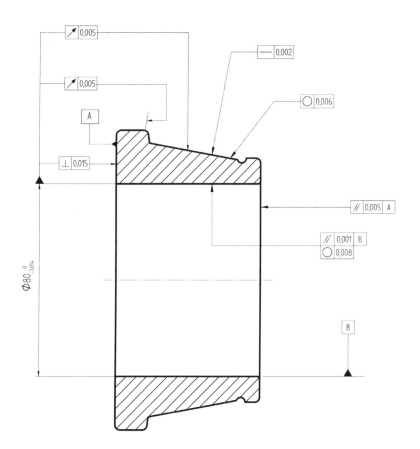

Figura 3.87 – Desvios compostos, de forma e de posição em rolo interior de rolamentos cônicos.

Todas as secções transversais do tronco de cone devem estar situadas entre duas circunferências concêntricas situadas num mesmo plano, cuja diferença de raio é de 0,006 mm.

Nesse caso, tem-se uma indicação dupla de forma e posição, sendo que as duas especificações devem ser mantidas simultaneamente.

//	0,005	A
○	0,006	

- A tolerância de circularidade indica que em nenhuma secção do furo o desvio da forma circular deve ultrapassar 0,008 mm.
- A tolerância de paralelismo, complementar à tolerância de circularidade, determina que, em qualquer plano passando pelo eixo de simetria, a linha indicada deve estar situada entre duas retas paralelas, distantes entre si 0,01 mm e, respectivamente, paralelas à reta B.

A seguir, são dados vários exemplos, sendo que a interpretação das tolerâncias é semelhante às já explanadas anteriormente.

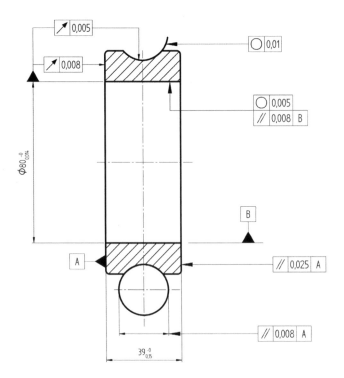

Figura 3.88 – Aro interior de rolamentos de esferas.

Tolerâncias geométricas

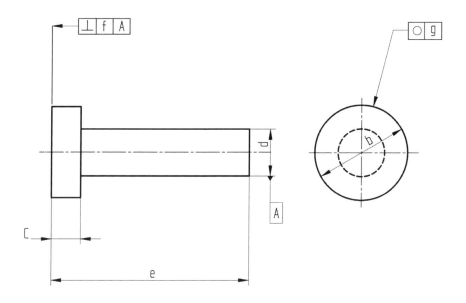

Figura 3.89 – Pino de trava.

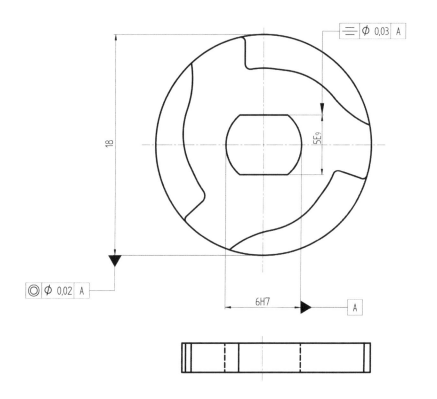

Figura 3.90 – Carne de trava.

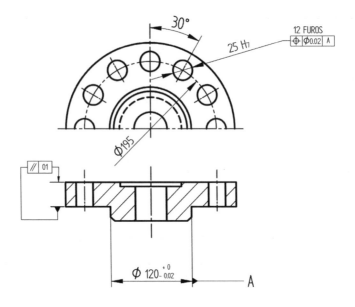

Figura 3.91 – Tampa de vedação.

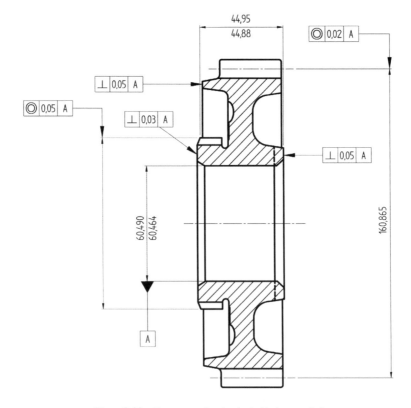

Figura 3.92 – Engrenagem de caixa de câmbio de automóvel.

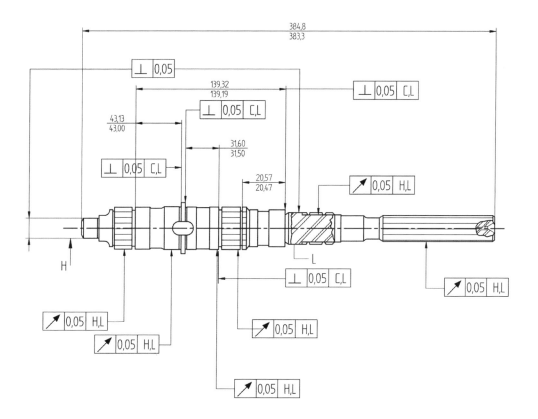

Figura 3.93 – Eixo principal de caixa de câmbio de automóvel.

TOLERÂNCIA DE VERDADEIRA POSIÇÃO: EXEMPLOS DE APLICAÇÃO

Exemplo 1

Duas peças com furo de diâmetro mínimo 11,5 mm devem ser montadas com um parafuso cujo diâmetro máximo é de 10 mm. Ambas as peças estão alinhadas com duas superfícies de referência e posicionadas com relação a elas de acordo com tolerâncias $\upsilon = \nu = 0{,}25$ mm. Determinar se a montagem será sempre possível.

Solução:

Da equação geral (3.3) tem-se

$$D_{fi} - D_{fe} - 2F_f = O.$$

Neste caso, pode-se adotar a folga funcional $F_f = O$, para a pior condição de montagem, visto que não será possível montagem com folga negativa.

Sendo para os furos:

$$D_{fi} = D_i - 2T_{p0i,} \qquad (3.1)$$

$$Di = 11,5\ mm,$$

$$T_{PO_i} = \sqrt{u^2 + v^2} = u\sqrt{2} = 0,25\sqrt{2} = 0,353\ mm,$$

tem-se

$$Dfi = 11,5 - 2 \times 0,353 = 10,79\ mm,$$

$$Dfi = 10,79\ mm.$$

Para o parafuso, tem-se

$$D_{fe} = D_e + 2T_{poe},$$

Sendo que, para esse caso particular:

$$T_{poE} = O,$$

porque não existe tolerância de verdadeira posição para o parafuso. Assim, tem-se

$$D_{fe} = D_e = 10\ mm.$$

Conclui-se que, para esse caso, sendo:

$$D_{fi} = 10,79\ mm > D_{fe} = 10\ mm,$$

a montagem será sempre possível.

Exemplo 2

Para a montagem do exemplo anterior, se se adotar que o diâmetro D_i do furo seja igual a 6,72 mm e o diâmetro D_e do parafuso seja 6,50 mm, determinar os valores das tolerâncias u e v para que a montagem sempre seja possível.

Solução

Adotando-se a equação:

$$D_{fe} = D_{fi}$$

ou

$$D_{fe} = D_e = D_i - 2T_{poi},$$

portanto,

$$T_{PO_i} = \frac{D_i - D_e}{2}.$$

Adotando-se valores numéricos:

$$T_{PO_i} = \frac{6,72 - 6,50}{2} = 0,11 \text{ mm}$$

Sendo:

$$T_{PO_c} = u\sqrt{2},$$

tem-se

$$u = \frac{T_{PO_i}}{\sqrt{2}} = \frac{0,11}{\sqrt{2}} = 0,078 \text{ mm}$$

Conclui-se, portanto, que a montagem será possível sempre que as tolerâncias cartesianas tiverem um valor máximo de

$$u = v = 0,078 \text{ mm}.$$

Pode-se notar pelos dois exemplos anteriores que, para se obter satisfatórias condições de montagem, as dimensões e tolerâncias das peças não poderão ser escolhidas arbitrariamente, e sim de acordo com a Equação (3.3).

Exemplo 3

De acordo com a especificação de um determinado projeto, um parafuso rosqueado em uma determinada peça, com diâmetro máximo de 6,3 mm, deverá ser montado em outra peça, cujo mínimo diâmetro de furo é 6,75 mm. Adotar as tolerâncias retangulares de posicionamento do furo e do parafuso iguais nos dois eixos cartesianos.

Determinar as tolerâncias cartesianas e de verdadeira posição para as duas peças (parafuso e furo), a fim de que sua montagem seja sempre possível dentro de todas as variações dimensionais possíveis. Adotar os desvios de forma e posição do parafuso, com relação à peça na qual ele está fixado, como desprezíveis.

Solução

Adotando-se:

u, v – tolerâncias cartesianas de localização do furo,

p, q – tolerâncias cartesianas de localização do parafuso rosqueado,

tem-se

$$u = v = p = q$$

e

$$T_{PO_i} = \sqrt{u^2 + v^2},$$

$$T_{POe} = \sqrt{p^2 + q^2}.$$

Pela análise teórica anterior, verifica-se que esta é a condição de montagem do grupo B, devendo, portanto, seguir as Equações (3.5) e (3.6).

$$T_{POe} = T_{POi} + \frac{R_e}{2}, \tag{3.5}$$

$$D_i - 4T_{POi} - D_e - R_e - 2F_f = 0. \tag{3.6}$$

$$D_{fe} = D_e = D_i - 2T_{poi},$$

Das condições impostas:

$$R_e = 0.$$

A condição limite de montagem entre as duas peças é que:

$$F_f = 0.$$

Portanto, a Equação (3.5) será reduzida a:

$$\frac{D_i - D_e}{4} = T_{POi}.$$

Adotando-se valores numéricos:

$$T_{POi} = \frac{6,75-6,50}{4} = 0,0625 \ mm.$$

Portanto,

$$T_{POi} = T_{PIe} = 0,0625 \ mm$$

Transformando em coordenadas cartesianas:

$$T_{POc} = u\sqrt{2}$$

ou

$$u = \frac{T_{POi}}{2} = 0,0442 \ mm.$$

A solução final será:

a) tolerância de verdadeira posição do furo e parafuso:

$$T_{POi} = T_{POe} = 0,0625 \ mm.$$

b) tolerâncias cartesianas de posicionamento:

$$b.1 - do \ parafuso: p = q = 0,0442 \ mm,$$

$$b.2 - do \ furo: u = v = 0,0442 \ mm.$$

Exemplo 4

Um parafuso com diâmetro máximo de 20 mm deverá ser montado em uma peça cujo furo tem um diâmetro mínimo de 23 mm. A tolerância de verdadeira posição do furo e do parafuso são iguais a 0,4 mm. Determinar máximo desvio total permissível de forma e posição do parafuso com relação à peça na qual está fixado.

Solução

A Equação (3.5) deve ser adotada, com a condição limite de $F_f = O$. Portanto

$$D_i - 4T_{POi} - D_e - R_e = O,$$

ou

$$R_e = D_i - D_e = 4T_{POi}.$$

Colocando-se valores numéricos, tem-se

$$R_e = 23\text{-}20\text{-}4 \ \times 0{,}4 = 1{,}4\,\text{mm},$$

$$R_e = 1{,}4\,\text{mm}.$$

A tolerância R_e, neste exemplo, deverá incluir os seguintes desvios:

a) concentricidade do diâmetro primitivo da rosca interna com o furo respectivo;

b) concentricidade do diâmetro primitivo do parafuso com seu diâmetro externo;

c) desvio de perpendicularismo introduzido no rosqueamento do parafuso na peça na qual ele deve ser fixado;

d) desvio de retilineidade do parafuso;

e) possíveis distorções do parafuso ou da rosca interna devido a apertos excessivos.

Verifica-se, neste exemplo, que a tolerância R_e pode tornar-se muito importante em montagens nas quais as tolerâncias totais de posicionamento são bastante estreitas. Nesse caso, haverá necessidade de se usinar cuidadosamente esses furos, com dispositivos de fixação projetados convenientemente. Casos críticos ocorrem na montagem de duas peças através de pinos de guia. Esse sistema prevê o alinhamento e posicionamento de duas peças externas, como carcaças e tampas de redutores. Esse posicionamento deverá ser preciso, a fim de evitar erros de montagem, engrenamentos de suas respectivas peças interiores. Nesse caso, a usinagem e recontagem dos pinos de guia deverá ser feita com a maior precisão possível, reduzindo-se ao mínimo possível os valores de R_e.

DESVIOS DE FORMA E POSIÇÃO: TABELAS

Os desvios de forma e posição, como foram definidos, influem decisivamente na qualidade final do produto a ser produzido. Deverão ser especificados com a mesma constância e necessidade das tolerâncias de ajuste. Projetos de produtos que não levam em consideração tolerâncias da forma teórica e de posição inevitavelmente estarão comprometendo a precisão final da peça. Deve-se essa afirmação ao fato de que não será possível evitar, durante os processos de fabricação da peça, esses desvios.

Será, portanto, muito mais racional, ao invés de ignorá-los, enquadrá-los e controlá-los dentro de tolerâncias compatíveis com a funcionalidade e precisão esperadas para aquele produto.

As exigências de tolerâncias de forma e posição advindas do projeto do produto deverão ser compatíveis com a capacidade do equipamento à disposição no parque industrial. Sempre que possível, caberá ao projetista enquadrar dentro das especificações de forma e posição valores possíveis de serem obtidos na prática usual, de um modo geral. Particularmente, esses valores deverão atender, na medida do possível, as variações possíveis com as máquinas disponíveis dentro do parque industrial à disposição. Essa medida evitará investimentos adicionais em equipamentos mais precisos.

A seguir, são dadas diversas tabelas que servem como orientação para adoção de tolerâncias de forma e posição para os diversos processos de usinagem.

Os valores enumerados são médios, podendo variar de acordo com as condições de fabricação, qualidade e idade do equipamento, sofisticação do ferramental de fabricação, tais como dispositivos de fixação, ferramentas de corte etc. São também bastante afetados pelos métodos de verificação utilizados. São, porém, valores que podem ser adotados, após a particularização para o caso um estudo, como bastante próximos de valores possíveis de serem obtidos na prática usual das fábricas.

Tabela 3.3 – Desvios permissíveis da forma cilíndrica (cilindricidade)

Máquina	Peça		Desvio (0,001 mm)		
	Diâmetro (mm)	Comprimento (mm)	Ovalização	Concavidade	Conicidade
Torno com altura entre centros					
até 180 mm	-	300	5	20	10
até 400 mm	-	300	10	20	20
até 1,000 mm	-	300	20	20	20
Torno-revólver	-	-	10	20	30
Torno frontal	até 300	300	30	60	30
Torno vertical com uma coluna usinando com cabeçotes transversais	acima de 800	300	20	20	-
Torno vertical com uma coluna usinando com cabeçotes frontais	acima de 800	1000	20	-	-
Mandril adora vertical com dois cabeçotes	até 300	300	20	20	20
Mandriladora vertical com dois cabeçotes	acima de 300	1,00	30	30	30
Retificadora cilíndrica	-	300	5	-	10

236 *Tolerâncias, ajustes, desvios e análise de dimensões*

Tabela 3.4 – Desvios permissíveis da forma cilíndrica com variações de dimensões

Diâmetro	Usinagem externa (eixos)		Usinagem interna (furos)		
	Torneamento	Retificação	Torneamento	Retificação	Mandrilamento
Até 50	0,01	0,003	0,02	0,003	0,02
De 50 a 120	0,02	0,005	0,03	0,005	0,025
De 120 a 250	0,04	0,06	0,05	0,008	0,040
De 250 a 500	0,05	0,01	–	–	–

Dimensões dadas em milímetros

Tabela 3.5 – Desvios permissíveis de circularidade com variações de dimensões

Diâmetro	Operações de usinagem				
	Torneamento		Retificação		
	Entre pontos	Na placa ou mandril	Entre pontos	Na placa ou mandril	Sem centros
Até 10	0,003	0,005	0,002	0,003	0,003
De 10 a 50	0,005	0,015	0,002	0,005	0,005
De 50 a 120	0,008	0,030	0,003	0,008	0,008
De 120 a 250	0,01	0,05	0,005	0,01	0,01

Dimensões dadas em milímetros

Tabela 3.6 – Desvios permissíveis da forma plana (planicidade)

Operações de usinagem	Precisão de fabricação	
	Valores econômicos	Valores máximos
	Desvio de planicidade por 100 mm	
Plainamento de superfícies planas e canais	0,3	0,1
Idem para plaina vertical	0,05 por 300 mm	0,02 por 300 mm
Fresamento com fresa de disco	0,3	0,8
Fresamento com fresa de topo	0,05	0,03
Torneamento em torno horizontal ou vertical	0,05	0,02
Retificação em retífica de superfície em sentido contrário ao avanço	0,1	0,05
no mesmo sentido do avanço	0,05	0,02
Retificação com a face lateral de rebolos	0,03 por 300 mm	0,01 por 300 mm
Retificação com o diâmetro externo de rebolos	0,03	0,01
Retificação em desbaste	0,2 por 300 mm	–
Brochamento	0,005	–

Tolerâncias geométricas

Tabela 3.7 – Desvios permissíveis da forma plana com variações de dimensões

Maior comprimento L da superfície a ser usinada	Operações de usinagem				
	Lapidação	Retificação	Fresamento	Torneamento	Plainamento
Até 10	0,002	0,005	0,015	0,020	0,040
De 10 a 25	0,004	0,015	0,030	0,040	0,080
De 25 a 50	0,006	0,030	0,045	0,080	0, 160
De 50 a 120	0,012	0,060	0,070	0,140	0,360

Dimensões dadas em milímetros
Os valores são válidos para uma fixação

Tabela 3.8 – Desvios permissíveis de paralelismo entre duas superfícies planas

Operações de usinagem	Precisão de fabricação	
	Valores econômicos	Valores máximos
	Desvio de paralelismo por 100 mm	
Plainamento de superfícies planas e canais	0,1	0,05
Idem para plaina vertical	0,1 por 1,000 mm	0,02 por 1,000 mm
Fresamento com fresa de disco 0,1	0,03	
Fresamento com fresa de topo	0,05	0,02
Retificação em retífica de superfície		
em sentido contrário ao avanço	0,1	0,03
no mesmo sentido do avanço	0,03	0,01
Retificação com a face lateral de rebolos	0,01	0,003
Retificação com o diâmetro externo de rebolos	0,05	0,01
Retificação em desbaste	0,2	–

Tabela 3.9 – Desvios permissíveis de paralelismo entre duas superfícies planas com variação de dimensões

Maior comprimento L da superfície a ser usinada	Operações de usinagem			
	Torneamento	Fresamento	Plainamento	Retificação
Até 10	0,03	0,05	0,1	0,01
De 10 a 25	0,05	0,05	0,2	0,02
De 25 a 30	0,10	0,10	0,30	0,05
De 50 a 120	0,10	0,15	0.45	0,08
De 120 a 250	0,15	0,20	0,50	O, 1

Dimensões dadas em milímetros
Os valores são válidos para uma fixação

Tabela 3.10 – Desvios permissíveis de paralelismo de eixos de superfícies de revolução (T_{PLEx} ou T_{PLEy})

Sistema de furação	Diâmetro da broca d, (mm)	Precisão de fabricação (mm)			
		Usual		Máxima	
		Desvio de distância entre centros	Desvio deparalelismo por 100 mm	Desvio de distância entre centros	Desvio de paralelismo por 100 mm
Furação por traçagem	Até 3	± 0,5		± 0,20	
	3 a 6	± 0,6		± 0,25	
	6 a 10	± 0,8		± 0,30	
	10 a 18	± 1,0	0,5	± 0,35	0,3
	18 a 30	± 1,2		± 0.40	
	30 a 50	± 1,6		± 0.45	
	50	± 2,0		± 0,50	

Tabela 3.11 – Desvios permissíveis de perpendicularismo de furos com relação a uma superfície plana de referência

Operações de usinagem	Precisão de fabricação	
	Econômica	Máxima
	Desvio de paralelismo por 100 mm	
Furação		
por traçagem	0,5	0,3
com dispositivo	0,1	0,1
Mandrilamento		
em torno com a peça centrada por traçagem	1,0	0,05
centragem em placa angular	0,05	0,02
em mandriladora ou fresadora horizontal	0,05	0,02

Tabela 3.12 – Desvios permissíveis de perpendicularismo de eixos ou furos com relação a um plano de referência

Operações de usinagem	Precisão de fabricação	
	Valores econômicos	Valores máximos
	Erro de perpendicula rismo por 100 mm	
Furação		
com traçagem	0,5	0,3
com dispositivo	O,1	–
Usinagem em torno		
montagem ou traçagem	1,0	0,5
verificado com relógio comparador	0,5	0,2
furo e face em uma única usinagem	0,2	0,05
Usinagem de furo em fresadora vertical com a peça		
presa na mesa da máquina	0,05	0,02
Retificação interna com a peça presa em dispositivo	0,08	0,03

Tolerâncias geométricas

Tabela 3.13 – Desvios máximos permissíveis de batida radial em torneamento e retificação externa ou em mandrilamento e retificação interna de furos para peças presas em placas

Tipo de centragem da peça	Precisão de fabricação			
	Usinagem externa		Usinagem interna	
	Torneamento	Retificação	Mandrilamento	Retificação
Usinagem em placa universal sem centragem subsequente	1,0	0,5	1,0	0,6
Idem com centragem com graminho	1,0	–	1,0	–
Idem com centragem com relógio indicador	0,1	0,05	0,1	0,06
Idem para operação com castanhas moles	0,07	–	0,08	–

Tabela 3.14 – Desvios permissíveis de batida radial, com variação de dimensões

Diâmetro	Operações de usinagem				
	Torneamento		Retificação		
	Entre pontos	Na placa ou mandril	Entre pontos	Na placa ou mandril	Sem centros
Até 5	0,03	0,05	0,005	0,03	0,03
De 5 a 10	0,05	0,08	0,01	0,05	0,05
De 10 a 50	0,08	0,1	0,015	0,1	0,1
De 50 a 120	O, 1	0,15	0,02	0,15	0,15
De 120 a 250	0,15	0,2	0,025	0,20	0,20

Tabela 3.15 – Desvios máximos permissíveis de batida radial com a peça entre centros

Tipo da usinagem	Precisão de usinagem mm	
	Torneamento	Retificação
Usinagem entre centros com uma operação	0,03	0,01
Usinagem entre centros com duas operações	0,05	0,015
Idem para duas operações com centro temperado sem lapidação posterior	–	0,05
Fixação em mandril previamente retificado	0,08	0,02
Idem para mandril sem retificação com ponto retificado ou torneado	0,10	0,04
Idem para mandril sem retificação e centro temperado sem retificação posterior	0,15	0,08

RUGOSIDADE SUPERFICIAL

INTRODUÇÃO

A importância do estudo do acabamento superficial aumenta à medida que cresce a precisão de ajuste entre peças a serem acopladas, em que somente a precisão dimensional e de forma e posição não são suficientes para garantir a funcionalidade do par acoplado. Para peças onde houver atrito, desgaste, corrosão, aparência, resistência à fadiga, transmissão de calor, propriedades óticas, escoamento de fluidos (paredes de dutos e tubos), superfícies de medição (blocos-padrões, micrômetros), é fundamental a especificação do acabamento das superfícies através da rugosidade superficial. A influência da rugosidade superficial sobre a resistência à fadiga de aços é mostrada na Figura 3.94.

É certo que, para diferentes acabamentos conseguidos pelos diversos processos de usinagem, supondo-se constante a resistência mecânica, a resistência à fadiga será maior quanto melhor for o acabamento superficial.

Outro exemplo típico é a influência que exerce o acabamento superficial sobre a vida do mancal e a carga admissível sobre ele, como mostra a Figura 3.95.

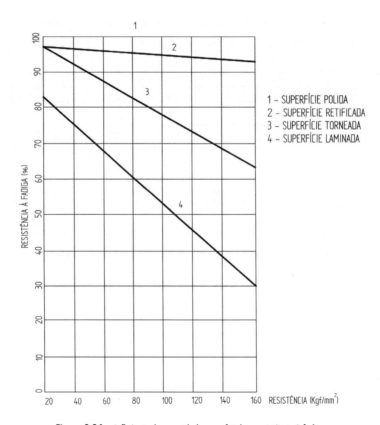

Figura 3.94 – Influência da rugosidade superficial na resistência à fadiga.

Tolerâncias geométricas 241

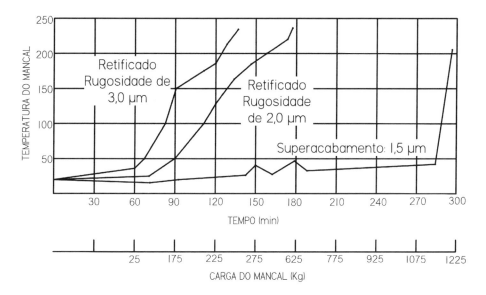

Figura 3.95 – Influência da rugosidade superficial na vida e temperatura do funcionamento de mancais de deslizamento.

Observa-se o grande aumento da capacidade de carga do mancal e de sua vida à medida que o acabamento superficial vai sendo melhorado.

No estudo dos mancais de motores a combustão interna, a rugosidade superficial, tanto do casquilho como do colo da árvore de manivelas, será tanto maior quanto maiores forem as condições de carga. A Figura 3.96 mostra como varia, com a rugosidade superficial, a capacidade de carga de um casquilho: vê-se que a máxima capacidade de carga é obtida por superacabamento, com melhoria de 100% com relação à superfície, simplesmente retificada.

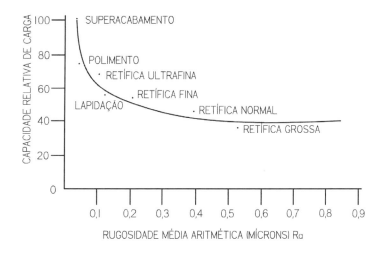

Figura 3.96 – Influência da rugosidade superficial sobre a capacidade de carga de um casquilho.

A Figura 3.97 mostra a importância do conhecimento do acabamento superficial na lubrificação. Nota-se que, se as saliências forem maiores que a espessura da película de óleo, haverá contato metal/metal. Influi também de maneira decisiva não só a altura da saliência como também a sua forma.

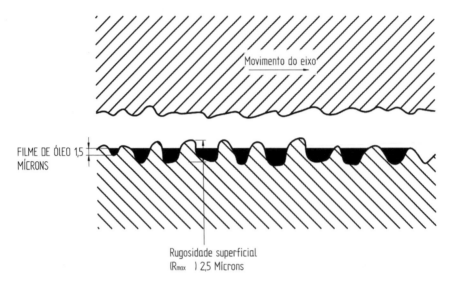

Figura 3.97 – Influência da rugosidade superficial na lubrificação de duas peças ajustadas.

A influência da rugosidade superficial também pode ser sentida na transmissão de calor entre duas superfícies, conforme ilustra a Figura 3.98. Nota-se que o coeficiente de transmissão de calor entre duas superfícies metálicas aumenta à medida que diminui a rugosidade superficial, porque garante maior área de contato.

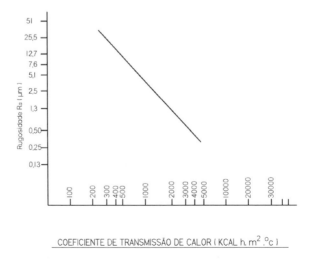

Figura 3.98 – Influência da rugosidade superficial sobre o coeficiente de transmissão de calor.

Ocorrem ainda aplicações típicas em caixas de câmbios de veículos automotores, em que os apoios são constituídos, em alguns casos, de roletes cilíndricos apoiados diretamente sobre o eixo para economia de espaço. Nesse caso, a especificação do acabamento superficial torna-se fundamental na especificação de capacidade de carga e vida do mancal. A mesma situação ocorre em cones sincronizadores de engrenagens de troca de marchas nessas caixas redutoras.

O acabamento superficial é medido por meio da *rugosidade superficial*, que, por sua vez, é expressa em mícrons. Nos diversos países foram desenvolvidos critérios de medida que deram origem a várias normas. No Brasil, a norma de rugosidade é a P-NB-13 da ABNT (1963) – Rugosidade das superfícies.

CONCEITOS FUNDAMENTAIS

A rugosidade superficial é função do tipo de acabamento ou da máquina-ferramenta. Na análise dos desvios da superfície real da superfície geométrica, distinguem-se:

a) erros macrogeométricos ou erros de forma, que podem ser medidos com instrumentos de medição convencionais;

b) erros microgeométricos ou rugosidade, que só podem ser medidos através de aparelhos especiais como: rugosímetros, perfilógrafos, perfiloscópios etc.

A separação entre um erro e outro é arbitrária.

Sendo impraticável a determinação dos erros de todos os pontos de uma superfície, faz-se a determinação ao longo das linhas que constituem os perfis das superfícies usinadas.

Quando não for indicada a direção de medida da rugosidade, subentende-se que ela deva ser medida na direção que fornece a rugosidade máxima.

Superfícies

Para efeito de estudo do acabamento superficial, podem-se classificar as superfícies conforme segue.

- *Superfície real* – superfície que limita um corpo e o separa do meio ambiente.

- *Superfície geométrica* – superfície ideal prescrita em projeto, na qual não existem erros de forma macro ou microgeométricos. Exemplos: superfície plana, superfície cilíndrica, superfície esférica.

- *Superfície efetiva* – superfície obtida por instrumentos analisadores da superfície. A superfície efetiva aproxima-se da superfície real à medida que a precisão de medida aumenta. Sistemas de medida diferentes podem dar superfícies efetivas diferentes para uma mesma superfície real.

- *Perfil real* – intersecção da superfície real com um plano perpendicular à superfície geométrica.
- *Perfil geométrico* – intersecção da superfície geométrica com um plano perpendicular a ela.

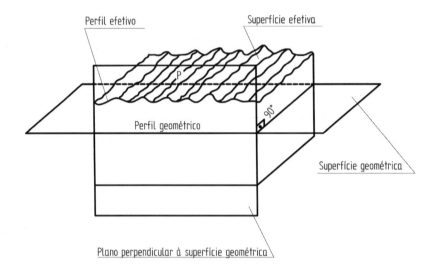

Figura 3.99 – Grandezas fundamentais.

- *Perfil efetivo* – intersecção da superfície efetiva com um plano perpendicular à superfície geométrica.
- *Irregularidades da superfície* – saliências e reentrâncias existentes na superfície real.
- *Passo das irregularidades* – média das distâncias entre as saliências mais pronunciadas do perfil efetivo, situadas no comprimento de amostragem.
- *Comprimento de amostragem* – comprimento medido na direção geral do perfil, suficiente para avaliação dos parâmetros de rugosidade.

Diferenças de forma – rugosidade superficial

Como foi dito anteriormente, as superfícies reais distinguem-se das superfícies geométricas através de suas diferenças de forma, sejam elas macro ou microgeométricas.

Define-se diferença de forma como a totalidade de todas as diferenças da superfície real com relação à superfície ideal geométrica. Ao se examinar uma superfície, distinguem-se diferenças mais grossas e diferenças mais finas. Para que houvesse a possibilidade de separações mais exatas, as diferenças de forma foram divididas em seis ordens, conforme segue.

Diferenças de forma de 1ª ordem

São aquelas diferenças que, ao se examinar toda a superfície ou uma de suas superfícies parciais, podem ser verificadas em toda a sua extensão. São o tipo de diferenças conhecidas como *desigualdade* e *ovalização*, *cilindricidade*, e já estudadas no Capítulo 3.3. Suas causas principais são, durante a usinagem, defeitos em guias de máquinas-ferramentas, desvios da máquina ou da peça, fixação errada da peça, distorção devida ao tratamento térmico etc. Pode ser representada esquematicamente através da Figura 3.100. Essas diferenças de forma, por serem determinadas por instrumentos normais de medição, não são previstas como desvios de rugosidade superficial.

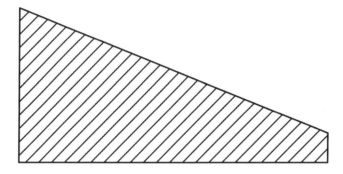

Figura 3.100 – Diferenças de forma de primeira ordem.

Diferenças de forma de 2ª a 5ª ordens

São as diferenças de forma da superfície real que também podem ser comprovadas em exames de detalhes estatisticamente representativos da superfície. Para a maioria das técnicas de medição industrial, são consideradas e medidas as diferenças de forma de 2ª ordem em diante (Figura 3.101).

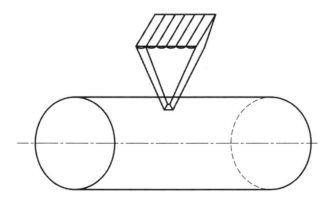

Figura 3.101 – Secção da superfície para determinação das diferenças de forma de 2ª a 5ª ordens.

Diferenças de forma de 2ª ordem (ondulações)

São diferenças que se repetem regular ou irregularmente, e cujas distâncias são um múltiplo considerável de sua profundidade. Podem ocorrer devido a uma fixação excêntrica da peça, deflexões da máquina-ferramenta ou da peça durante a usinagem, tratamento térmico, tensões residuais de fundição ou forjamento. Como será visto a seguir, a rugosidade superficial pode ser considerada superposta a uma superfície ondulada. A Figura 3.102 representa esquematicamente a diferença de forma de 2ª ordem.

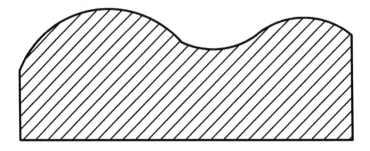

Figura 3.102 – Diferença de forma de 2ª ordem – ondulações.

As ondulações são caracterizadas por diversos parâmetros:

- *Altura da ondulação*: média das distâncias entre o ponto mais alto (pico) e o mais baixo de uma ondulação (vale), no perfil efetivo;
- *Passo da ondulação*: média das distâncias entre dois picos ou dois vales sucessivos de uma ondulação, no perfil efetivo. Quando especificados, seus valores deverão ser os maiores permitidos.

Diferenças de forma de 3ª a 5ª ordens

São diferenças que se repetem, regular ou irregularmente, cujas distâncias são um múltiplo reduzido de sua profundidade. Diferença de forma de 3ª ordem (ranhuras ou sulcos): as ranhuras são provenientes de marcas de avanço e ocorrem devido à forma da ferramenta (raio de ponta, por exemplo) na peça, durante o avanço ou posicionamento desta no processo de usinagem (Figura 3.103).

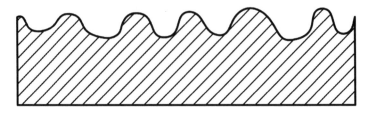

Figura 3.103 – Diferença de forma de 3a ordem (ranhuras, sulcos).

Diferenças de forma de 4ª ordem (estrias, escamas etc.)

São as estrias, escamas etc., que ocorrem durante a formação de cavaco, aresta postiça de corte, deformação de material com jato de areia, formação de crateras em processos galvânicos etc. (Figura 3.104).

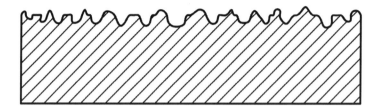

Figura 3.104 – Diferenças de forma de 4a ordem (estrias, escamas, crateras).

Diferenças de forma de 5ª ordem (es trutural)

Essas diferenças não podem ser representadas graficamente, e correspondem a processos de cristalização, modificação da superfície por ação química (decapagem; por exemplo) e por processos de corrosão.

Diferenças de forma de 6ª ordem (estrutura reticular do material)

Também não podem ser representadas graficamente. Correspondem a processos físicos e químicos da estrutura da matéria, tensões e deslizamentos na estrutura reticular do material etc. Não são incluídas atualmente em medições usuais de rugosidade da superfície. As diferenças de forma de 2ª a 5ª ordens superpõem-se compondo o perfil da rugosidade superficial.

Rugosidade superficial

A rugosidade superficial é definida como a soma das diferenças de forma de 3ª a 5ª ordens, que resultam da ação inerente ao processo de usinagem.

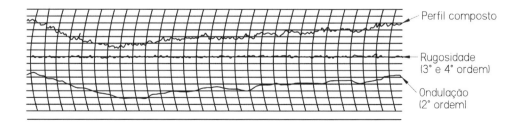

Figura 3.105 – Grandezas principais de um gráfico de rugosidade superficial.

Perfil da rugosidade superficial

Perfil gráfico, obtido através de aparelhos para medição dessas diferenças, que incluem as diferenças d9e forma de 2ª a 5ª ordens. A Figura 3.105 mostra a composição das diferenças de 2ª ordem (ondulação), 3ª e 4ª ordens (ranhuras, estrias etc.), enquanto a Figura 3.106 mostra a composição dos desvios de ondulação com os desvios de rugosidade, formando-se o perfil completo obtido em aparelhos de medida.

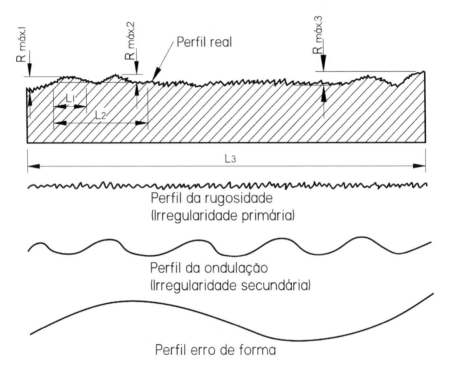

Figura 3.106 — Composição dos desvios de ondulação e rugosidade.

Cortes de superfície

Os cortes de superfície podem produzir-se por planos que se encontram a um determinado ângulo da superfície geométrica ou por superfícies que se encontram a igual distância da superfície geométrica. De acordo com a situação da superfície de corte com relação à superfície ideal geométrica, tem-se que diferenciar os cortes de perfil, tangenciais ou equidistantes.

CORTES DE PERFIL

São cortes perpendiculares e cortes oblíquos. Os cortes de perfil podem ser produzidos por separação mecânica do corpo em um plano de corte, por apalpamento por pontos ou contato contínuo da superfície mediante um elemento apalpador ou também por via óptica, com projeção de perfis.

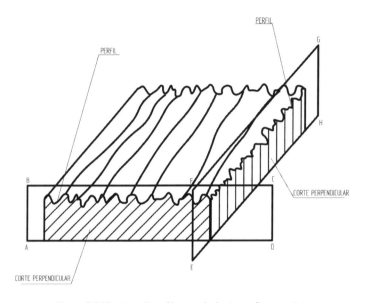

Figura 3.107 – Corte de perfil perpendicular à superfície geométrica.

Os cortes de perfil podem ser classificados conforme segue.

- *Cortes perpendiculares* – nos quais o plano de corte é perpendicular à superfície geométrica: cortes *ABCD* e *FGHE*, na Figura 3.107.
- *Cortes oblíquos* – nos quais o plano de corte é oblíquo à superfície geométrica: secção *IJKL* na Figura 3.108.

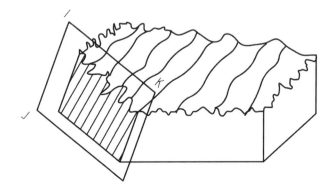

Figura 3.108 – Corte de perfil oblíquo à superfície geométrica.

CORTES TANGENCIAIS

São cortes de superfície nas quais o plano de corte é paralelo a um plano tangencial à superfície geométrica (plano *MNOP* – Figura 3.109).

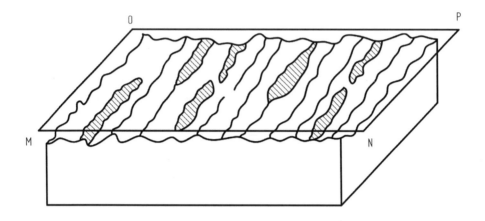

Figura 3.109 – Cortes tangenciais de uma superfície.

Se a superfície geométrica ideal é uma superfície curva, então os cortes tangenciais resultantes serão, por sua vez, cortes oblíquos.

SISTEMAS DE MEDIÇÃO DA RUGOSIDADE SUPERFICIAL

Dois sistemas básicos de medida são usados nos diversos países: o da linha média M e o da envolvente E. O sistema da linha média é o mais utilizado, porém, alguns países padronizam ambos os sistemas. A norma ABNT, através da P-NB-13 (1963), adota, para o Brasil, o sistema M.

Sistema M

No sistema da linha média, ou sistema M, todas as grandezas de medição da rugosidade são definidas a partir do seguinte conceito de *linha média*: linha paralela à direção geral do perfil, no comprimento de amostragem, de tal modo que a soma das áreas superiores, compreendidas entre ela e o perfil efetivo, seja igual à soma das áreas inferiores, no comprimento de amostragem *L* (Figura 3.110).

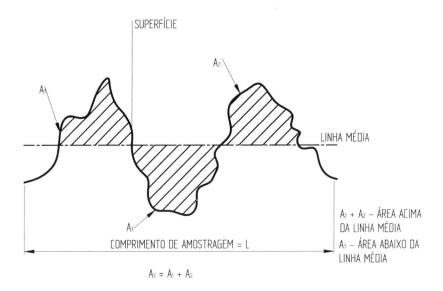

Figura 3.110 – Linha média.

Se se desejar dar um tratamento matemático mais preciso, adotando-se a Figura 3.111, pode-se afirmar que, supondo-se que seja conhecido o perfil para um comprimento L, com relação à linha média, a soma das áreas positivas (ou picos) deve ser igual à soma das áreas negativas ou vales. A linha média satisfará, portanto, a equação:

$$\int_O^L y\,dx = 0$$

na qual os valores de y devem ser tomados com o sinal correspondente.

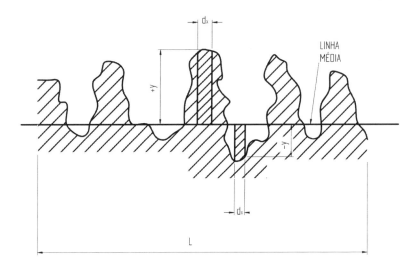

Figura 3.111 – Determinação da linha média.

Indicando-se com $y\,dx$ a área de uma faixa elementar, a área total dos picos e vales dentro de um comprimento de referência L será

$$A = \int_0^L |y|\,dx.$$

Os sistemas de medição da rugosidade, baseados na linha média, podem ser agrupados em três classes:

1. os que se baseiam na medida da profundidade da rugosidade;
2. os que se baseiam em medidas horizontais;
3. os que se baseiam em medidas proporcionais.

1) SISTEMAS BASEADOS NA PROFUNDIDADE DA RUGOSIDADE

Pertencem a este grupo, entre outros:

a) *Desvio médio aritmético – R_a (CLA – Center Line Average; AA Aritmetical Average)*

Média aritmética dos valores absolutos das ordenadas do perfil efetivo em relação à linha média num comprimento de amostragem (Figura 3.112). A expressão matemática é:

$$R_a = \frac{1}{L}\int_0^L |y|\,dx = \frac{A}{L},$$

ou então, aproximadamente,

$$R_a = \frac{1}{n}\sum_{i=1}^{n} |y|,$$

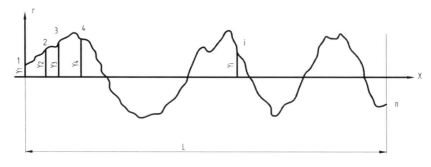

Figura 3.112 – Desvio médio aritmético Ra (CLA ou AA).

onde

$n =$ número de ordenadas consideradas.

Dentro da norma brasileira, a avaliação da rugosidade será feita usando-se os valores R_a, visto ser este o parâmetro por ela adotado.

Observa-se que essa grandeza, sendo uma média, não dá indicação direta do estado da superfície, porém pode ser facilmente medida por processos gráficos ou elétricos. A norma americana ASA B-46.1 (1962), adota o símbolo *AA* (*Aritmetical Average*), enquanto a norma inglesa B.S. 1134 (1961), adota o símbolo *CLA* (*Center Line Average*) para o desvio médio aritmético, R_a. Ambas as normas citadas expressam essa medida em micropolegadas (Jún), sendo:

$$1\ u\text{in} = 25{,}4 \times 1^{-6} = 0{,}0000254 = 0{,}0254\ u\text{m}.$$

Para se fazer a conversão para o sistema métrico, deve-se multiplicar o valor em micropolegadas por 0,0254 ou dividir-se por 40, para se obter o valor em mícrons, visto que:

$$0{,}0254 \simeq \frac{1}{40},$$

A fim de limitar o número de valores dos parâmetros a serem usados nos desenhos e especificações, a norma brasileira recomenda valores de R_a mostrados na Tabela 3.16.

Tabela 3.16 – Parâmetros normalizados R_a (mícrons)

0,008	0,040	0,20	1,00	5,0	25,0
0,010	0,050	0,25	1,25	6,3	32,0
0,012	0,063	0,32	1,60	8,0	40,0
0,016	0,080	0,40	2,00	10,0	50,0
0,020	0,100	0,50	2,50	12,5	63,0
0,025	0,125	0,63	3,20	16,0	80,0
0,032	0,160	0,80	4,00	20,0	100,0

Na medição da rugosidade, são recomendados os valores mínimos de comprimento de amostragem na Tabela 3.17.

Tabela 3.17 – Comprimentos de amostragem

Rugosidade Ra (μm)	Mínimo comprimento de amostragem L (mm)
De 0 a 0,3	0,25
De 0,3 a 3,0	0,80
Maior que 3,0	2,50

b) *Desvio médio quadrático R_q (RMS - Root Mean Square Average)*

Definido como a raiz quadrada da média dos quadrados das ordenadas do perfil efetivo em relação à linha média em um comprimento de amostragem.

Matematicamente:

$$R_q = \sqrt{\frac{1}{L} \int_0^L y^2 dx},$$

ou, aproximadamente,

$$R_q = \sqrt{\sum_{i=1}^{n} \frac{y_i^2}{n}},$$

Sendo

n = número de ordenadas.

Essa grandeza é bastante usada nos EUA. Embora seja um processo válido, a elevação ao quadrado aumenta mais o efeito da irregularidade que se afasta da média. O valor de R_q(RMS) é cerca de 11% maior que o valor de R_a(AA, CLA), e essa diferença passa a ser importante em muitos casos.

c) *Altura das irregularidades dos 10 pontos R_z*

$$R_z = \frac{R_1 + R_3 + R_5 + R_7 + R_9}{5} - \frac{R_2 + R_4 + R_6 + R_8 + R_{10}}{5}.$$

Definida como a diferença entre o valor médio das ordenadas dos 5 pontos mais salientes e valor médio das ordenadas dos 5 pontos mais reentrantes medidas a partir de uma linha paralela à linha média, não interceptando o perfil, e no comprimento de amostragem (Figura 3.113).

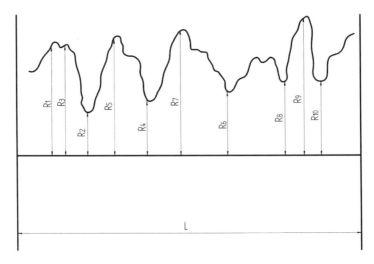

Figura 3.113 – Altura das irregularidades dos 10 pontos Rz.

d) *Altura máxima das irregularidades $R_{máx}$*

Definida como a distância entre duas linhas paralelas à linha média e que tangenciam a saliência mais pronunciada e a reentrância mais profunda, medida no comprimento da amostragem. A Figura 3.114 indica $R_{máx}$ em dois comprimentos de amostragem L_1 e L_2. É o critério preferido pelas normas alemãs (DIN 4762), que a designam por R_t, simbologia também adotada pela norma ISO R 468. Pode ser facilmente utilizável quando se dispõe de aparelhos traçadores de perfil (perfilógrafos). Pontos extremos, isolados, devem ser excluídos do gráfico para o traçado da linha média e avaliação da altura máxima (Figura 3.114).

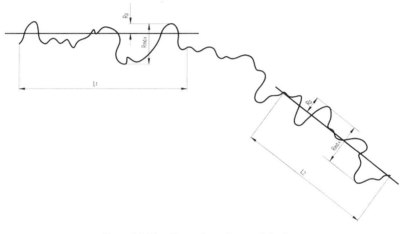

Figura 3.114 – Altura máxima da rugosidade $R_{máx}$.

e) Profundidade média R_p

É a ordenada da saliência mais pronunciada, com origem na linha média, no comprimento da amostragem (Figura 3.115) $R_p = Y_{máx}$.

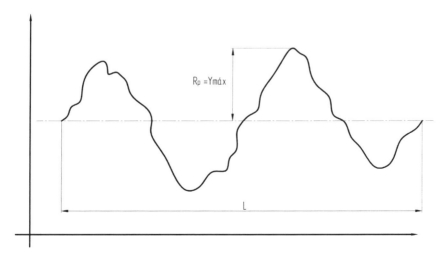

Figura 3.115 – Profundidade média Rp.

2) SISTEMAS BASEADOS EM MEDIDAS HORIZONTAIS

a) *Comprimento de contato a uma profundidade c-L_c*

É a soma dos segmentos de uma linha paralela à direção geral do perfil, situada a uma profundidade c abaixo da saliência mais alta, interceptadas pelo perfil efetivo, no comprimento de amostragem c (Figura 3.116)

$$Lc = A + B + C + D + \cdots$$

3) SISTEMAS BASEADOS EM MEDIDAS PROPORCIONAIS

a) *Coeficiente de esvaziamento K_e*

É a relação entre a profundidade média R_p e a altura máxima das irregularidades.

$$K_e = \frac{R_p}{R_{max}}.$$

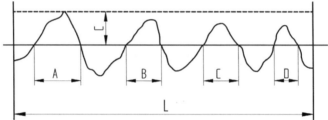

Figura 3.116 – Comprimento de contato L_c a uma profundidade c.

O coeficiente de esvaziamento K_e define o tipo de superfície obtida e sua aplicação prática em relação à rugosidade superficial.

Observa-se que, quando R_p aumenta, tendendo para $R_{máx}$, a linha média tende a deslocar-se para baixo, com K_e tendendo a 1. Obter-se-á, nesse caso, uma superfície com muitas cristas, tendo, portanto, propriedades funcionais ruins, principalmente para aplicação em mancais (Figura 3.117).

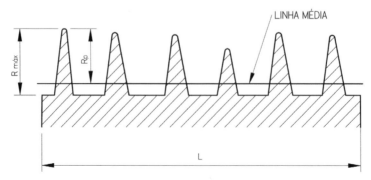

Figura 3.117 – Rugosidade com K_e tendendo a 1.

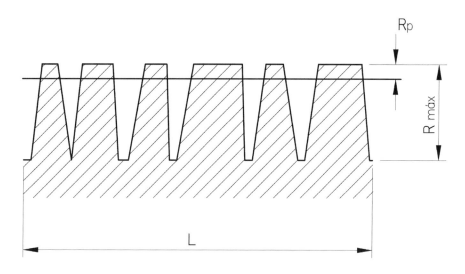

Figura 3.118 – Rugosidade com K_e tendendo a zero.

Inversamente, quando R_p diminui, a linha média tende a deslocar-se para cima, com K_e tendendo a zero. A superfície obtida, nesse caso, terá poucas cristas, tendo, portanto, propriedades funcionais boas (Figura 3.118).

b) *Coeficiente de enchimento K_p*

É a diferença entre a unidade e o coeficiente de esvaziamento

$$K_p = 1 - K_e$$

c) *Fração de contato T_e*

É a relação entre o comprimento de contato L_c e o comprimento de amostragem L.

$$T_c = \frac{L_c}{L}.$$

Sistema E

Esse sistema tem por base as linhas envoltórias descritas pelos centros de dois círculos de raios R e r, respectivamente, que rolam sobre o perfil efetivo.

As linhas *AA* e *CC* assim geradas (Figura 3.119) são deslocadas, paralelamente a si mesmas, em direção perpendicular ao perfil geométrico até tocarem o perfil efetivo, ocupando então as posições *BB* e *DD*.

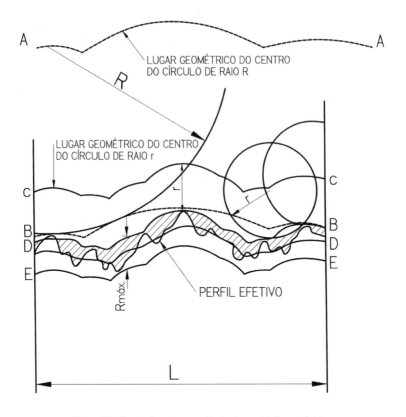

Figura 3.119 – Sistema *E* para avaliação da rugosidade superficial.

A rugosidade é definida como o erro do perfil efetivo em relação à linha DD.

O erro da linha DD em relação à linha BB é considerado ondulação.

Finalmente, *o erro da linha BB em relação ao perfil geométrico é considerado erro de forma.*

A linha envoltória pode ser deslocada de maneira a se obter igualdade das áreas do perfil situadas acima e abaixo dela. Obtém-se, então, uma linha correspondente à linha média do sistema *M*, a partir da qual são calculados os parâmetros R_a e R_q. Do mesmo modo, deslocando-se a linha envoltória até tangenciar o ponto mais baixo do perfil, obtém-se a linha *EE* que permite a medição do parâmetro $R_{máx}$.

SIMBOLOGIA E INDICAÇÃO EM DESENHOS

Para indicação, nos desenhos, da rugosidade das superfícies, deve-se indicar o símbolo da Figura 3.120a. A indicação da rugosidade da superfície, sempre expressa em mícrons, deve ser colocada no interior do símbolo, conforme mostra a Figura 3.120b. De acordo com a ABNT, a medida da rugosidade, a menos que haja indicação em contrário, será sempre pelo valor de R_a.

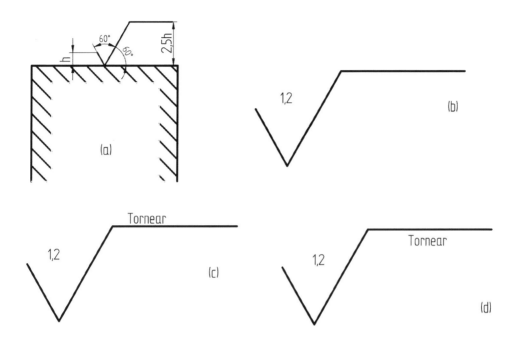

Figura 3.120 – Indicação da rugosidade superficial em desenhos.

Para indicações complementares, deve-se acrescentar uma linha horizontal ao traço maior do símbolo (Figuras 3.120c e d). Sobre essa linha será indicado o tipo de usinagem ou acabamento, de acordo com o processo de usinagem (tornear, retificar, limpar com jato de areia, polir etc.). Abaixo da horizontal, será indicada a orientação preferencial dos sulcos de usinagem, conforme mostra a Tabela 3.18.

Tabela 3.18 – Símbolos convencionais para indicação da orientação dos sulcos

Sinais convencionais	Perspectiva esquemática	Indicação no desenho	Orientação dos sulcos	Direção da medição da rugosidade ou do plano do perfil
=			Os sulcos devem ser orientados paralelamente ao traço da superfície sobre o qual o símbolo se apoia, no desenho	Perpendicular à direção dos sulcos
⊥			Os sulcos devem ser orientados em direção normal ao traço da superfície sobre o qual o símbolo se apoia no desenho	Perpendicular à direção dos sulcos

(continua)

Tabela 3.18 – Símbolos convencionais para indicação da orientação dos sulcos (*continuação*)

Sinais convencionais	Perspectiva esquemática	Indicação no desenho	Orientação dos sulcos	Direção da medição da rugosidade ou do plano do perfil
X		X	Os sulcos devem ser orientados segundo duas direções cruzadas	Segundo a bissetriz dos ângulos formados pelas direções dos sulcos
M		M	Os sulcos devem ser orientados segundo várias direções (sulcos multidirecionais)	Em qualquer direção
C		C	Os sulcos devem ser aproximadamente concêntricos com o centro da superfície à qual o símbolo se refere	Radial
R		R	Os sulcos devem ser orientados segundo direções aproximadamente radiais em relação ao centro da superfície à qual o símbolo se refere	Normal a um raio

Podem-se estabelecer relações aproximadas entre o sistema antigo de indicação de acabamento de uma superfície e a rugosidade R_a da seguinte forma:

um triângulo: $R_a \approx$ acima de 12 μm;

dois triângulos: $R_a \approx$ 3 -9 μm;

três triângulos: $R_a \approx$ 0,8-1,5 μm;

quatro triângulos: $R_a \approx$ 0,1 a 0,3 μm.

UTILIZAÇÃO DOS PARÂMETROS DE RUGOSIDADE EM DIVERSOS PAÍSES

São dadas na Tabela 3.19 uma relação dos diversos países e suas respectivas normas de rugosidade superficial.

Tolerâncias geométricas

Tabela 3.19 – Utilização dos parâmetros de rugosidade em diversos países

País	Normas	Parâmetros		
		Sistema	Unidade	Parâmetros
Brasil	P-NB-13	M	m	R_a (AA)
Alemanha	DIN 3142, 3141, 4764, 4763, 4762, 4761, 4760	E	m	R_a, R_p $R_{máx}$
EUA	ASA B.46.1	M	pol	R_a(AA)
França	E05-001 E05-012	E, M	m	R_a
Inglaterra	B.S. 1134	M	pol	R_a(CLA)
Itália	UNI 3-963 4600	E	m	R_a
Japão	JIS B 0601	M	m	$R_{máx}$
URSS	GOST 2789-59	M	m	R_a, R_z
ISO	rec. 221	M	pol m	R_a, R_z

RELAÇÕES ENTRE A QUALIDADE ISO E A RUGOSIDADE SUPERFICIAL

É evidente que, quanto melhor a qualidade ISO de uma superfície, menor será a rugosidade superficial associada.

A norma italiana UNI – 3963 (1960) fornece indicações, dadas na Tabela 3.20, supondo que exista uma relação entre a rugosidade superficial indicada por R_a e a qualidade *IT*. Admitindo-se que a rugosidade R_a seja a máxima admissível para uma determinada tolerância, vale a seguinte relação aproximada:

$$R_a \cong \frac{1}{30} IT.$$

Ressalve-se que, apesar de existir essa relação, os conceitos de rugosidade superficial e tolerância *IT* são completamente distintos.

Tabela 3.20 – Relação entre a tolerância ISO e a rugosidade superficial

ISO	Ra (μm)				
	Dimensão (mm)				
	3	3-18	18-80	80-250	250
IT 6	0,2	0,3	0,5	0,8	1,2
IT 7	0,3	0,5	0,8	0,2	2
IT 8	0,5	0,8	1,2	2	3

(continua)

Tabela 3.20 – Relação entre a tolerância ISO e a rugosidade superficial (*continuação*)

ISO	Ra (μm)				
	Dimensão (mm)				
IT 9	0,8	1,2	2	3	5
IT 10	1,2	2	3	5	8
IT 11	2	3	5	8	11
IT 12	3	5	8	12	20
IT 13	5	8	12	20	–
IT 14	8	12	20	–	–

ACABAMENTO SUPERFICIAL PARA DIVERSOS PROCESSOS DE USINAGEM

Os valores apresentados na Tabela 3.21 são informativos, visto o grande número de variáveis que devem ser consideradas quando da especificação do acabamento superficial a ser conseguido por um determinado processo de usinagem. Assim, para um mesmo processo de usinagem, o acabamento superficial pode variar de acordo com as seguintes condições:

a) rigidez da máquina,

b) dureza superficial de peça sendo usinada,

c) geometria de ferramenta,

d) fixação correta da peça a fim de evitar trepidações.

Na Tabela 3.21 existem duas faixas de aplicação, para cada processo de usinagem:

a) a faixa escura, na qual a rugosidade indicada é obtida sem maiores cuidados na operação;

b) a faixa hachurada, de utilização menos comum – a parte da esquerda representa a faixa mais apertada, onde serão necessários cuidados adicionais com a ferramenta de corte e os respectivos dispositivos de fixação; a parte da direita representa a faixa mais aberta onde a operação estaria sendo feita com bastante descuido.

Tabela 3.21 – Rugosidade superficial Ra (μm) para os diversos processos de usinagem

Processos de Fabricação	25	12,5	6,0	3,0	1,5	0,8	0,4	0,2	0,1	0,05	0,02
Corte por chama		▬▬									
Corte por serra		▬▬									
Torneamento			▬▬▬▬▬▬								

(*continua*)

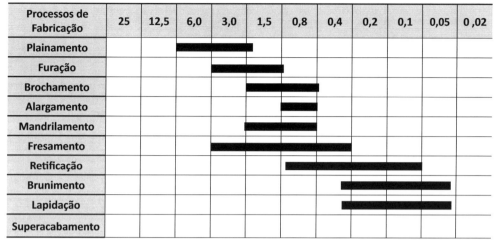

Tabela 3.21 – Rugosidade superficial Ra (μm) para os diversos processos de usinagem (*continuação*)

■ Campo usual de aplicação

Por exemplo, em retificação de superfície, o acabamento superficial depende da velocidade periférica do rebolo, da rotação da mesa, variação de avanço, do tamanho do grão abrasivo, do material aglomerante do rebolo, do tipo de dressagem, da quantidade e do tipo do refrigerante, e das propriedades físicas da peça sendo retificada. Qualquer variação nesses fatores influirá bastante na rugosidade superficial obtida. Para os outros dos processos de fabricação, valem as mesmas considerações aplicadas ao processo particular em discussão.

APLICAÇÕES TÍPICAS DE RUGOSIDADE SUPERFICIAL

As aplicações de rugosidade superficial a serem previstas em projetos são dadas na relação a seguir.

$R_a = 0,01$ – blocos-padrão, réguas triangulares de alta precisão, guias de aparelhos de medida de alta precisão;

$R_a = 0,02$ – aparelhos de precisão, superfícies de medida em micrômetros e calibres de precisão;

$R_a = 0,03$ – calibradores, elementos de válvulas de alta pressão hidráulica;

$R_a = 0,04$ – agulhas de rolamentos, superacabamento de camisa de bloco de motor;

$R_a = 0,05$ – pistas de rolamentos, peças de aparelhos de controle de alta precisão;

$R_a = 0,06$ – válvulas giratórias de alta pressão, camisas de blocos de motores;

$R_a = 0,08$ – agulhas de rolamentos de grandes dimensões, colos de virabrequim;

$R_a = 0{,}1$ – assentos cônicos de válvulas, eixos montados sobre mancais de bronze, teflom etc., a velocidades médias, superfícies de carnes de baixa velocidade;

$R_a = 0{,}15$ – rolamentos de dimensões médias, colos de rotores de turbinas e redutores;

$R_a = 0,$ – mancais de bronze, náilon etc., cones de cubos sincronizadores de caixas de câmbio de automóveis;

$R_a = 0{,}3$ – flancos de engrenagens, guias de mesas de máquinas-ferramentas;

$R_a = 0{,}4$ – pistas de assento de agulhas de cruzetas em cardãs, superfície de guia de elementos de precisão;

$R_a = 0{,}6$ – válvulas de esfera, tambores de freio;

$R_a = 1{,}5$ – assentos de rolamentos em eixos com carga pequena, eixos e furos para engrenagens, cabeças de pistão, face de união de caixas de engrenagens;

$R_a = 2$ – superfícies usinadas em geral, eixos, chavetas de precisão, alojamentos de rolamentos;

$R_a = 3$ – superfícies usinadas em geral, superfícies de referência, de apoio etc.;

$R_a = 4$ – superfícies desbastadas por operações de usinagem;

$R_a = 5 \text{ a } 15$ – superfícies fundidas, superfícies estampadas;

R_a = valores maiores que 15   – Peças fundidas, forjadas e laminadas.

RELAÇÃO ENTRE A RUGOSIDADE SUPERFICIAL E O TEMPO DE FABRICAÇÃO

Quanto melhor o acabamento superficial exigido para uma superfície, maior será o tempo de fabricação necessário, com aumento consequente de custo.

O gráfico da Figura 3.121 dá uma ideia dos tempos de fabricação em função da rugosidade superficial.

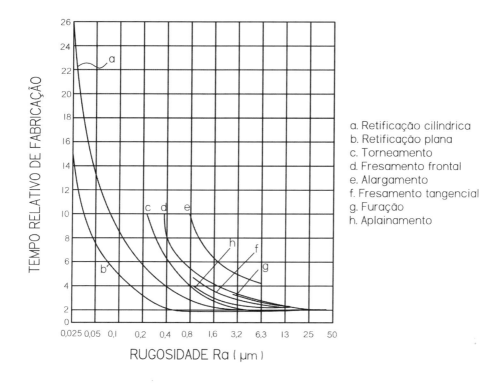

Figura 3.121 – Relação entre a rugosidade superficial e os tempos de fabricação, para os diversos processos de usinagem.

CONVERSÃO DE ESCALAS DE RUGOSIDADE

A passagem de uma escala de rugosidade para outra é um dos problemas com que se defrontam as indústrias que trabalham com especificações e normas de diversos países.

A seguir, são feitas considerações que visam a esclarecer esses pontos.

Resultados de análises teóricas mostraram que qualquer que seja a forma da rugosidade das superfícies, pode-se afirmar que R_q e R_a guardam uma relação aproximadamente constante entre si. A mesma relação não pode ser determinada para R_a e $R_{máx}$. Na prática, a rugosidade superficial, não apresentando uma forma geométrica definida, não permite uma relação constante.

Pode-se afirmar que

$$1,00 \leq \frac{R_q}{R_a} \leq 1,15 \text{ ou, aproximadamente, } R_q = 1,1 R_a;$$

$$2,00 \leq \frac{R_{max}}{R_a} \leq 4,00$$

$$2,00 \leq \frac{R_{max}}{R_q} \leq 3,48$$

A partir de resultados experimentais obtidos nos seguintes processos de usinagem, tais como

a) retificação interna e externa,
b) furação,
c) torneamento,
d) alargamento de furos,
e) brochamento,

e adotando-se sempre a média aritmética dos valores nas escalas R_q e $R_{máx}$, para cada valor de R_a, foram levantados os valores gráficos das Figs. 3.122 e 3.123, onde são relacionados os valores de R_a a R_q e $R_{máx}$, respectivamente.

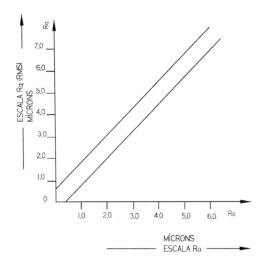

Figura 3.122 – Variação dos valores Rq (RMS) em função de Ra.

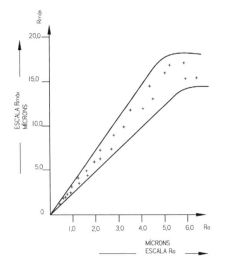

Figura 3.123 – Variação dos valores $R_{máx}$ em função de R_a.

Com base nos gráficos anteriores, e tomando-se valores convenientes de R_a, e para as escalas R_q e $R_{máx}$, os seus valores médios, podem ser construídos os gráficos das Figuras 3.124 e 3.125, que permitem a conversão de uma escala para outra.

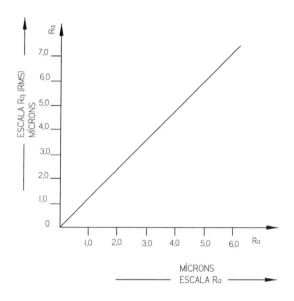

Figura 3.124 – Conversão de R_a para R_q.

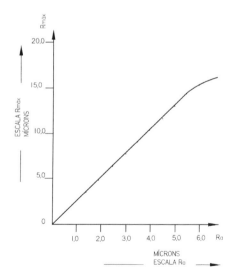

Figura 3.125 – Conversão de *Ra* para *Rmáx*.

Ainda com a finalidade de permitir facilmente a conversão de uma escala para outra, pode-se adotar a Tabela 3.22.

Tabela 3.22 – Conversão de escalas de rugosidade

R. (CLA) Desvio médio aritmético		Rq (RMS) Desvio médio quadrático		R ma x (R T) Alt. máx. irregularidades	
Mícron	Micro-polegadas	Mícron	Micro-polegadas	Mícron	Micro-polegadas
*0,05	1,96	0,053	2,06	0,15	5,90
0,06	2,36	0,063	2,49	0,18	7,09
0,07	2,76	0,074	2,91	0,21	8,27
*0,08	3,15	0,084	3,32	0,24	9,45
0,09	3,54	0,095	3,74	0,27	10,6
0,15	5,90	0,158	6,18	0,40	15,7
*0,20	7,88	0,210	8,27	0,60	23,6
*0,25	9,83	0,261	10,3	0,80	31,5
0,30	11,8	0,315	12,4	0,95	37,4
0,35	13,8	0,368	14,5	1,10	43,3
*0,40	15,7	0,420	16,5	1,25	49,3
0,45	17,7	0,473	18,6	1,40	55,1
*0,50	19,7	0,525	20,7	1,60	63,0
0,60	23,6	0,630	24,8	2,00	78,8
0,70	27,6	0,735	28,9	2,30	90,5
*0,80	31,5	0,840	33,1	2,70	106
0,90	35,4	0,945	37,2	3,00	118
*1,00	39,4	1,05	41,3	3,30	130
1,20	47,1	1,26	49,6	4,00	157
1,40	55,1	1,47	57,9	4,60	181
*1,60	63,0	1,68	66,2	5,30	209
1,80	70,9	1,89	74,4	5,90	233
*2,00	78,8	2,10	82,7	6,50	256

*Valores R_a normalizados pela ABNT

1 mícron = 39,4 micropolegadas

1 micropolegada = 0,025 mícron

INDICAÇÃO QUALITATIVA DA RUGOSIDADE SUPERFICIAL

A indicação do acabamento superficial em desenhos sob a forma de triângulos encontra-se hoje completamente ultrapassada e não deve ser utilizada. Às vezes, porém, devido à dificuldade em se medir os parâmetros de rugosidade, a aplicação dessa simbologia é adotada como indicações meramente qualitativas. As relações aproximadas entre essa simbologia e os parâmetros de rugosidade superficial são dadas na Tabela 3.23.

Tabela 3.23 – Relação entre indicações em desenho e rugosidade superficial

Indicação em desenho	R_a (CLA) m	Exigências de qualidade superficial	Exemplos de aplicações
∇∇∇∇	0,1	Fins especiais	Superfícies de medição de calibres, ajustes de pressão não desmontáveis, superfícies de pressão alta, fatigadas
	0,16-0,25-0,4	Exigência máxima	
∇∇∇	0,6 1 1,6	Alta exigência	Superfície de deslizamento muito fatigadas, ajustes de pressão desmontáveis
∇∇	2,5 4 6	Exigência média	Peças fatigadas por flexão e torsão ajustes normais de deslizamento e pressão
∇	10 16 25	Pouca exigência	Ajustes parados sem transmissões de força, ajustes leves na pressão em aço, superfície sem usinagem prensados com precisão
∼	40 63 100	Sem exigência particular	Superfície desbastada, fundição e pressão
	150 250 400	Superfícies brutas	Peças fundidas, estampadas e forjadas
	630	1 000	

QUESTÕES PROPOSTAS PARA REVISÃO DE CONCEITOS

3.1) De acordo com o conjunto a seguir:

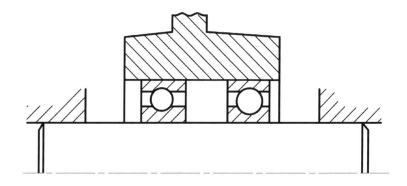

a) determine quais são as superfícies de referência para a determinação dos desvios de posição e dos desvios compostos para o eixo;

b) para o eixo, caracterize os desvios de posição e os desvios compostos;

c) determine qual o desvio a ser controlado para o mancal de suporte dos rolamentos de esferas. Esquematize o modelo geométrico desse desvio.

3.2) Em uma operação de torneamento de uma polia, quer-se manter a face sendo torneada perpendicularmente ao furo, que foi utilizado como referência de fixação e localização por meio de uma bucha expansiva. Caracterize geometricamente o desvio gerado nessa operação.

3.3) Um excêntrico de espiral de Arquimedes deve acionar um comando de um carro porta-ferramenta de um torno automático. O desvio máximo permissível na forma do excêntrico é de 0,05 mm, dentro de um ângulo útil de 90º, a fim de que o carro tenha movimento dentro das especificações. O desvio medido foi de 0,07 mm em um ângulo de 120º. Qual é a condição a ser preenchida para que a peça esteja dentro da especificação?

3.4) Justifique as afirmações:

a) Não se pode caracterizar desvios de batida radial em carcaças de redutores de engrenagens, sendo que essas peças não são de revolução.

b) O desvio de coaxialidade, em um eixo, pode ser obtido por meio de medições sucessivas de concentricidade em vários pontos.

3.5) O que diferencia um desvio de forma de um desvio de posição? Qual deve ser a relação deles com o desvio dimensional?

3.6) Em uma operação de fresamento, quer-se manter a superfície sendo fresada perpendicularmente à localização obtida por 3 encostos na mesa da fresadora, conforme mostra a figura a seguir. Caracterize geometricamente o desvio geométrico gerado nessa operação.

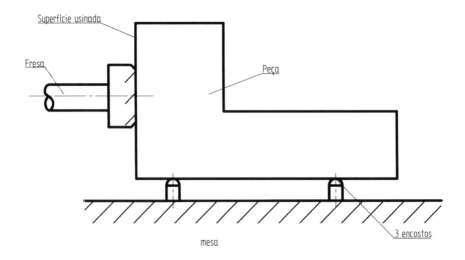

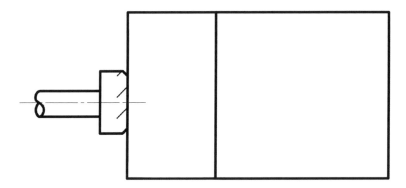

3.7) Quando se coloca um eixo entre pontos e, por meio de sua rotação, mede-se a variação observada na leitura de um relógio comparador colocado em um diâmetro externo, qual o desvio que se está controlando? Justifique por que esse é um desvio composto e quais são seus componentes.

3.8) No assentamento do retentor em um eixo, qual desvio será mais importante: de forma ou de posição? Justifique e indique o desvio mais conveniente.

3.9) Em uma operação de mandrilamento de furo, quer-se manter a superfície usinada perpendicular à localização obtida por 3 encostos na mesa da mandriladora, conforme mostra a figura a seguir. Caracterize geometricamente o desvio geométrico gerado nessa operação.

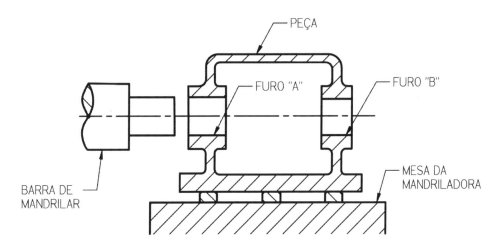

3.10) Na carcaça da questão anterior, seria correto especificar desvios de batida axial e de batida radial para os furos mandrilados? Por quê? Na sua opinião, qual desvio deve ser controlado? Por quê?

3.11) Defina geometricamente o desvio de perpendicularismo a ser controlado na operação de retificação interna da peça da figura a seguir. A peça deve ser localizada por 3 encostos colocados na placa de fixação.

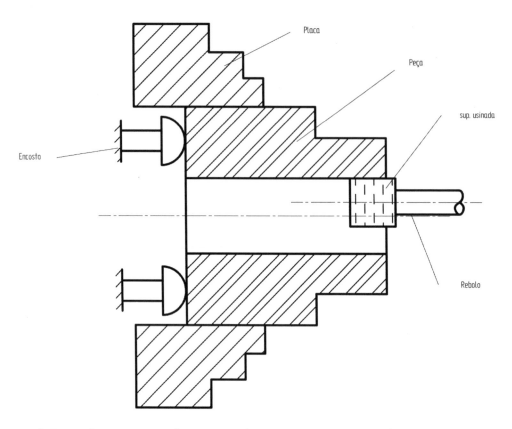

3.12) Levando-se em consideração o redutor a seguir, composto de um par de engrenagens cônico-helicoidais e um par de engrenagens paralelas, responda:

a) Supondo que a carcaça do redutor será usinada em mandriladora, quais desvios de posição deverão ser controlados? Justifique cada um deles e indique pela nomenclatura ISO.

b) No eixo pinhão (1), no eixo intermediário (2) e no eixo de saída (3), quais são as superfícies funcionais a serem tomadas como referência para os desvios geométricos? Indique, para cada um dos eixos, os desvios geométricos a serem controlados, indicando-os com a nomenclatura ISO. Justifique.

c) Qual dos desvios geométricos escolhidos é o mais importante para o bom funcionamento do par de engrenagens cônico-helicoidais? Justifique.

Tolerâncias geométricas 273

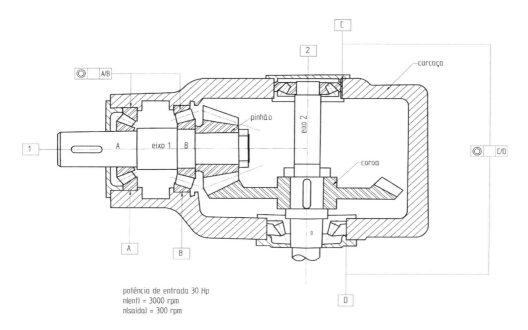

3.13) Defina tolerância de paralelismo entre retas em um plano. Dê pelo menos um exemplo prático de sua ocorrência.

3.14) De acordo com a operação de mandrilamento da carcaça a seguir, feita em mandriladora universal, responda:

   a) Quais desvios de posição podem ocorrer?

   b) Caracterize as principais causas da ocorrência desses desvios.

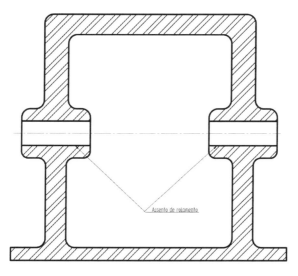

3.15) Defina concentricidade. Por que o desvio de coaxialidade pode ser obtido por meio de medições de concentricidade em vários pontos?

3.16) O que se entende por desvio e tolerância de batida radial?

3.17) Defina geometricamente o desvio de perpendicularismo a ser controlado na operação de retificação interna da peça da figura a seguir. A peça deve ser localizada por 3 encostos colocados na placa de fixação.

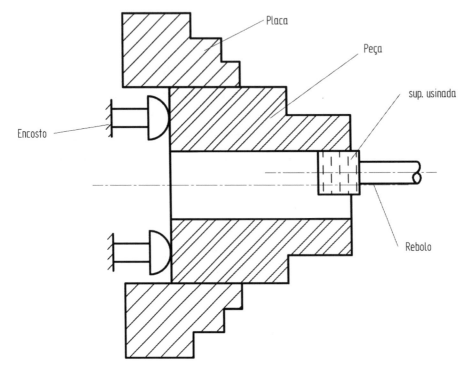

3.18) Um cilindro hidráulico com diâmetro de Φ30 mm deve ser usinado com tolerância IT 11. Além disso, para garantir o bom funcionamento, sem vazamento de óleo, a tolerância de circularidade máxima deverá ser de 0,05 mm. Supondo que a variação entre os valores máximo e mínimo do desvio de circularidade obtida na fabricação foi de 0,04 mm, pode-se afirmar que as peças estão dentro das especificações? Justifique.

3.19) Em uma peça com as dimensões 70 H7, 100 n5, 14 h9, 10 f6 e 100 j4:

   a) indique a rugosidade superficial em R_a e $R_{máx.}$;

   b) supondo-se que se tenha à disposição tornos e retificadoras, indique o processo de fabricação mais econômico.

3.20) Deseja-se usinar um eixo com a dimensão de 70 n5.

   a) Qual é a rugosidade prevista em R_a, R_q e $R_{máx.}$?

   b) Qual deverá ser o processo mais econômico para se obter essas características dimensionais? Justifique.

Tolerâncias geométricas **275**

3.21) Indique quais parâmetros de rugosidade são mais indicados para o controle de acabamento superficial em mancais. Explique.

3.22) Como você caracteriza os desvios de rugosidade superficiais dentro da classificação geral dos desvios de forma? Justifique.

3.23) Sejam os seguintes conjuntos eixo/furo: 50 H6 r7, 70 H8 a9 e 140 H9 h9. Qual rugosidade superficial (R_a) deve ser indicada em cada caso?

3.24) Um mancal de deslizamento foi usinado para uma tolerância dimensional de 60 n5. O valor da profundidade média é $R_p = 0,3$ μm.

a) A superfície gerada nessas condições é indicada para aplicação em mancais? Justifique.

b) Qual deve ser o melhor perfil? O que caracterizará numericamente esse perfil?

c) A rugosidade superficial poderá ser obtida por três processos distintos:

1) furação e alargamento   2) torneamento   3) retificação

Qual deles será mais econômico? Justifique.

d) No assentamento do retentor D no eixo C, qual desvio será mais importante: de forma ou de posição? Justifique e indique o desvio mais conveniente.

3.25) Justifique as afirmações:

a) Não se pode caracterizar desvios de batida radial em carcaças de redutores de engrenagens sendo que essas peças não são de revolução.

b) É possível caracterizar desvios de batida axial em eixos de revolução.

CAPÍTULO 4
ANÁLISE DE DIMENSÕES: PRINCÍPIOS GERAIS DE COTAGEM

INTRODUÇÃO

Para que o projeto fique completo, não basta realizar o cálculo de dimensionamento.

Nos capítulos anteriores, foram desenvolvidos conceitos e informações complementares necessárias para prever desvios introduzidos na fabricação. Essas tolerâncias, assim previstas, admitem *a priori* que não é possível fabricar peças sem variações dimensionais, sendo necessário especificar tolerâncias dimensionais, não é possível fabricar peças sem variações na forma geométrica nem variações dessas formas entre si. Surge daí a necessidade de especificar tolerâncias de forma e posição e de rugosidade superficial.

As tolerâncias especificadas são um reconhecimento do fato de que a perfeição dimensional ou de forma não pode ser atingida. Sob o ponto de vista econômico, a perfeição dimensional e de forma não é desejável, uma vez que os custos de fabricação crescem rapidamente à medida que as tolerâncias vão se tornando menores. A especificação das tolerâncias é indispensável, no entanto, para o controle da fabricação das peças.

A consideração inicial e primordial na especificação das tolerâncias é a garantia da qualidade funcional da peça prevista em projeto. Exemplificando, para que uma engrenagem de um redutor atinja a vida prevista sem desgastes imprevistos e transmita a potência de entrada do redutor, será necessário: a) garantir montagem sem grandes folgas no seu respectivo eixo; isso é conseguido pelo estabelecimento de tolerâncias dimensionais; b) garantir contato uniforme e nível de ruído permissível, o que é obtido por meio de tolerâncias de excentricidade do diâmetro primitivo com o furo, além de tolerâncias de ovalização e conicidade deste; c) evitar engripamento da engrenagem com o eixo de assento, no caso de uma engrenagem louca, por meio da especificação de rugosidade superficial.

Após todas essas especificações individuais nas peças, todas elas devem ser montadas, formando o conjunto do qual se espera determinado desempenho.

Pode-se perceber intuitivamente que, quando forem colocadas todas as peças juntas, de modo a se formar o conjunto mecânico, as tolerâncias individuais devem influir tanto na qualidade do produto final como no seu custo.

Tolerâncias excessivamente estreitas podem resultar, quando as peças são montadas, num produto final excessivamente caro. Tolerâncias excessivamente abertas diminuem sensivelmente o custo de fabricação das peças. Podem, porém, gerar custos adicionais devido à alta porcentagem de peças que não permitem montagem, provocando paralização de linha de montagem ou repasses desnecessários, para possibilitar montagem posterior. Esse problema torna-se particularmente sério quando a produção é seriada e em grandes quantidades. A paralização de uma linha de montagem pode gerar custos adicionais maiores do que os resultantes de um estreitamento das tolerâncias individuais.

Para o caso de máquinas de precisão, como máquinas-ferramentas, há de se considerar ainda sua repetibilidade e acuracidade na usinagem de peças.

Repetibilidade é a estimativa de quão precisamente um mecanismo pode repetir um movimento de uma posição até outra. Se, por exemplo, um mecanismo indexável movimenta-se entre dois pontos com variação de $\pm$ 0,05 mm, sua repetibilidade é de 0,10 mm.

A acuracidade ou precisão define quão perto está a distância real de um ponto a outro, quando comparada à distância teórica. Um came, por exemplo, pode ser projetado para girar 20°, entretanto, uma medida rigorosa prova que a sua rotação é de 19°. O came, portanto, vai ter uma acuracidade, ou precisão, de 1°.

O principal objetivo a ser atingido na fabricação das peças deve ser um fluxo contínuo do produto final que a organização deve colocar no mercado consumidor.

Quando se pretende uma produção em alta série, deve haver, necessariamente, um fluxo contínuo de peças nas linhas de montagem. Esse procedimento necessita que todas as peças sejam montadas e ajustadas com o mínimo de esforço, o que só é possível se forem previstas tolerâncias corretas.

Operações de montagem mal dimensionadas podem causar aumento considerável nos custos de fabricação e redução do faturamento. Pode ocorrer ainda a rejeição do produto pelo consumidor devido a sua má qualidade.

O custo adicional de usinagem de peças com tolerâncias mais estreitas pode ser justificado pela economia obtida nas operações de montagem.

Conclui-se, portanto, que existe uma solução de compromisso entre qualidade final do conjunto e seu custo operacional. Essa solução deve ser procurada e adotada para cada caso em particular, após análise das peculiaridades de cada produto e da indústria que vai fabricá-lo.

Serão desenvolvidas, a seguir, as ferramentas teóricas que pretendem tornar mais adequada essa decisão.

PRINCÍPIOS BÁSICOS E DEFINIÇÕES

Conjuntos mecânicos ou máquinas com qualidade predeterminada dependem, para sua fabricação, de dois fatores principais:

1. projeto de produto apropriado;

2. processamento de fabricação adequado às condições do equipamento à disposição.

Os problemas concernentes ao segundo item não são abordados neste trabalho, visto que os processos de fabricação e suas implicações são tratados posteriormente, em trabalho separado.

Para que a máquina ou conjunto mecânico funcione satisfatoriamente, é necessário que as duas condições a seguir sejam satisfeitas simultaneamente.

1. A inter-relação cinemática entre as diversas peças componentes deve reproduzir o movimento final desejado. Exemplificando, para se fazer rosca em um eixo utilizando um torno mecânico, o movimento transmitido do motor de entrada até o fuso que movimenta o carro transversal deve permitir a este rotação e avanços correspondentes ao passo e profundidade da rosca. Geralmente esses movimentos são previstos em projeto, por meio das cadeias cinemáticas e de seus respectivos esquemas.

2. É preciso haver inter-relação das dimensões, tanto de comprimento como angulares, que devem prever a acuracidade do sistema mecânico. As inter-relações dimensionais são subdivididas naquelas que determinam distâncias e nas que determinam deslocamentos angulares de superfícies. As distâncias entre as superfícies de operação de uma máquina ou conjunto mecânico e seus respectivos mecanismos são compostas de dimensões pertencentes a determinado número de peças inter-relacionadas. Essa inter-relação dimensional determina as superfícies de operação da máquina ou conjunto. Exemplificando, na Figura 4.1, a precisão ou acuracidade entre o ponto fixo e o contraponto de um torno determina-se pela:

    a) distância do centro do cabeçote fixo até o barramento do torno – A_1;

    b) distância do suporte do contraponto até o barramento – A_2;

    c) distância da base do contraponto até o ponto rotativo – A_3.

Verifica-se que a precisão da cota A_6 que define a acuracidade de alinhamento entre os dois pontos depende das tolerâncias das cotas A_1, A_2 e A_3.

As inter-relações dimensionais que determinam deslocamentos angulares entre as superfícies preveem os acúmulos de tolerâncias de forma e posição.

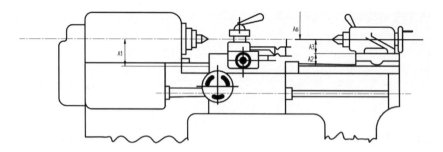

Figura 4.1 – Inter-relação dimensional em um torno.

De maneira análoga ao controle de distâncias, a acuracidade e a repetibilidade de uma máquina ou conjunto mecânico também são dependentes das tolerâncias pelas quais foram controlados os desvios de forma e posição. As tolerâncias individuais para cada peça, quando somadas na montagem delas no conjunto mecânico, devem estar previstas dentro de uma faixa de tolerâncias que garanta as suas exigências de qualidade e funcionalidade.

Adotando-se a Figura 4.2, a exigência de qualidade prevista para a fresadora, em termos de desvios de paralelismo, é o valor α_Δ entre a superfície da mesa e a linha de centro do eixo-árvore. Pode-se notar que o valor de α_Δ fica diretamente dependente dos valores de $\alpha_1, \alpha_2, \alpha_3, \alpha_4, \alpha_5$ resultantes da montagem dos diversos componentes da fresadora. Há de se considerar ainda que, se os desvios $\alpha_1, \alpha_2, \alpha_3, \alpha_4$ e α_5 não forem controlados individualmente, o desvio α_Δ vai variar bastante, provocando baixa qualidade da fresadora em operações em que o paralelismo entre as superfícies é importante.

A seguir, serão definidas algumas grandezas fundamentais utilizadas nas conceituações posteriores.

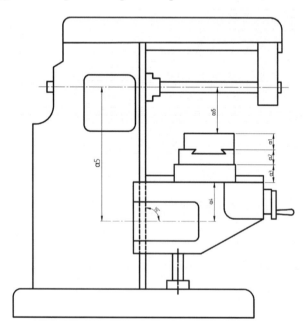

Figura 4.2 – Inter-relação de desvios de paralelismo em uma fresadora.

Cadeia de dimensões

Define-se como cadeia de dimensões uma série consecutiva de dimensões lineares angulares ou de forma e posição, que forma um conjunto fechado, com referência a uma peça ou grupo de peças.

Análise de dimensões: princípios gerais de cotagem

Uma condição obrigatória para toda a cadeia de dimensões é que as dimensões inter-relacionadas formem um contorno fechado.

Componente ou elo de uma cadeia de dimensões é uma dimensão que determina uma distância relativa ou um deslocamento angular das superfícies de uma peça ou de seu eixo de simetria. A Figura 4.3 apresenta componentes de cadeias de dimensões que determinam distâncias entre as superfícies ou seus eixos de simetria. A Figura 4.4 apresenta componentes de cadeias de dimensões especificando desvios angulares de suas superfícies ou eixos.

Um *componente inicial ou final* é aquele que liga diretamente as superfícies ou eixos cujas distâncias relativas ou deslocamentos angulares devem ser verificadas. Um exemplo é a distância entre os eixos de simetria dos centros de um torno medido em um dos planos (Figura 4.1).

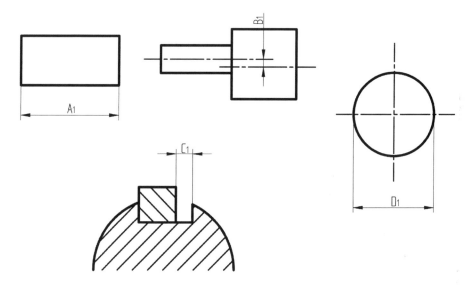

Figura 4.3 – Componentes que especificam distâncias entre superfícies ou linhas de centro.

O *componente é inicial* se a construção da cadeia de dimensões é feita de tal modo que esta se inicie por esse componente.

Componente final é aquele que, sendo o último da construção da cadeia de dimensões, liga as superfícies ou eixos da peça cuja posição deve ser especificada ou verificada.

Para os componentes inicial e final, usa-se a nomenclatura da letra correspondente ao elo em questão, adicionando-se o subíndice Δ. Assim, por exemplo:

$$A_\Delta, B_\Delta, C_\Delta, \alpha_\Delta, \beta_\Delta \text{ etc.}$$

- Um *componente normal* é aquele cuja variação muda o valor do componente inicial ou final. Com exceção dos componentes inicial e final, todos os outros são componentes normais.

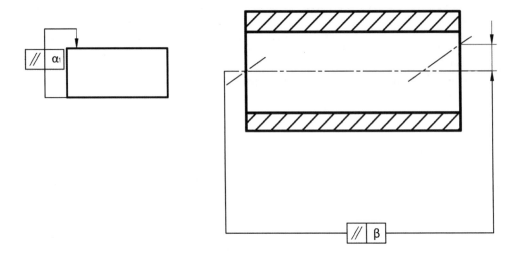

Figura 4.4 – Componentes que especificam deslocamento angular entre superfícies.

- *Componente crescente* é aquele que aumenta o componente inicial ou final quando ele próprio cresce. É representado graficamente por uma flecha orientada para a direita, colocada sobre a letra designativa (Figura 4.5).

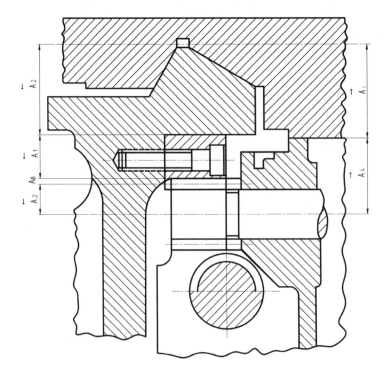

Figura 4.5 – Componente crescente ou decrescente.

- *Componente decrescente* é aquele que diminui o componente inicial ou final quando ele próprio cresce. É representado graficamente por uma flecha orientada para a esquerda, colocada sobre a letra designativa (Figura 4.5).

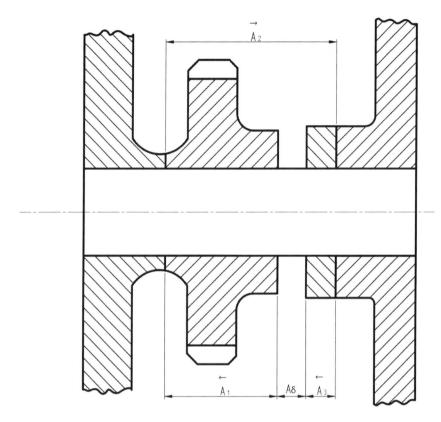

Figura 4.6 – Um componente de compensação sob a forma de um espaçador com espessura A_3.

A Figura 4.5 esquematiza o mecanismo de translação do carro transversal de um torno mecânico.

O componente final A a ser controlado, para esse caso, é a folga entre a cremalheira e o pinhão de movimentação do carro. Essa dimensão vai definir a precisão de usinagem do torno, principalmente em fabricações seriadas, em que são utilizados muitos localizadores colocados nos barramentos das máquinas, a fim de se limitar o comprimento de usinagem.

Vê-se que os componentes:

$\overleftarrow{A_2}$ – distância da linha de centro comum até a base do barramento,

$\overleftarrow{A_1}$ – distância da base da cremalheira até a linha do diâmetro primitivo,

$\overleftarrow{A_5}$ – raio primitivo do pinhão

são decrescentes, pois o seu aumento diminui a folga A_Δ.

Os componentes

$\vec{A_3}$ – distância de linha de centro comum até a base de apoio do mancal de fixação do pinhão,

$\vec{A_4}$ – distância da base de apoio até o furo de assento do pinhão, quando crescem, tendem a afastar o pinhão da cremalheira, aumentando, portanto, a folga $A\Delta$, são, portanto, componentes crescentes.

- *Componente de compensação*: é aquele cuja grandeza (dimensão ou deslocamento angular entre superfícies) é mudada para eliminar um desvio excessivo, além do permissível do componente final. Para caracterizá-lo e distingui-lo dos outros, a designação do componente de compensação é inscrita num retângulo, por exemplo:

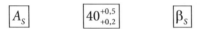

Um exemplo de um componente de compensação é a espessura do espaçador (A_3), o qual pode ser substituído para se obter a folga especificada (componente final A_Δ) entre a face da engrenagem e o espaçador para se obter funcionamento correto (Figura 4.6).

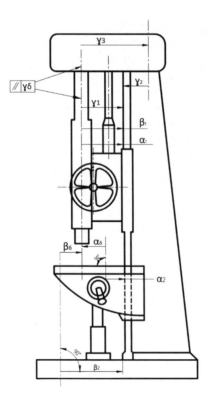

Figura 4.7 – Componente comum de várias cadeias de dimensões.

- *Componente comum*: é aquele que pertence a duas ou mais cadeias de dimensões ao mesmo tempo. A fim de facilitar sua identificação, mantém-se um mesmo número para diversas letras correspondentes às cadeias. Como exemplo, tome-se a furadeira de coluna da Figura 4.7, onde existem três cadeias de dimensões especificando:

1. perpendicularismo da superfície de trabalho da mesa com o eixo-árvore (cadeia α);
2. perpendicularismo da superfície da base da máquina com o eixo-árvore (cadeia β);
3. paralelismo dos eixos da bucha deslizante da caixa de engrenagens com o eixo-árvore no plano vertical (cadeia γ).

O componente comum das três cadeias é:

$$\boxed{\alpha_1 = \beta_1 = \gamma_1}$$

As cadeias de dimensões podem ser classificadas em:

a) Cadeia de dimensões compreendendo dimensões lineares e, portanto, componentes paralelos. A grande maioria das cadeias de dimensões são desse tipo (Figura 4.8).

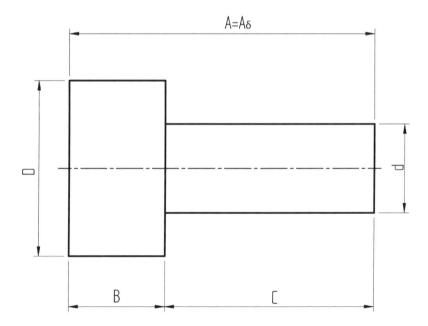

Figura 4.8 – Cadeia de dimensões com componentes paralelos.

b) Cadeia de dimensões compreendendo dimensões lineares e componentes não paralelos. Em geral, qualquer polígono pode ser enquadrado neste tipo, se cada lado é determinado por uma dimensão linear. Se todas as dimensões forem projetadas em um único eixo, este caso enquadra-se no tipo anterior (Figura 4.9).

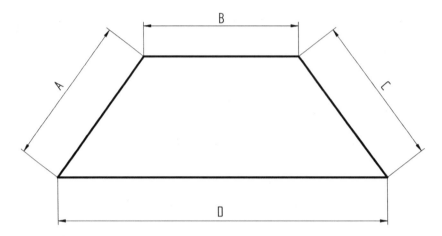

Figura 4.9 – Cadeia de dimensões com componentes não paralelos.

c) Cadeia de dimensões com dimensões angulares. Neste caso, enquadra-se, por exemplo, um círculo com furos igualmente espaçados, se a distância dos centros dos furos com relação aos eixos de simetria do círculo é indicada em medidas angulares (Figura 4.10). Este tipo inclui, ainda, todos os casos nos quais o círculo é dividido em partes iguais, como engrenagens, parafusos sem fim, coroas, fresas etc. Devido à dificuldade em se verificar dimensões angulares, são frequentemente substituídas por cadeias de dimensões com elos não paralelos.

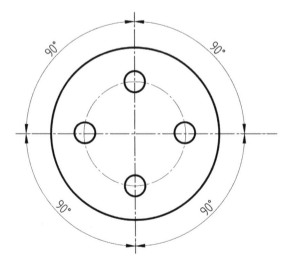

Figura 4.10 – Cadeia de dimensões com componentes angulares.

d) Cadeia de dimensões no espaço são aquelas nas quais as dimensões não estão em um mesmo plano. Tais casos raramente são encontrados na prática. São reduzidos a um dos três casos anteriores, projetando-se as dimensões em um único plano.

Cadeia de dimensões mais curta (principal)

É aquela na qual todos os componentes participam diretamente na solução do problema em questão (Figura 4.11).

A medição de certos componentes torna-se, frequentemente, difícil, ou mesmo impossível, devido à impossibilidade de se obter a cota correspondente diretamente da usinagem. Um exemplo é o componente A_2 da cadeia de dimensões principal (Figura 4.11), por meio do qual se deve obter a folga A_Δ, necessária entre o anel 1 e o compensador 2.

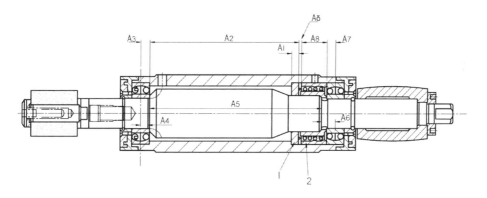

Figura 4.11 – Cadeia de dimensões principal.

Com as molas, esses dois anéis dão pré-carga aos rolamentos de contato angular do eixo-árvore do cabeçote. A dimensão $A_{2\Delta}$ é difícil não só de ser medida como também de ser mantida na usinagem do corpo externo. Por conta disso, define-se:

- Cadeia de dimensões derivadas

  É aquela na qual o componente inicial ou final é um dos componentes da cadeia mais curta. Usando-se este conceito, por meio de medição e usinagem, pode-se concluir:

  $$A_2 = B\Delta \text{ (componente final)}$$

  Assim, é possível obter-se a largura do corpo externo. A dimensão A_2, como já foi visto, é um componente da cadeia de dimensões ilustrada na Figura 4.11 (Figura 4.12).

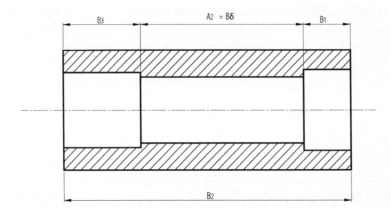

Figura 4.12 – Cadeia de dimensões derivadas.

Cadeia de dimensões interligadas em série

É aquela formada por um sistema no qual cada cadeia consecutiva tem um único ponto inicial comum com a cadeia anterior. Na Figura 4.13, os planos de início e final comuns são designados pelas letras *a* e *b*.

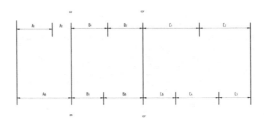

Figura 4.13 – Cadeia de dimensões em série.

Cadeia de dimensões interligadas em paralelo

É aquela que possui um ou vários componentes em comum, conforme mostra a Figura 4.14.

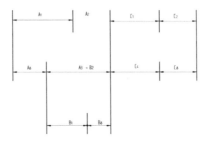

Figura 4.14 – Cadeia de dimensões paralelas.

Cadeia de dimensões compostas

É um sistema composto de várias cadeias de dimensões, contendo tanto cadeias ligadas em série como em paralelo. As cadeias *A* e *B* da Figura 4.15 são interligadas em paralelo, enquanto as cadeias *A* e *C* são interligadas em série.

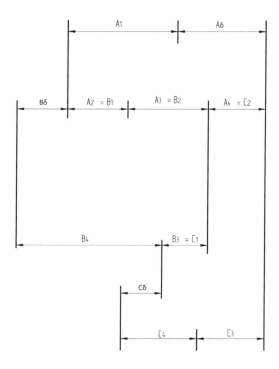

Figura 4.15 – Cadeia de dimensões compostas.

CÁLCULO DO COMPONENTE FINAL

Cadeia de dimensões planas e com componentes paralelos

Pelo que já foi visto anteriormente e por meio de uma análise das Figuras 4.8, 4.1, 4.6, 4.11, pode-se afirmar que, para cálculo do componente final, vale:

Figura 4.8 – $A_\Delta = A = B + C$,

Figura 4.1 – $A_\Delta = A_1 + A_2 - A_3$,

Figura 4.6 – $A_\Delta = A_2 - A_1 - A_3$,

Figura 4.11 – $A_\Delta = A_4 + A_5 + A_6 - A_3 - A_2 - A_1 - A_8 - A_7$.

Portanto, por meio de uma análise das equações anteriores, pode-se generalizar, definindo que a grandeza do componente final de uma cadeia de dimensões com componentes paralelos é a soma algébrica de todos os componentes exceto o componente final.

Matematicamente:

$$A_\delta = A_1 + A_2 + \ldots + A_{m\boxtimes 1} = \sum_{i=1}^{m-1} A_i \qquad (4.1)$$

em que:

m = número total de componente da corrente de dimensões, incluindo o componente final.

Logo, da Equação (4.1), conclui-se que, para qualquer cadeia de dimensões planas e de componentes paralelos, o valor do componente final é a soma algébrica dos componentes normais.

Cadeia de dimensões planas com componentes localizados em vários ângulos com relação a dada direção

Qualquer cadeia de dimensões que tenha um ou vários componentes localizados a determinado ângulo com relação a dada direção pode ser reduzida a uma cadeia plana com componentes paralelos. Cada componente pode ser estudado em função de sua projeção na direção escolhida.

Adotando-se a Figura 4.16, a componente final A_6 é a folga de engrenamento entre as duas engrenagens de movimentação do carro transversal de um torno.

A cadeia dimensional, como se pode observar, tem diversos componentes localizados em um ângulo com relação à direção XX correspondente à linha de centro das engrenagens.

A Figura 4.16b mostra a cadeia de dimensões planas, com componentes paralelos, projetada no eixo XX. O valor do componente final da cadeia projetada vale:

$$A_\delta = A_1 + A_2' + A_3' + A_4' + A_5' + A_6' - A_7$$

em que:

A_2', A_3', A_4', A_5' e A_6' são as projeções dos componentes correspondentes a A_2, A_3, A_4, A_5 e A_6 na direção XX.

Tem-se, portanto, que:

$$A_2' = A_2 \cos \beta$$

$$A_6' = A_6 \cos \beta$$

Análise de dimensões: princípios gerais de cotagem

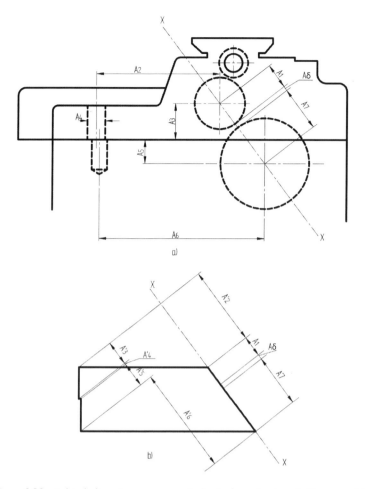

Figura 4.16 – Cadeia de dimensões, com componentes localizados em ângulo, reduzida a uma cadeia de dimensões planas com componentes paralelos.

Generalizando-se, pode-se afirmar que:

$$A_\delta = A_1 + A_2 + \cdots A_n + A_{n+1} + A_{n+2} + \cdots + A_{m-1}$$

$$\boxed{A_\delta = \sum_{i=1}^{n} A_i + \sum_{i=n+1}^{m-1} A_i} \tag{4.2}$$

em que:

n = número de componentes localizados em dada direção;

m = número total de componentes, incluindo-se o componente final.

Portanto, o valor do componente final de uma cadeia de dimensões em uma peça cujos componentes normais estão localizados em vários com relação a dada direção de referência é igual à soma algébrica dos componentes paralelos e das projeções de todos os componentes localizados em ângulo com relação à direção de referência.

Às vezes, pode-se tornar conveniente, em vários casos, utilizar-se um sistema de duas coordenadas X e Y. Neste caso, adotando-se as projeções nos dois eixos cartesianos, pode-se afirmar:

$$\boxed{\begin{aligned} A'_{ix} &= A_i \cos \alpha_i \\ A'_{iy} &= A_i \operatorname{sen} \alpha_i \end{aligned}} \tag{4.3}$$

em que:

A'_{ix} e A'_{iy} = projeções do componente A_i nos eixos x e y;

α_i = ângulo entre o componente A_i e eixo X.

Cadeia de dimensões espaciais com componentes localizados em vários ângulos a uma ou várias direções de referência

Os cálculos podem ser simplificados adotando-se como referência um sistema de coordenadas com três eixos mutuamente perpendiculares X, Y, Z. A cadeia de dimensões espacial fica reduzida a três cadeias planas com componentes paralelos em cada uma das direções de referência.

A relação entre um componente espacial A_i e suas respectivas projeções é:

$$A'_{ix} = A_i \cos \alpha_i$$

$$A'_{iy} = A_i \cos \beta_i \tag{4.4}$$

$$A'_{iz} = A_i \cos \gamma_i$$

em que:

$A'_{ix}, A'_{iy}, A'_{iz}$ = projeções do componente A_i nos eixos x, y, z;

$\alpha_i, \beta_i, \gamma_i$ = ângulos entre o componente A_i, respectivamente, com os eixos x, y, z.

Reduzindo-se a cadeia de dimensões espacial a três cadeias planas de componentes paralelos, o valor do componente final é calculado a partir das Equações (4.2), (4.3) e (4.4).

As Equações (4.3) e (4.4) são gerais, aplicando-se para cadeias de dimensões planas com componentes paralelos, quando os ângulos de inclinação igualam-se a zero.

DESVIOS INTRODUZIDOS NA FABRICAÇÃO: DISPERSÃO DIMENSIONAL – LEIS DE FREQUÊNCIA DE DISTRIBUIÇÃO

As dimensões de duas peças quaisquer de um mesmo lote de peças fabricadas são diferentes. Essa variação de dimensões é determinada por uma série bastante grande de fatores. Os principais fatores de influência são a máquina-ferramenta, o dispositivo para fixação e localização da peça, o sistema de fixação da ferramenta de corte, a ferramenta de corte, as peças em bruto e o ambiente de trabalho.

Por várias razões, todos esses fatores variam continuamente, conduzindo às variações no processo de fabricação e, por consequência, nas dimensões finais das peças sendo fabricadas.

Supondo-se que um lote de uma peça seja fabricado pelo mesmo processo de fabricação, as peças desse lote diferem entre si e da peça considerada *ideal* em todas as suas características de qualidade, como dimensões, desvios de forma e posição, rugosidade superficial etc. Esse fenômeno é conhecido por *dispersão* das características de qualidade do produto sendo fabricado. Tal fenômeno determina a confiabilidade do processo de fabricação escolhido.

Para a determinação e resolução dos problemas referentes à precisão das peças usinadas, são utilizadas as formulações matemáticas da estatística e da teoria das probabilidades. O método mais simples para a determinação da dispersão, dentro de um processo de fabricação de uma das características de qualidade é a construção de Diagramas de Controle Dimensional e seus respectivos gráficos de frequência.

O Diagrama de Controle Dimensional é construído do seguinte modo: no eixo das abscissas são locados os números correspondentes às peças em fabricação; no eixo das ordenadas são locados os valores da característica de qualidade escolhida para a peça correspondente. Como esses diagramas são levantados para lotes com grande quantidade de peças, o procedimento deve ser: a) para lotes relativamente pequenos, as peças a serem medidas devem ser escolhidas em intervalos regulares; b) para lotes repetitivos de fabricação, deve ser escolhida uma amostra correspondente a cada lote. A fim de que os valores sejam compatíveis, as amostras precisam ter sempre o mesmo número de peças.

O diagrama da Figura 4.17 representa os resultados de medição em amostras constituídas de cinco peças.

Os Diagramas de Controle Dimensional podem ser construídos com o mesmo procedimento para qualquer característica de qualidade. Assim, por exemplo, podem ser determinados desvios de perpendicularismo de uma superfície de uma peça a outra, desvios de dureza de uma superfície, resistência elétrica de uma peça, variação do tempo de retificação em um lote, conicidade de peças etc.

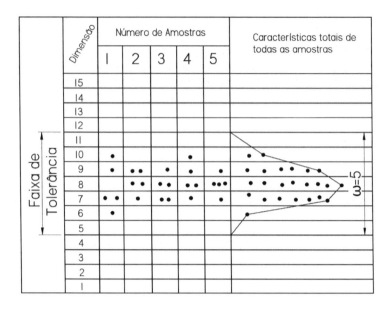

Figura 4.17 – Diagrama de Controle Dimensional.

Se forem definidas, para dada característica:

$A_{máx.}$ – máximo valor verificado e

$A_{mín.}$ – mínimo valor verificado,

define-se como variação da dispersão a seguinte relação:

$$\boxed{\Omega = A_{máx.} - A_{mín.}} \qquad (4.5)$$

Após a medição das peças e a construção do Diagrama de Controle Dimensional, pode-se construir uma curva da seguinte maneira: no eixo das abscissas agrupam-se dimensões por ordem crescente, desde $A_{mín.}$ até $A_{máx.}$, sendo A a medida nominal. No eixo das ordenadas é lançada a frequência de repetição m dos intervalos de medida observados dentro do lote total de n peças.

A curva assim obtida é a expressão gráfica das dimensões verificadas para n peças de um mesmo lote ou de lotes diferentes, quando é adotado o critério de amostras representativas de cada lote; são conhecidas como Gráficos de Frequência, em que a relação m/n representa a probabilidade de ocorrência de determinada dimensão em um lote qualquer de peças.

Portanto:

$$p(x_i) = \frac{m}{n} \qquad (4.6)$$

Quando o número de peças tende a um número muito grande, teoricamente infinito, e seus respectivos intervalos de medida tornam-se infinitamente pequenos, a linha quebrada proveniente do Gráfico de Frequência transforma-se em uma linha contínua que é, então, a curva teórica de variação da dispersão. Pode ainda ser conhecida como curva de distribuição normal de frequência ou curva de distribuição de Gauss.

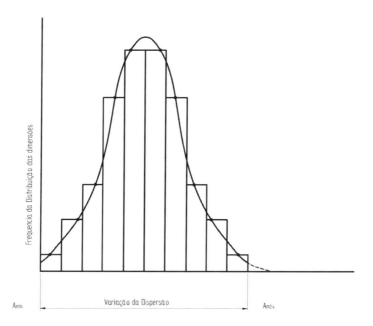

Figura 4.18 – Gráfico de frequência para determinada característica de qualidade.

Conclui-se, portanto, que a dispersão resultante da ação de um grande número de fatores da mesma ordem de grandeza, independentes um do outro ou com pouca dependência entre si, aproxima-se da lei teórica de distribuição normal de frequência ou lei de Gauss.

A expressão analítica para esta curva teórica pode ser definida como:

$$\boxed{y = \varphi(x)} \tag{4.7}$$

em que:

x = variável sendo analisada,

$\varphi(x)$ = ordenada da curva de dispersão teórica.

Para a função da Equação (4.7), podem ser definidas diversas grandezas, a saber:

Média

Se tiver uma função discreta, a média é definida pela expressão:

$$\overline{x} = \sum_{i=1}^{n} x_i p(x_i)$$ (4.8)

em que:

x_i = um dos desvios ou o valor médio de cada intervalo de medida da característica de qualidade;

$p(x_i)$ = frequência de ocorrência de x_i ou o número de ocorrências de valor correspondente da característica de qualidade em relação ao número total de medidas.

Da Equação (4.6):

$$p(x_i) = \frac{m}{n}$$

Para uma lei de variação contínua, por meio da curva de dispersão teórica, a média é definida pela equação:

$$\overline{x} = \int_{-\infty}^{+\infty} x\varphi(x)\,dx$$ (4.9)

Desvio-padrão

O desvio-padrão ou desvio médio quadrático é definido para funções discretas:

$$\sigma = \sqrt{\sum_{i=1}^{n} (x_i - \overline{x})^2 \, p(x_i)}$$ (4.10)

ou para funções contínuas:

$$\sigma = \sqrt{\int_{-\infty}^{+\infty} (x_i - \overline{x})^2 \, \varphi(x)\,dx}$$ (4.11)

O valor do desvio-padrão é representado graficamente por meio de duas abscissas de mesmo valor σ de cada lado do valor da média x.

De acordo com a teoria das probabilidades, *a distribuição da dispersão* para qualquer sistema de variáveis (neste caso, dimensões, rugosidade superficial, desvios de forma ou posição etc.) que é obtida a partir da alteração conjunta e combinada de diversos fatores independentes entre si e de mesma ordem de grandeza é denominada distribuição normal ou lei de variação de Gauss.

Matematicamente, se for adotado um sistema de coordenadas, cuja origem coincide com o eixo de simetria da curva (Figura. 4.19) ou do seu valor médio x pode ser definida pela expressão:

$$\varphi(x) = y = \frac{1}{\sigma\sqrt{2\pi}} e^{-x^2/2\sigma^2} \qquad (4.12)$$

em que:

$\varphi(x) = y =$ frequência de ocorrência correspondente ao valor de x;

$\sigma =$ desvio médio quadrático.

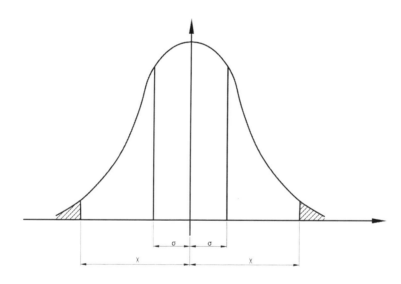

Figura 4.19 – Curva teórica correspondente à lei de Gauss.

A curva teórica de distribuição normal de frequência é assintótica ao eixo das abscissas. Geralmente, para a utilização da lei de distribuição normal, o máximo desvio, expresso em termos de desvio médio quadrático $\sigma(x)$, é limitado em:

$$x \pm 3\sigma$$

Dentro desses limites, 99,73% dos desvios da variável x estão controlados, enquanto 0,27% fica fora de controle.

É evidente também que a forma da curva fica dependendo do valor de a. Assim, para valores baixos de a, a dispersão é menor, tornando a curva mais alta. Se, pelo contrário, a é grande, a dispersão também vai ser grande e a curva fica achatada (Figura 4.20).

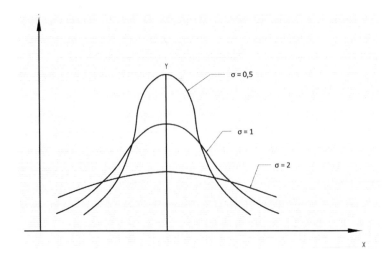

Figura 4.20 – Variação da curva de distribuição normal com o valor de σ.

Os conceitos estatísticos emitidos são utilizados na determinação das tolerâncias de fabricação para cada peça, assimilando-se os desvios permissíveis da dimensão nominal com tolerâncias de fabricação.

Para exemplificar, suponha-se um eixo com diâmetro D usinado em um torno. A medição é feita em um lote de peças, determinando-se assim as diversas medidas em que se encontram.

Se, em um sistema cartesiano, são lançados em abscissas o diâmetro real de cada eixo e em ordenadas o número de peças que tenham esse diâmetro, pode-se construir a curva de distribuição normal. Essa curva vai representar as variações reais de medida e sua frequência de ocorrência, sob as condições de fabricação existentes.

Os extremos dessa curva representam os *limites de trabalho*, enquanto a área sobre cada segmento da curva representa a *porcentagem de peças que geralmente podem ser produzidas entre os limites deste segmento*.

Se a tolerância especificada é maior que a permitida pela curva de distribuição, não há nenhum inconveniente, pois todas as peças produzidas estão dentro da tolerância desejada.

Porém, se a tolerância desejada é menor do que a permitida pela curva, há, então, necessidade de se adotar uma das duas opções: 1) modificar a forma da curva, trazendo-a para os limites a e b, mudando-se o equipamento ou sofisticando-se o processo de fabricação com melhoria de dispositivos, ferramentas de corte etc.; 2) manter o processo de fabricação e o equipamento, aceitando como normal uma porcentagem de refugos (Figura 4.20).

A adoção de uma das duas soluções depende exclusivamente de considerações de ordem econômica.

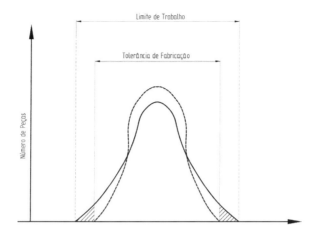

Figura 4.21 – Comparação entre os limites de trabalho e a tolerância de fabricação.

FATORES DE INFLUÊNCIA NOS DESVIOS ASSINALÁVEIS: VARIAÇÕES DAS LEIS DE FREQUÊNCIA DE DISTRIBUIÇÃO

Conforme já foi detalhado na sessão anterior, quando um processo de fabricação qualquer é efetivado na produção de um lote de peças, qualquer característica de qualidade está sujeita a uma dispersão em torno de sua dimensão nominal. Essa dispersão é resultante da ação combinada de desvios *sistemáticos* e *aleatórios*.

A dispersão resultante da ação de um número bastante grande de desvios de mesma ordem de grandeza, independentes entre si ou dependentes em pequena escala, aproxima-se bastante, com relação à sua lei de frequência de distribuição, à distribuição normal ou de Gauss.

A ocorrência de desvios sistemáticos e aleatórios na fabricação pode variar o diagrama de frequência de distribuição da dispersão, provocando distorções em seu comportamento. A determinação correta da forma e da formulação analítica desses diagramas depende, em grande parte, da caracterização desses desvios durante a produção de peças, de acordo com determinado processo de fabricação preestabelecido.

Define-se como *desvio sistemático* em um processo de fabricação aquele que, por repetir-se regularmente, pode ser detectado dentro de um critério conhecido e preestabelecido. Os desvios sistemáticos podem ser classificados em:

a) *Desvios sistemáticos constantes*

São aqueles que têm o mesmo valor para todo o lote que está sendo examinado. Suponha-se o caso em que um furo de uma peça qualquer deva sofrer uma operação de alargamento. Se o alargador estiver com a dimensão fora de especificação, o lote de peças será fabricado com um desvio sistemático constante na dimensão do furo.

b) *Desvios sistemáticos variáveis*

São aqueles que variam sistematicamente durante a produção de um lote de peças de acordo com determinado processo de fabricação. Esses desvios são caracterizados, por exemplo, pelo resultante desgaste das ferramentas de corte durante a fabricação. Retomando-se o exemplo do alargador já citado, se tiver um desgaste proporcional ao número de peças produzidas, vai ter um desvio sistemático variável na dimensão dos furos.

Outro exemplo bastante característico é a retificação de anéis por meio de retificadoras planas de superfície. Se um dos fatores que influem na calibragem da altura do anel – o desgaste do rebolo – for constante e proporcional ao número de anéis retificados, vai haver um desvio sistemático variável na altura do anel.

Os desvios sistemáticos constantes vão provocar o deslocamento da curva de dispersão de um valor igual ao seu, conforme mostra a Figura 4.22.

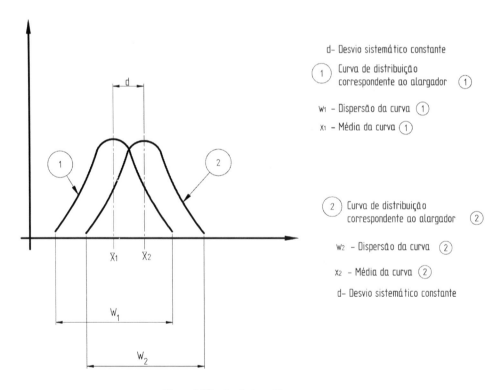

Figura 4.22 – Desvio sistemático constante.

Os desvios sistemáticos variáveis vão resultar em uma curva de frequência de distribuição denominada *lei das equiprobabilidades* ou *probabilidades iguais*. Sua representação gráfica é um retângulo, conforme mostra a Figura 4.23.

Os desvios *aleatórios* são definidos como aqueles que ocorrem durante um processo produtivo sem qualquer lei de variação entre si e influindo da mesma maneira sobre a dispersão final. São geralmente desvios resultantes das condições gerais do processo de fabricação com relação ao conjunto máquina dispositivo-ferramenta-peça.

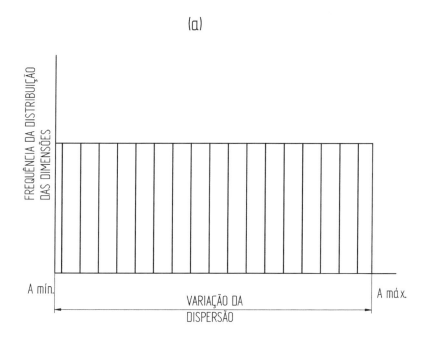

Figura 4.23 — Lei das equiprobabilidades: desvios sistemáticos variáveis.

Em um processo de fabricação de uma peça, algumas vezes aparecem desvios dominantes entre os desvios aleatórios. É o caso, por exemplo, da falta de rigidez da máquina-ferramenta, que provoca variações dimensionais nas peças fabricadas. Ou, ainda, um mesmo processo de fabricação aplicado a várias máquinas operatrizes diferentes. Se cada lote fabricado em determinada máquina for identificado, tem-se desvio sistemático de lote para lote; se, porém, estiverem presentes simultaneamente, vai haver peças com desvios aleatórios, tendo, no entanto, como característica dominante a variação de rigidez das diversas máquinas. O diagrama de distribuição de frequências correspondente a esse tipo de produção tem a forma triangular e é conhecido como diagrama de Simpson (Figura 4.24).

Quando os desvios forem aleatórios e de mesma ordem de grandeza, tem-se como resultado o caso mais geral, isto é, a distribuição de frequência normal ou de Gauss.

A determinação do *desvio resultante*, que é resultado da ação contínua de todos os desvios sistemáticos e aleatórios, é importante para a qualidade final do produto, como prescrita na qualidade predeterminada do desenho de produto.

A caracterização de determinado desvio como sistemático ou aleatório é algumas vezes bastante difícil durante a fabricação de uma peça. Por essa razão, os critérios de análise têm de ser minuciosos e detalhados, para não se chegar a conclusões errôneas.

Exemplificando, a troca de diversas ferramentas de ponta única durante a usinagem de um lote de peças em uma máquina operatriz, pode ser considerada causa de um desvio aleatório se as peças do lote forem misturadas antes de serem enviadas para a próxima operação ou para a montagem.

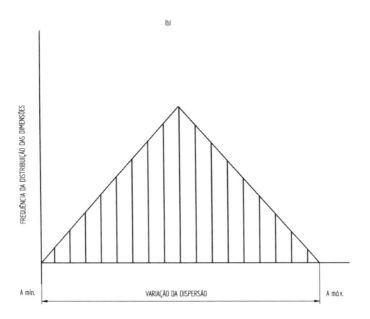

Figura 4.24 – Distribuição triangular ou de Simpson.

A mesma troca de ferramentas pode tornar-se um desvio sistemático variável se as peças são entregues para as operações seguintes devidamente separadas como lotes individuais.

Desvios sistemáticos constantes permanecem na produção de peças individuais somente durante determinados intervalos de tempo, que podem ser grandes ou pequenos, dependendo da frequência de aferição das peças. Por exemplo, o erro de montagem de uma ferramenta provoca um desvio sistemático constante até que esta seja ajustada ou substituída.

Um erro de fabricação de um dispositivo pode provocar um desvio sistemático de localização da peça a ele fixada durante o tempo em que o dispositivo não é recondicionado. Após o recondicionamento, esse desvio deve desaparecer.

Diante disso, todos esses fatores, variando continuamente ao longo da fabricação das peças ou em sua montagem, vão influir na qualidade final do produto sendo fabricado.

Essa variação provoca distorções no diagrama de frequências, que é sensível à amplitude da dispersão ω_u, resultante da ação combinada dos desvios aleatórios e de sua mudança de posição dessa dispersão com relação aos limites da zona de tolerância ou do valor nominal da característica de qualidade que está sendo medida.

Análise de dimensões: princípios gerais de cotagem

Portanto, pode-se definir como apresentado a seguir.

Desvio resultante

A ação combinada de todos os desvios anteriores, sejam sistemáticos ou aleatórios, determinam o desvio total de determinada característica de qualidade. Este deve ser previsto *a priori* nos projetos e controlado na fabricação, para se evitar perda de qualidade do produto final.

Pode-se supor um gráfico de medições individuais de determinada dimensão, em que:

$$A_0 = \text{dimensão nominal}$$

A determinação da coordenada Δw_S do meio da dispersão é feita por meio da equação, conforme mostra a Figura 4.25:

$$\omega_S = \omega_c + \frac{\omega_v}{2} \tag{4.13}$$

em que:

roc = desvio sistemático constante;

rov = desvio sistemático variável sujeito a determinada lei de variação.

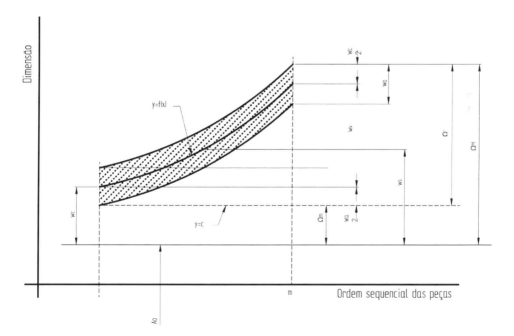

Figura 4.25 — Desvio resultante da ação combinada de desvios sistemáticos e aleatórios.

A Equação (4.13) deve ser considerada uma expressão algébrica, para se permitir a determinação das piores condições.

O máximo desvio total Ω_M a partir da dimensão nominal é determinado pela expressão:

$$\Omega_M = \omega_c + \omega_v + \frac{\omega_a}{2} \qquad (4.14)$$

enquanto o mínimo desvio total Ω_m é determinado pela expressão:

$$\Omega_M = \omega c - \frac{\omega_a}{2} \qquad (4.15)$$

em que:

ω_a = amplitude da dispersão em razão dos desvios aleatórios, sujeitos a determinada lei de variação.

Além disso, a dispersão total Ω' é calculada por:

$$\Omega' = w_v + w_a \qquad (4.16)$$

Portanto, por meio das Equações (4.14), (4.15) e (4.16), pode-se concluir que, para a fabricação de várias peças de um conjunto mecânico:

a) desvios sistemáticos constantes são somados algebricamente, enquanto os desvios sistemáticos variáveis são somados aritmeticamente, de modo a se obter sempre a pior condição de análise. Ambos são somados entre si algebricamente, para se obter também as piores condições.

b) desvios aleatórios são somados de acordo com a raiz quadrada da soma de seus quadrados, ou seja:

$$\omega_a = \sqrt{k_1 \omega_{1a}^2 + k_2 \omega_{2a}^2 + \cdots + k_n \omega_{na}^2} \qquad (4.16a)$$

em que:

$k_1, k_2 \cdots kn$ = são fatores que dependem do tipo de curva de frequência de distribuição dos desvios aleatórios componentes;

$\omega_{1a} \cdots \omega_{na}$ = desvios correspondentes a cada curva de frequência de distribuição n-número de desvios.

Se todos os desvios componentes são governados pela mesma lei de distribuição, tem-se:

$$k_1 = k_2 = \cdots = k_m = k$$

$$\boxed{\omega_a = k\sqrt{\sum_{i=1}^{m} \omega_{ia}^2}} \tag{4.17}$$

O erro mínimo resultante é obtido quando os desvios componentes seguem a lei de distribuição normal ($k = 1$), variando para desgastes maiores da ferramenta, de acordo com a distribuição triangular ($k = 1,2$ a $1,5$), sendo máxima para $k = 1,7$ (distribuição retangular).

Geralmente, para operações em que há pré-montagem das ferramentas de corte, ou seja, as ferramentas são sempre localizadas *a priori* por meio de montagens individuais, eliminando-se desgastes prematuros, além de controle de dimensões por *stops* positivos ou curvas sem a interferência do operador, a distribuição de frequência de muitos tipos de desvios aleatórios aproxima-se da lei de distribuição normal de frequência.

As dispersões na fabricação e suas respectivas leis de variação tornam-se particularmente importantes quando, após fabricadas, as peças devem ser montadas de acordo com um conjunto predeterminado. O conhecimento das leis de dispersão é muito importante na determinação do sistema de colocação de tolerâncias. Sob o aspecto econômico, essa escolha torna-se vital para uma economia de operações e o barateamento total do produto, dando-lhe condições de competição em termos de qualidade e preço.

DETERMINAÇÃO DOS DESVIOS DO COMPONENTE FINAL

Conforme exposto anteriormente, a precisão de sistemas mecânicos, simples ou complexos, incluindo-se nessa categoria máquinas de um modo geral, é determinada pela resolução de cadeias cinemáticas e dimensionais.

Todas as fases de criação do produto, incluindo a determinação de sua aplicação, projeto de dimensionamento, estabelecimento de tolerâncias para o conjunto final, elaboração do processo tecnológico de montagem da máquina, processo de fabricação das peças individuais, implicam a fixação e interligação das cadeias cinemáticas e de dimensões.

Existem diversas soluções a serem adotadas para a determinação da precisão do componente final de uma cadeia dimensional. A precisão e acuracidade do produto final são dependentes do método aplicado em cada caso em particular. Considerações econômicas não podem ser esquecidas na escolha desse método.

As questões seguintes devem ser respondidas para facilitar a análise:

a) É possível prever, na determinação das tolerâncias, que um lote de peças pode retornar da linha de montagem ou da usinagem para retrabalho?

b) As condições operacionais da fábrica, dependendo do nível de produção, não vão sofrer grandes atrasos se isso ocorrer?

c) É mais econômico estreitarem-se as tolerâncias de fabricação e de montagem para evitar esse retrabalho?

O investimento para evitar retrabalho, consequência do estreitamento das tolerâncias, é muito grande? Há capacidade monetária suficiente para aquisição do equipamento necessário sem impacto sensível nas condições financeiras?

d) Pode-se raciocinar em termos de montagem seletiva?

A resposta a cada uma dessas perguntas, em função das características próprias de cada produto a ser fabricado, do nível de produção desejado, dos recursos financeiros da fábrica, da mão de obra disponível etc., deve ser dada para cada caso em particular.

Existem, porém, alguns métodos de análise que oferecem condições gerais para a escolha mais acertada para cada uma das situações.

MÉTODO DA INTERCAMBIABILIDADE TOTAL

Critérios de escolha

A intercambiabilidade total ou completa, aplicada à montagem de um sistema mecânico qualquer, implica que todas as peças devem ser montadas mesmo que estejam em seus limites de tolerância. Não deve haver problemas com montagens rejeitadas por tolerâncias impróprias, precisando o tempo de montagem ser reduzido ao mínimo. Se o desgaste das peças, na utilização a que foram destinadas, não for significativo, a intercambiabilidade também deve ser atendida para reposições após o uso comercial do produto. Estas são as condições que devem ser satisfeitas pelo *método de intercambiabilidade total*, em que a precisão necessária do componente final é sempre obtida, mesmo quando são incluídos ou trocados componentes da cadeia de dimensões sem selecioná-los ou alterar seu o valor. Como exemplo, pode-se citar a folga com determinada precisão que é obtida entre os dentes de engrenagens na montagem da caixa de câmbio de veículos automotores. Na montagem de caixas de câmbio, todos os seus componentes – engrenagens, eixos, rolamentos de esferas ou rolos, alavancas, garfos de engate etc. – são montados sem qualquer necessidade de ajuste ou seleção. Esse método é economicamente viável em produções de alta série, em que o investimento de capital em equipamentos e ferramental para a produção é rapidamente amortizado pela alta quantidade de produto fabricado. Esse mesmo método aplica-se em outros produtos fabricados em grandes séries, como motores a combustão interna, autove-

Análise de dimensões: princípios gerais de cotagem

ículos, *desktops*, *notebooks*, celulares, televisores, eletrodomésticos etc. As principais vantagens do método de intercambiabilidade total são as seguintes:

a) A precisão necessária do componente final é obtida por um método simples, uma vez que a construção da cadeia de dimensões é simplificada pela ligação pura e simples dos componentes. Exemplificando: a montagem por este método consiste na simples colocação das peças umas com as outras.

b) Os tempos-padrão são mais facilmente determinados, pois não há necessidade de ajustes ou seleção.

c) Tais processos podem ser, comparativamente a outros, mais facilmente mecanizados e automatizados.

d) As submontagens e peças pertencentes a determinado conjunto podem ser feitas em fábricas separadas e montadas em uma única fábrica montadora. Como exemplos típicos, podem ser citados a fabricação de rolamentos, componentes elétricos, bombas hidráulicas, máquinas operatrizes moduladas, motores de autoveículos, componentes em geral de autoveículos. Este princípio possibilitou e facilitou a fabricação seriada simplificando as montagens e a intercambiabilidade entre montagens.

e) A mão de obra para os trabalhos de usinagem e montagem pode ser de custo mais barato, pois os processos consistem basicamente na simples união de peças componentes (montagens) ou na troca de peças para usinagem (carga e descarga das máquinas operatrizes).

Essas vantagens levam à aplicação desse método para resolver vários problemas referentes à determinação da precisão necessária ou outras características de qualidade do produto em fabricação. Os limites de sua aplicação são ditados por considerações de ordem econômica. Tais fatores podem ser ressaltados no gráfico da Figura 4.26.

Suponha-se que determinada operação de fabricação deva ser usinada por máquina na qual a rejeição de peças, com relação à tolerância permissível, obedeça à curva 1 da Figura 4.26. Com a diminuição da tolerância, a quantidade de peças rejeitadas cresce lentamente (secção *a-b* do gráfico), depois rapidamente (secção *b-c*) e, a seguir, praticamente na vertical (secção *c-d*), de tal modo que as peças não podem mais ser usinadas economicamente; portanto, praticamente todas as peças são rejeitadas. Se, entretanto, a tolerância apertada for indispensável para que a peça cumpra sua função dentro do projeto inicial, será necessário modificar o processo de fabricação, ou ainda, em muitos casos, modificar as máquinas de usinagem. A curva 2 mostra as características de um novo processo de usinagem, em que é possível manter tolerâncias apertadas com a precisão necessária. Por outro lado, há um aumento de custo de fabricação devido aos investimentos necessários em novos equipamentos, que devem seguir a curva 2.

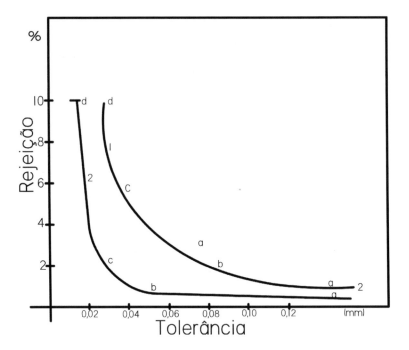

Figura 4.26 – Variação da porcentagem de rejeição com a precisão de fabricação.

O gráfico da Figura 4.27 mostra o crescimento do custo de fabricação de um eixo em função da tolerância do diâmetro do eixo. Nota-se, então, que o custo cresce com a tolerância de acordo hiperbolicamente, o que é explicado pelo fato de que, para um aumento da precisão (redução da tolerância), se torna necessário substituir o equipamento por um mais sofisticado e que, na maioria dos casos, tem produção menor. Por essas considerações, pode-se concluir que a adoção ou não do método de intercambiabilidade completa está vinculada, principalmente, a considerações de ordem econômica.

Formulação analítica

Tomando-se o exemplo da Figura 4.8 e adotando-se que C seja o componente final e A e B os componentes normais da cadeia de dimensões, as tolerâncias dos componentes A, B e C podem ser definidas como:

$$t_A = A_{máx.} - A_{mín.}$$

$$t_C = C_{máx.} - C_{mín.}$$

$$t_B = B_{máx.} - B_{mín.}$$

Portanto:

$$C_{máx.} = A_{máx.} - B_{mín.} \tag{4.18}$$

$$C_{mín.} = A_{mín.} - B_{máx.} \tag{4.19}$$

em que:

$B_{máx.}$ = valores máximos dos componentes,

$A_{mín.}$ = valores mínimos dos componentes.

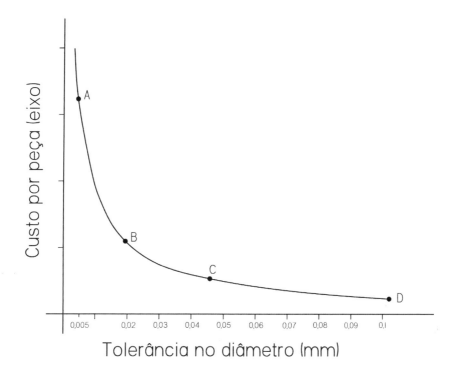

Figura 4.27 – Variação do custo de fabricação de um eixo com a tolerância.

Subtraindo-se a Equação (4.18) da (4.19), tem-se:

$$C_{máx.} - C_{mín.} = (A_{máx.} - A_{mín.}) + (B_{máx.} - B_{mín.}).$$

A partir das definições de t_C, t_B e t_A, pode-se escrever:

$$\boxed{t_C = t_A + t_B} \tag{4.20}$$

Generalizando, supondo-se uma corrente de dimensões com n elementos, inclusive o final, pode-se concluir que:

$$t_\delta = \sum_{i=1}^{n-1} t_i \qquad (4.21)$$

em que:

t_Δ = tolerância do componente final

n = número de componentes da cadeia de dimensões, inclusive o final

Portanto, pode-se concluir que a tolerância do componente final (ou inicial) de uma cadeia de dimensões paralela é a soma aritmética dos valores absolutos das tolerâncias de seus componentes, com exceção do final (ou inicial).

Analisando a Fórmula (4.21), conclui-se que é sempre necessário selecionar como componente final de uma cadeia de dimensões aquele que requer menor precisão, visto que a soma de todas as tolerâncias de toda a cadeia é absorvida por esse componente. Como consequência, já que o componente final é obtido por último na sequência de usinagem, sua dimensão contém todos os erros acumulados de todas as operações iniciais para se obter todos os outros componentes.

É insuficiente, para efeito de dimensionamento, conhecer somente a dimensão nominal e a tolerância do componente final, sendo necessários seus afastamentos superior e inferior.

Utilizando-se a mesma nomenclatura de ajustes cilíndricos e chamando:

A – medida nominal,

$A_{máx.}$ – medida máxima correspondente à medida nominal,

$A_{mín.}$ – medida mínima correspondente à medida nominal,

Δ_{SA} – afastamento superior da dimensão A,

Δ_{IA} – afastamento inferior da dimensão A,

conforme a Figura 4.28, temos:

$$\Delta_{SA} = A_{máx.} - A,$$

$$\Delta_{IA} = A_{mín.} - A.$$

Supondo-se sempre que os valores de Δ_{SA} e Δ_{IA} sejam algébricos, dependendo da localização da medida nominal com relação a eles, pode-se concluir que:

$$A_{máx.} = A + \Delta_{SA}$$

$$A_{mín.} = A + \Delta_{IA}$$

Análise de dimensões: princípios gerais de cotagem   311

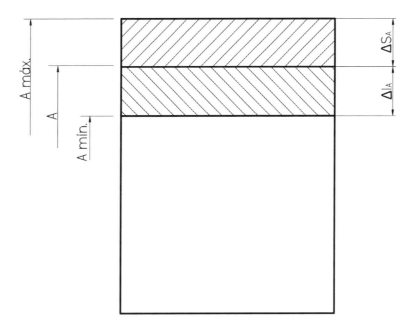

Figura 4.28 – Dimensões e diferenças.

Analogamente:

$$B_{máx.} = B + \Delta_{SB}$$

$$B_{mín.} = B + \Delta_{IB}$$

$$C_{máx.} = C + \Delta_{SC}$$

$$C_{mín.} = C + \Delta_{IC}$$

Adotando-se ainda a Figura 4.8 e a Equção (4.18), pode-se deduzir que:

$$C_{máx.} = A_{máx.} - B_{mín.} \tag{4.22}$$

Levando-se em conta os valores de $C_{máx.}$, $A_{máx.}$ e $B_{mín.}$, tem-se:

$$C + \Delta S_C = A + \Delta_{SA} - B - \Delta I_B$$

subtraindo-se da Equação (4.22) a Equação (4.18), tem-se:

$$\Delta_{SC} = \Delta_{SA} - \Delta_{IB} \tag{4.23}$$

Analisando-se a Figura 4.8, verifica-se que, sendo C um componente final, o componente A é crescente, enquanto o componente B é decrescente. Generalizando-se, para uma cadeia de dimensões qualquer, constituída de um número qualquer de componentes, pode-se escrever:

$$\Delta S_\delta = \sum_{i=1}^{n} \Delta \vec{S}_i - \sum_{i-n+1}^{m-1} \Delta \overleftarrow{I}_i \qquad (4.24)$$

em que:

ΔS_Δ = afastamento superior do componente final;

ΔS_i = afastamento superior dos componentes crescentes;

n = número de componentes crescentes;

ΔI_i = afastamento inferior dos componentes decrescentes;

m = número total de componentes da cadeia, inclusive o componente final.

Ou seja,

o afastamento superior do componente final de uma cadeia de dimensões é igual à soma dos afastamentos superiores dos componentes crescentes, menos a soma dos afastamentos inferiores dos componentes decrescentes.

Para o caso do afastamento inferior, analogamente, pode-se escrever:

$$C_{mín.} = A_{mín.} - B_{máx.},$$

fazendo-se deduções análogas do caso anterior, tem-se:

$$\Delta_{IC} = \Delta_{IA} - \Delta_{SB}$$

ou, genericamente,

$$\Delta S_\delta = \sum_{i=1}^{n} \Delta \vec{I}_i - \sum_{i-n+1}^{m-1} \overline{\Delta S_i} \qquad (4.25)$$

Portanto,

o afastamento inferior do componente final de uma cadeia de dimensões é igual à soma dos afastamentos inferiores dos componentes crescentes, menos a soma dos afastamentos superiores dos componentes decrescentes.

Análise de dimensões: princípios gerais de cotagem
313

As Equações (4.21), (4.24) e (4.25) representam as condições gerais que devem ser satisfeitas pelo componente final de uma cadeia dimensional para satisfazer o método da intercambiabilidade total. Na aplicação desse método para montagens de componentes mecânicos, geralmente o componente final é prefixado. É o caso da determinação de folga das capas de rolamentos com relação às respectivas carcaças para evitar esforços axiais. Podem ser ainda enquadradas como componentes finais as distâncias entre peças internas e suas respectivas carcaças. Em montagens normais, essas distâncias devem ser positivas, para evitar interferências na montagem.

Sendo o componente final e sua tolerância geralmente prefixados, o problema sempre se prende à determinação das tolerâncias dos componentes normais. Analisando-se a Equação (4.21) e partindo-se do pressuposto de que o valor e a tolerância do componente final estão determinados, chega-se à conclusão de que há $n - 1$ combinações possíveis de tolerâncias dos componentes normais que satisfaz a referida equação. O problema torna-se, portanto, indeterminado, podendo o valor de t_Δ ser obtido por um número infinitamente grande de valores de t_i. A fim de eliminar a indeterminação, supõe-se em primeira aproximação que todos os componentes exercem a mesma influência sobre o desvio do componente final. Dessa aproximação, pode-se concluir que todas as suas tolerâncias são iguais. Nessas condições, o valor da tolerância média dos componentes normais é definido pela equação:

$$t_{med} = \frac{t_\delta}{m-1} \qquad (4.26)$$

Algumas vezes, o valor de $t_{méd.}$ revela-se inconveniente, por estreitar tolerâncias desnecessariamente e abrir tolerâncias cujas máquinas-ferramentas podem facilmente obter. É o caso de um conjunto mecânico composto de rolamentos, espaçadores e engrenagens assentados num único eixo. As tolerâncias de face dos rolamentos, estando definidas pelo seu fabricante, podem possibilitar a abertura das demais tolerâncias, resultando em economia na fabricação.

Para facilidade de cálculo, é sempre conveniente transformar as cotas dos componentes normais, de tal modo que estejam sempre no meio da tolerância total. Exemplificando, uma cota 130 +0,020 -0,01 deve ser transformada para 130,05 ± 0,015.

Condições para aumento de precisão

A maior ou menor precisão de um conjunto mecânico, conforme já foi verificado, depende essencialmente das cadeias dimensionais que interligam seus diversos componentes. A Equação (4.21) determina a inter-relação da precisão do elemento final da cadeia de dimensões com todos os outros componentes.

A primeira condição a ser seguida é a minimização das tolerâncias t_i da Equação (4.21), ou seja:

1. *A precisão do componente final é tanto maior quanto menores são as tolerâncias dos componentes individuais.*

Ainda pela análise da Equação (4.21), pode-se estabelecer a segunda condição de precisão:

2. *A precisão de um componente final de uma cadeia dimensional é tanto maior quanto menor é o número de componentes normais que o influenciam.*

Esta condição, porém, não é suficiente, visto que nem sempre é possível diminuir o número de componentes normais até a quantidade considerada ótima. Todo conjunto mecânico necessita de diversos elementos que na maioria das vezes não podem ser suprimidos, ocasionando o aumento de componentes normais. Para se reduzir o número de componentes normais, adota-se a terceira condição, denominada *princípio do caminho mais curto*, que pode ser enunciada como:

3. *A cadeia de dimensões deve ser formada pelo menor número possível de componentes normais que formam com o componente final uma cadeia dimensional fechada.*

Tal raciocínio é baseado no fato de que, para cadeias com grande número de componentes, a tolerância acumulada torna-se tão grande que é praticamente impossível designar qualquer componente como final.

Adotando-se o exemplo da Figura 4.11, verifica-se que a cadeia de dimensões:

$$A_1 + A_2 + A_3 - A_4 - A_5 - A_6 + A_7 + A_8 + A_\Delta = 0$$

é construída a partir do princípio do caminho mais curto.

Adotando-se o mesmo conjunto mecânico na Figura 4.29, verifica-se que na cadeia de dimensões:

$$A_1 + A_2 + A_3 + A_9 - A_{10} - A_{11} - A_{12} - A_{13} - A_{14} - A_{15} + A_7 + A_8 + A_\Delta = O$$

os componentes $A_{10}, A_{11}, A_{12}, A_{13}, A_{14}$ podem perfeitamente ser substituídos pelos componentes A_4, A_5 e A_6, com melhoria da precisão do componente final.

Análise de dimensões: princípios gerais de cotagem 315

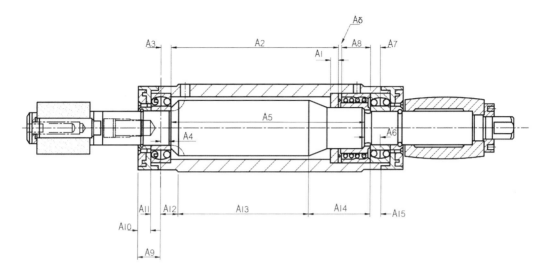

Figura 4.29 – Consequências de não aplicação do princípio do caminho mais curto.

Estas três condições devem ser procuradas, sempre que possível, em todo projeto de conjuntos mecânicos, desde os mais simples aos mais complexos, como máquinas-ferramentas, a fim de se aumentar sua precisão e repetibilidade.

MÉTODO DA INTERCAMBIABILIDADE LIMITADA

Critérios de escolha

Quando se adota, na montagem de um conjunto mecânico, o método da intercambiabilidade total, tem-se a certeza absoluta de que todas as peças são montadas para formar o conjunto sem haver necessidade de retrabalho. Esta solução, aplicável a grandes séries de peças repetitivas, tem a grande vantagem de eliminar totalmente paradas em linhas de montagem, possibilitando fluxo contínuo e, por consequência, maior produção horária. Além disso, todos os controles ficam mais fáceis, como tempos-padrão, programa de produção, planejamento, controle de produção etc. Em contrapartida, devido ao estreitamento das tolerâncias, há necessidade de investimentos em máquinas mais precisas, além do aumento do custo de fabricação das peças.

Em alguns casos, porém, esse investimento adicional torna-se desnecessário, além de proibitivo. São enquadráveis neste caso produtos de fabricação limitada, por lotes fechados, como alguns tipos de máquinas operatrizes, equipamentos especiais, máquinas agrícolas, máquinas pesadas e semipesadas fabricadas repetitivamente etc.

Pode-se adotar, para este caso, *o método da intercambiabilidade limitada* para a determinação da tolerância do componente final. Esse método é baseado no cálculo da probabilidade de desvio da tolerância do componente final de uma cadeia dimensional, com relação a uma tolerância previamente estabelecida. A aplicação do método prevê ainda que esse desvio ocorre para uma porcentagem predeterminada de peças do lote.

A diferença entre esse método e o anterior é que são usadas tolerâncias maiores para os componentes da cadeia de dimensões. Isso resulta, portanto, em uma usinagem mais barata, manutenção menos onerosa do equipamento. Há, entretanto, certa porcentagem de casos nos quais o desvio do componente final não está entre os limites da tolerância determinada.

Formulação analítica

Para esclarecer melhor a aplicação deste método, apresenta-se a Figura 4.30, na qual se tem uma cadeia de dimensões com três componentes (A_1, A_2 e o componente final A). Adotando-se ainda que as tolerâncias dos componentes sejam iguais, ou seja:

$$t_{A1} = t_{A2}$$

e que a lei de dis000ibuição normal é válida para ambos os componentes, a frequência de distribuição do componente final é dada por:

$$\sigma_{A\delta} = \sqrt{\sigma_{A1}^2 + \sigma_{A2}^2}$$

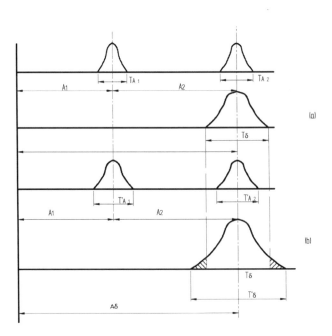

Figura 4.30 — Comparação entre o método de intercambiabilidade total e limitada.

Análise de dimensões: princípios gerais de cotagem

Se o problema é resolvido utilizando-se o método da intercambiabilidade total, as tolerâncias do componente final A e dos componentes normais devem seguir a Equação (4.21), ou seja,

$$t_{A1} = t_{A2} = \frac{t_{A\delta}}{2}$$

o que pode ser visto esquematicamente na Figura 4.30a.

Aplicando-se para o mesmo problema o método da intercambiabilidade limitada, as tolerâncias de ambos os componentes A_1 e A_2 podem ser alteradas para t'_{A1} e t'_{A2}, tal que:

$$t'_{A1} > t_{A1} \quad e \quad t'_{A2} > t_{A2}$$

Obviamente, a tolerância do componente final é também maior que a necessária, como é mostrado na Figura 4.30b, em que a parte hachurada representa a porcentagem de peças em que a tolerância do componente final é maior que a especificada, determinada por:

$$t_k = t'_A > t_A$$

portanto, conclui-se que:

$$t'_{A\delta} = t'_{A1} + t'_{A2}$$

A porcentagem de peças rejeitadas é determinada pela soma das duas áreas hachuradas previstas pela curva de distribuição normal, podendo ser determinada por meio da teoria das probabilidades aplicada à curva de distribuição normal.

Além disso, ainda baseado nos princípios da lei das probabilidades, este método admite que as combinações possíveis dos valores extremos da tolerância são extremamente difíceis se comparadas às combinações com os valores médios. Como consequência, a porcentagem possível de peças nas quais o componente final está fora de especificação é extremamente baixa.

A vantagem real deste método advém do fato de que é muito mais barato repassar uma porcentagem muito pequena de peças, colocando-as dentro das especificações do que usinar todo o lote em condições mais apertadas, a fim de se garantir que em todas as peças o componente final esteja dentro das condições especificadas. Naturalmente, tendo os componentes intermediários e finais tolerâncias mais abertas, os métodos de usinagem e controle podem ser mais baratos. Também são menores os investimentos em máquinas-ferramentas.

Do que foi exposto anteriormente, conclui-se que este método apresenta vantagens muito grandes com relação ao anterior. Tais vantagens aumentam à medida que crescem a tolerância do componente final e a de componentes normais.

Duas condições devem ser seguidas para sua aplicação:

1. As coordenadas dos centros das zonas de tolerância devem ser calculadas do mesmo modo que no método anterior, pelas Fórmulas (4.24) e (4.25);

2. As tolerâncias podem ser calculadas utilizando-se a regra da teoria das probabilidades, em que a soma das variâncias das dispersões, aqui tomadas como tolerâncias dos componentes normais, é igual à variância da dispersão (ou tolerância) do componente final, ou seja:

$$\sigma_\delta^2 = \sigma_1^2 + \sigma_2^2 + \cdots + \sigma_{m-1}^2 = \sum_{i=1}^{m-1} \sigma_i^2 \tag{4.27}$$

em que:

σ_δ^2 = variância da tolerância do componente final;

σ_i^2 = variância da tolerância dos componentes normais;

m = número de componentes, inclusive o final.

Assim, pela aplicação das equações da estatística à distribuição de frequências aplicadas, das tolerâncias t_i e T_Δ, pode-se afirmar que:

$$k = \frac{t}{\sigma} \tag{4.28}$$

em que k é o coeficiente que caracteriza a lei de distribuição teórica de frequência da tolerância t.

Assim, tem-se:

$$k_i = \frac{t_i}{\sigma_i}$$

$$k_\delta = \frac{t_\delta}{\sigma_\delta}$$

Aplicando-se essas equações à Equação (4.27), tem-se:

$$\frac{t_\delta^2}{k_\delta^2} = \frac{t_1^2}{k_1^2} + \frac{t_2^2}{k_2^2} + \cdots + \frac{t_{m-1}^2}{k_{m-1}^2}$$

Análise de dimensões: princípios gerais de cotagem

ou

$$\frac{t_\delta}{k_\delta} = \sqrt{\sum_{i=1}^{m-1} \frac{t_i^2}{2_i^2}}$$

(4.29)

em que:

k_δ^2; k_i^2 = coeficientes que caracterizam a lei de distribuição teórica de frequências correspondentes às tolerâncias t_Δ e t_i.

Os valores de k são determinados a partir da análise do processo de fabricação e da determinação das leis de distribuição de frequência, conforme já foi descrito na página 299.

Para a maioria dos casos práticos, pode-se adotar os seguintes valores para k:

k^2 = 3 – para a lei das probabilidades iguais (distribuição retangular),

k^2 = 6 – para a lei das probabilidades de Simpson (distribuição triangular),

k^2 = 9 – para a lei de Gauss (distribuição normal).

Assim como no método da intercambiabilidade total, a análise da Equação (4.29) leva a uma indeterminação. Se for fixado o valor de t, há infinitos valores de t_i que satisfazem a referida equação. Como na anterior, supõe-se que todos os componentes exercem a mesma influência sobre o desvio do componente final. Neste caso, o valor da tolerância média dos componentes normais é:

$$\frac{t^2}{k^2} = (m-1)\frac{t_{méd.}^2}{k_{méd.}^2}$$

(4.30)

ou

$$t_{méd.} = \frac{t_\delta}{k_\delta \sqrt{\dfrac{m-1}{k_{méd.}^2}}}$$

(4.31)

A partir do processo de fabricação de cada componente e das condições nas quais ele pode ser controlado, adota-se a lei da dispersão desses componentes e, consequentemente, o valor de $k_{méd.}^2$.

Ao se adotar o risco de se obter peças fora de especificação igual a 0,27%, tem-se o valor de $k = 3$ e é aplicada para o componente final a lei de distribuição de Gauss.

Outra conclusão importante a ser retirada dessa formulação é que, com o aumento do número de componentes, qualquer que seja a distribuição de frequência deles, o componente final tem sempre uma distribuição segundo a lei de Gauss.

Assumindo-se agora que todos os componentes da cadeia dimensional, inclusive o final, são fabricados segundo a mesma lei de variação de dispersão, tem-se:

$$k = k_1 = \cdots k_{m-1} = k$$

Portanto, a Equação (4.29) é transformada em:

$$t = \sqrt{\sum_{i=1}^{m-1} t_1^2}, \qquad (4.32)$$

Ou seja,

quando os componentes de uma cadeia de dimensões são obtidos a partir das mesmas leis de variação de dispersão, obtém-se a tolerância do componente final através do método da intercambiabilidade limitada, com a raiz quadrada da soma dos quadrados das tolerâncias dos componentes normais.

Para a grande maioria das aplicações, é aceito o valor de dispersão máxima de 3σ (Figura 4.31), resultando uma porcentagem de peças ou montagens rejeitadas de 0,27%.

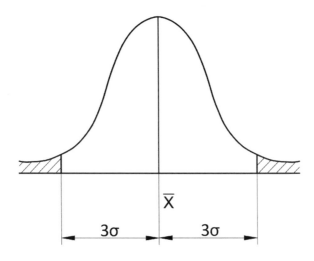

Figura 4.31 – Porcentagem de refugos com a adoção da lei de Gauss.

Essa porcentagem representa graficamente a parte da curva além da coordenada $x = \pm 3$.

Adotando-se a Equação (4.12) e chamando-se de R o risco de se obter peças ou montagens fora da especificação, tem-se:

$$R = \frac{2}{\sigma\sqrt{2\pi}} \int_\lambda^\infty e^{-x^2/2\sigma^2}\, dx \qquad (4.33)$$

Os valores do risco R são obtidos a partir da adoção do valor de:

$$k = \frac{t}{\sigma}$$

Chega-se, então, ao valor de R listado na coluna R da Tabela 4.1.

Assim, por exemplo, para um valor de $k = 1,85$, quando a dispersão máxima permitida em cada lado da curva de Gauss é de $t = 1,85$, o valor a ser previsto para as rejeições é de 0,0643 ou 6,43 %.

Tabela 4.1 – Valores do erro admissível para diversos valores de k

k	R	k	R	k	R	k	R
0,00	1,0000	0,39	0,6965	0,78	0,4354	1,17	0,2420
0,01	0,9920	0,40	0,6892	0,79	0,4295	1,18	0,2360
0,02	0,9840	0,41	0,6818	0,80	0,4237	1,19	0,2340
0,03	0,9761	0,42	0,6745	0,81	0,4179	1,20	0,2301
0,04	0,9681	0,43	0,6672	0,82	0,4122	1,21	0,2263
0,05	0,9601	0,44	0,6599	0,83	0,4065	1,22	0,2?25
0,06	0,9522	0,45	0,6527	0,84	0,4009	1,23	0,2187
0,07	0,9442	0,46	0,6455	0,85	0,3953	1,24	0,2150
0,08	0,9362	0,47	0,6384	0,86	0,3898	1,25	0,2113
0,09	0,9283	0,48	0,6312	0,87	0,3843	1,26	0,2077
0,10	0,9203	0,49	0,6241	0,88	0,3789	1,27	0,2041
O,ll	0,9124	0,50	0,6171	0,89	0,3735	1,28	0,2025
0,12	0,9045	0,51	0,6101	0,90	0,3681	1,29	0,1971
0,13	0,8966	0,52	0,6031	0,91	0,3628	1,30	0,1936
0,14	0,8887	0,53	0,5961	0,92	0,3576	1,31	1,1902
0,15	0,8808	0,54	0,5892	0,93	0,3524	1,32	0,1868
0,16	0,8729	0,55	0,5823	0,94	0,3472	1,33	0,1835
0,17	0,8650	0,56	0,5755	0,95	0,3421	1,34	0,1802
0,18	0,8572	0,57	0,5687	0,96	0,3371	1,35	0,1770
0,19	0,8493	0,58	0,5619	0,97	0,3320	1,36	0,1738
0,20	0,8415	0,59	0,5552	0,98	0,3271	1,37	0,1707
0,21	0,8337	0,60	0,5485	0,99	0,3322	1,38	0,1676

(continua)

Tabela 4.1 – Valores do erro admissível para diversos valores de k *(continuação)*

k	R	k	R	k	R	k	R
0,22	0,8259	0,61	0,5419	1,00	0,3173	1,39	0,1645
0,23	0,8181	0,62	0,5353	1,01	0,3125	1,40	0,1615
0,24	0,8103	0,63	0,5287	1,02	0,3077	1,41	0,1585
0,25	0,8026	0,64	0,5222	1,03	0,3030	1,42	0,1556
0,26	0,7949	0,65	0,5157	1,04	0,2983	1,43	0,1527
0,27	0,7872	0,66	0,5053	1,05	0,2937	1,44	0,1499
0,28	0,7795	0,67	0,5029	1,06	0,2891	1,45	0,1471
0,29	0,7718	0,68	0,4965	1,07	0,2846	1,46	0,1443
0,30	0,7642	0,69	0,4902	1,08	0,2801	1,47	0,1416
0,31	0,7566	0,70	0,4839	1,09	0,2757	1,48	0,1389
0,32	0,7490	0,71	0,4777	1,10	0,2713	1,49	0,1362
0,33	0,7414	0,72	0,4715	1,11	0,2670	1,50	0,1336
0,34	0,7339	0,73	0,4654	1,12	0,2627	1,51	0,1310
0,35	0,7263	0,74	0,4593	1,13	0,2585	1,52	0,1285
0,36	0,7188	0,75	0,4533	1,14	0,2543	1,53	0,1260
0,37	0,7114	0,76	0,4473	1,15	0,2501	1,54	0,1236
0,38	0,7039	0,77	0,4413	1,16	0,2460	1,55	0,1211
1,56	0,1188	1,94	0,0524	2,32	0,0203	2,70	0,0069
1,57	0,1164	1,95	0,0512	2,33	0,0198	2,71	0,0067
1,58	0,1141	1,96	0,0500	2,34	0,0193	2,72	0,0065
1,59	0,1118	1,97	0,0488	2,35	0,0188	2,73	0,0063
1,60	0,1096	1,98	0,0477	2,36	0,0183	2,74	0,0061
1,61	0,1074	1,99	0,0466	2,37	0,0178	2,75	0,0060
1,62	0,1052	2,00	0,0455	2,38	0,0173	2,76	0,0058
1,63	0,1031	2,01	0,0444	2,39	0,0168	2,77	0,0056
1,64	0,1010	2,02	0,0434	2,40	0,0164	2,78	0,0054
1,65	0,0989	2,03	0,0424	2,41	0,0160	2,79	0,0053
1,66	0,0970	2,04	0,0414	2,42	0,0155	2,80	0,0051
1,67	0,0949	2,05	0,0404	2,43	0,0151	2,81	0,0050
1,68	0,0930	2,06	0,0394	2,44	0,0147	2,82	0,0048
1,69	0,0910	2,07	0,0385	2,45	0,0143	2,83	0,0047
1,70	0,0891	2,08	0,0375	2,46	0,0139	2,84	0,0045
1,71	0,0873	2,09	0,0366	2,47	0,0135	2,85	0,0044

(continua)

Tabela 4.1 – Valores do erro admissível para diversos valores de *k (continuação)*

k	R	k	R	k	R	k	R
1,72	0,0854	2,10	0,0357	2,48	0,0131	2,86	0,0042
1,73	0,0836	2,11	0,0349	2,49	0,0128	2,87	0,0041
1,74	0,0819	2,12	0,0340	2,50	0,0124	2,88	0,0040
1,75	0,0801	2,13	0,0332	2,51	0,0121	2,89	0,0039
1,76	0,0784	2,14	0,0324	2,52	0,0117	2,90	0,0037
1,77	0,0767	2,15	0,0316	2,53	0,0114	2,91	0,0036
1,78	0,0751	2,16	0,0308	2,54	0,0111	2,92	0,0035
1,79	0,0735	2,17	0,0300	2,55	0,0108	2,93	0,0034
1,80	0,0719	2,18	0,0293	2,56	0,0105	2,94	0,0033
1,81	0,0703	2,19	0,0285	2,57	0,0102	2,95	0,0032
1,82	0,0688	2,20	0,0278	2,58	0,0099	2,96	0,0031
1,83	0,0673	2,21	0,0271	2,59	0,0096	2,97	0,0030
1,84	0,0658	2,22	0,0264	2,60	0,0093	2,98	0,0029
1,85	0,0643	2,23	0,0257	2,61	0,0091	2,99	0,0028
1,86	0,0629	2,24	0,0251	2,62	0,0088	3,00	0,0027
1,87	0,0615	2,25	0,0244	2,63	0,0085		
1,88	0,0601	2,26	0,0238	2,64	0,0083		
1,89	0,0588	2,27	0,0232	2,65	0,0081		
1,90	0,0574	2,28	0,0226	2,66	0,0078		
1,91	0,0561	2,29	0,0220	2,67	0,0076		
1,92	0,0549	2,30	0,0214	2,68	0,0074		
1,93	0,0536	2,31	0,0209	2,69	0,0071		

Verifica-se, portanto, que a aplicação do método da intercambiabilidade limitada dá ao projetista a possibilidade de escolher o critério que mais convém à companhia em termos de custo, por meio de uma análise sobre as opções de investimento *versus* rejeições, que dá a maior lucratividade possível ao produto. Essa lucratividade pode ser transformada, se bem aplicada, em causa fundamental no sucesso comercial do conjunto ou máquina sendo fabricado.

Aplicação dos métodos de intercambiabilidade total e limitada

Adotando-se a montagem dos blocos da Figura 4.32, pode-se determinar a tolerância t_D da largura D, para que a folga entre os blocos A, B, C e a largura D seja no mínimo igual a zero. Os blocos e a largura D têm as seguintes características:

Distribuição de frequências nas peças da Figura 4.32

Peça	Dimensão + Tolerância (mm)	Distribuição de frequências Tipo	k^2
A	75 ± 0,05	normal	9
B	150 ± 0,1	triangular	6
C	100 ± 0,08	retangular	3
D	325,5 ± t_D	normal	9

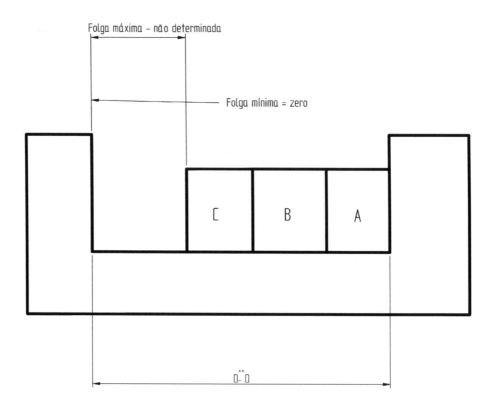

Figura 4.32 – Montagem de três blocos e um canal somente com especificação da folga mínima.

A tolerância t_D deve ser calculada pelo método da intercambiabilidade total e pelo método da intercambiabilidade limitada.

Solução

a) *Método da intercambiabilidade total*

Por meio da Fórmula (4.1), tem-se que:

$$A_\delta = \sum_{i=1}^{m} A_i$$

Análise de dimensões: princípios gerais de cotagem

Adotando-se que o valor médio da folga é $F = 3\sigma$, tem-se que:

$$F = D - A - B - C$$

ou

$$3\sigma = 325,5 - 75 - 150 - 100$$

$$3\sigma = 0,5 \text{ mm}$$

Portanto, o valor da tolerância total da folga F é:

$$t_\delta = t_F = 6\sigma = 1 \text{ mm}$$

Aplicando-se agora a Fórmula (4.21), tem-se:

$$t_\delta = \sum_{i=1}^{m-1} t_i$$

Sendo:

t_δ = 1 mm,

t_A = 0,1 mm,

t_B = 0,2 mm,

t_C = 0,16 mm,

tem-se, portanto,

$$1 = 0,1 + 0,2 + 0,16 + t_{DT}$$

$$t_{DT} = 0,54 \text{ mm}$$

em que t_{DT} = tolerância da peça D, utilizando o método da intercambiabilidade total. Portanto, a cota D é:

$$\boxed{D = 325,5 \pm 0,27 \text{ mm}}$$

b) *Método da intercambiabilidade limitada*

Para este método, o valor de F é o mesmo calculado anteriormente, diferindo-se somente o valor da tolerância t_D. Para o seu cálculo, é utilizada a Fórmula (4.29):

$$\frac{t_\delta}{k_\delta} = \sqrt{\sum_{i=1}^{m-1} \frac{t_i^2}{k_i^2}}$$

Sendo:

$t_\delta = 1$ mm,

$k_\delta^2 = 9 \Rightarrow k_\delta = 3$,

$k_A^2 = 9; \ k_B^2 = 6; \ k_C^2 = 3; \ k_D^2 = 9$,

tem-se, levando valores numéricos à Equação (4.29):

$$\frac{1}{3} = \sqrt{\frac{(0,1)^2}{9} + \frac{(0,2)^2}{6} + \frac{(0,16)^2}{3} + \frac{t_{DL}^2}{9}}$$

ou

$$\frac{1}{9} = \frac{0,01}{9} + \frac{0,04}{6} + \frac{0,0256}{3} + \frac{t_D^2}{9}$$

portanto,

$$\boxed{t_{DL} = 0,924 \text{ mm}}$$

em que t_{DL} = tolerância da peça D, utilizando o método da intercambiabilidade parcial. Calculando-se agora o valor da cota D, tem-se:

$$\boxed{D = 325,5 \pm 0,46 \text{ mm}}$$

Nota-se, pela análise dos dois resultados, que da aplicação do método da intercambiabilidade limitada resulta uma tolerância para a cota D 71% mais aberta que a obtida pelo método da intercambiabilidade total, ou seja:

$$\frac{t_{DL}}{t_{DT}} = \frac{0,924}{0,54} = 1,71$$

Se, em lugar dos blocos da Figura 4.32, fossem colocados os componentes de um conjunto mecânico, como engrenagens, espaçadores, rolamentos, anéis de trava, o problema seria exatamente o mesmo, desde que a folga fosse especificada *a priori*.

c) *Método de ajustagem*

O princípio deste método consiste no fato de que a precisão necessária do componente final é determinada mudando-se a dimensão de um componente de compensação previamente selecionado sem remoção de material desse componente.

Em princípio, o método de ajustagem pode ser feito com acerto de dimensões do componente final por meio de uma remoção de material. Esse sistema pode ser utilizado para execução de pequenas séries, em que as condições econômicas do produto não permitem uma variação grande de tamanho para o componente final.

Para montagens de grandes ou médias séries sem alteração do produto, o retorno de uma peça da linha de montagem para retrabalho, com a sua consequente paralisação, torna-se impraticável.

Na aplicação do método de ajustagem, pode-se mudar a dimensão do componente final de duas maneiras:

1. trocando-se a posição de uma das peças (por meio de deslocamento linear, angular ou ambos) de uma quantidade igual ao erro acumulado do componente final.

2. introduzindo-se uma peça especial de determinada dimensão na cadeia de dimensões.

As peças, cuja posição é mudada para se obter a precisão necessária, são denominadas *compensadores ajustáveis*. Qualquer sistema especial ou mesmo mecanismos inteiros podem ser classificados como compensadores ajustáveis, como buchas, sistemas com mola, réguas cônicas de regulagem, sistemas de correção de jogo de rolamentos cônicos, cames de regulagem etc.

Peças especiais de determinada dimensão ou com deslocamentos angulares prefixados entre suas superfícies, que são introduzidas na cadeia de dimensões com o mesmo propósito do item anterior, são denominadas *compensadores fixos*.

Os compensadores fixos mais comuns são calços, arruelas e anéis espaçadores. Por exemplo, na montagem de engrenagens hipoidais são utilizados calços calibrados para se obter a folga necessária entre pinhão e coroa.

Na montagem mostrada esquematicamente na Figura 4.33, é necessário manter-se a folga A_Δ (componente final) entre a bossa do alojamento 1 e o cubo da engrenagem 2 com a tolerância $t_{A\Delta}$.

A Figura 4.33 mostra que, por meio do componente de compensação A_3, a montagem pode ser feita. A folga necessária é mantida com a bucha 3, que serve como compensador ajustável.

A folga é mantida dentro de determinada precisão do seguinte modo: as peças são usinadas dentro das tolerâncias T_{A1} e T_{A2}, que são as economicamente viáveis com os meios produtivos disponíveis. Após as peças montadas, a bucha 3 é ajustada axialmente até que a folga A_Δ, dentro da tolerância $T_{A\Delta}$, seja obtida. A bucha é então travada em sua posição com o parafuso 4.

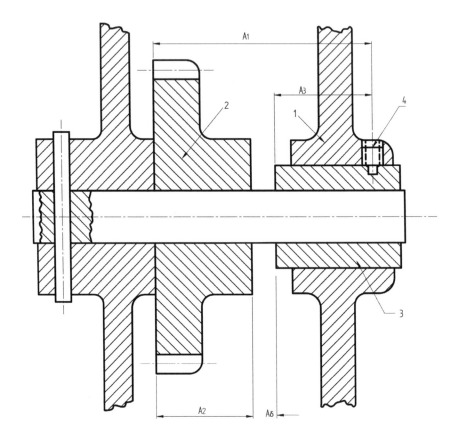

Figura 4.33 – Utilização de compensador ajustável para se obter a dimensão desejada do componente final.

Torna-se, portanto, evidente, por este exemplo, que, na montagem de dado conjunto, o comprimento de um componente de compensação pode ser alterado, ajustando-se a bucha e travando-a em seguida com o parafuso de fixação.

A mesma solução pode ser dada por meio de um componente de compensação fixo, que pode ser um espaçador ou um anel distanciador (Figura 4.34). Após a montagem das peças, é medida no conjunto a distância entre a face da engrenagem e a bolacha na carcaça. O valor médio da folga necessária é, então, subtraído dessa cota, determinando-se, assim, a dimensão do compensador fixo (a largura A_5 do anel distanciador). A partir daí, pode-se montar um anel com a dimensão apropriada e a folga necessária é obtida.

O método de ajustagem é bastante utilizado para se fazer alinhamento de barramentos de tornos, de eixo-árvore com contrapontos e, enfim, em todos os sistemas em que o alinhamento pode ser controlado por meio de suportes reguláveis. São também utilizadas réguas cônicas na determinação correta de folgas entre componentes de máquinas-ferramentas.

No caso de grandes séries esse método tende para um método de montagem seletiva, em que os compensadores fixos são usados sob a forma de anéis espaçadores, calços buchas, flanges ou peças de construção mais complicadas.

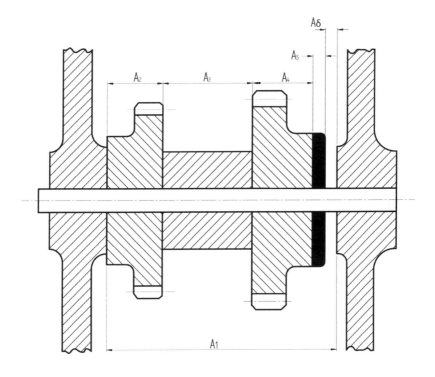

Figura 4.34 – Utilização de compensador fixo para se obter a precisão necessária.

Formulação analítica

Neste caso, será necessário determinar o número de medidas que deve ter um compensador fixo necessário, a quantidade de cada medida e as respectivas tolerâncias de cada uma delas.

O número de medidas para os compensadores fixos pode ser determinado da seguinte maneira: já foi visto que, para qualquer cadeia de dimensões de m componentes, a tolerância do componente final é dada por:

$$t'_\delta = \sum_{i=1}^{m-1} t'_1 \qquad (4.34)$$

em que:

t'_δ = tolerância do componente final obtido pela abertura de tolerância de todos os componentes normais;

t'_i = tolerância economicamente viável de um componente normal;

m = número de componentes da cadeia dimensional.

O aumento de tolerância de todos os componentes normais é compensado pela alteração de um componente de compensação.

Caso se tenha de obter um componente final com a precisão caracterizada pela tolerância t_δ, deve-se remover da cadeia de dimensões o excesso de erro acumulado, denominado *acúmulo de compensação*.

Se as tolerâncias já foram estabelecidas para todos os componentes intermediários, o *máximo acúmulo de compensação* t_c é determinado pela equação:

$$t_c = t'_\delta - t_\delta = \sum_{i=1}^{m-1} t'_i - t_\delta \qquad (4.35)$$

em que:

t_δ = tolerância do componente inicial ou final, determinado por condições de projeto;

t'_δ = tolerância do componente inicial ou final, possível de ser obtida após a fixação de todas as tolerâncias econômicas dos componentes intermediários;

t'_i = tolerância economicamente possível para o componente i;

m = número total de componentes da cadeia de dimensões, inclusive o final.

A Equação (4.35) determina os limites da mínima zona de tolerância em cujos limites é possível alterar o componente de compensação. Se o componente de compensação pode ser alterado por meio de elementos com dimensão definida (como arruelas intercambiáveis, espaçadores, anéis etc.), deve-se determinar a quantidade desses compensadores.

Conhecendo-se o acúmulo de compensação t_c e a tolerância do componente final t_Δ, o número de compensações é dado pela expressão:

$$\boxed{N = \frac{t_c}{t_\delta}} \qquad (4.36)$$

em que:

t_c e t_Δ representam as grandezas já definidas.

Para exemplificar, suponha-se a Figura 4.33, em que é esquematizada uma cadeia de dimensões com quatro componentes. Tem-se:

$$A_1 + A_\delta + \boxed{A_3} - A_2 = 0$$

Pode ser visto, no diagrama, que, se t_c decresce, a precisão necessária t_δ; do componente final somente pode ser mantida quando se inclui compensadores de medidas sucessivamente maiores de A_3^I até A_3^{VII}.

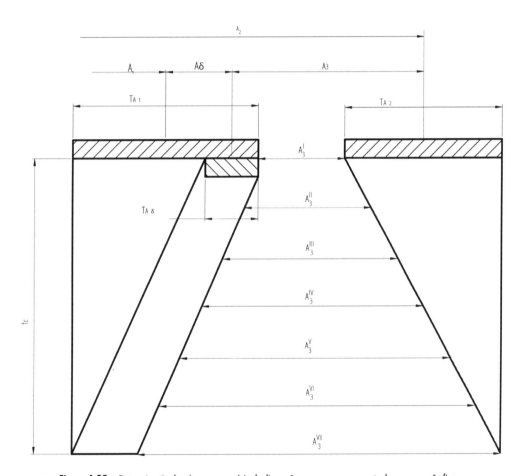

Figura 4.35 – Determinação do número necessário de dimensões para um componente de compensação fixo.

O número necessário de N_c dimensões para os compensadores fixos é calculado pela equação:

$$\boxed{N_c = N + 1} \quad (4.37)$$

As dimensões de compensadores fixos podem ser mais convenientemente calculadas se, no diagrama da Figura 4.35, são dispostos diferentemente os valores de t_c e t_δ locados na mesma escala nos eixos X e Y.

Estabelecendo o valor da dimensão mínima do compensador fixo, por exemplo, A_3^I, pode-se definir que:

$$A_3^{II} = A_3^I + t_\delta; \quad A_3^{III} = A_3^I + 2t_\delta \cdots A_3^{VI} = A_3^I + 5t_\delta \text{ etc.}$$

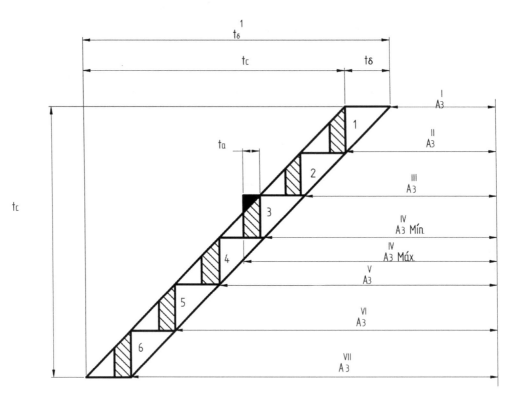

Figura 4.36 – Efeito da tolerância de componente de compensação na precisão do componente final.

As Equações (4.36) e (4.37) determinam o número de componentes de compensação, supondo-se que não tenham tolerância. Tal consideração, entretanto, é teórica, visto que os espaçadores, calços etc. são construídos dentro de uma tolerância predeterminada.

Podem-se distinguir os dois casos quando se estabelecem as tolerâncias nas dimensões dos compensadores fixos.

No primeiro caso, após determinar-se o número N de dimensões pela Equação (4.36) e admitir-se que as tolerâncias de cada dimensão do compensador fixo sejam todas iguais a t_{A3} para cada uma das dimensões dos compensadores fixos, obtém-se certo número de cadeias de dimensões para cada dimensão do compensador nas quais a tolerância t_6 do componente inicial não é mantida. Este fato é mostrado na Figura 4.36, tomando-se como exemplo o terceiro degrau. Se o compensador fixo é tomado em sua dimensão máxima $A_3^{máx.}$, então, com a tolerância adotada t_{A3}, o componente inicial de uma das cadeias de dimensões do degrau 3 está fora dos limites de t, exatamente na parte cheia do croqui da Figura 4.36.

Um fato similar ocorre para todos os degraus dos compensadores fixos. Se, porém, tomando-se como referência as condições iniciais do problema, um erro tão pequeno puder ser desprezado, então os valores supostos das tolerâncias podem ser aceitos.

Deve-se acrescentar que, admitindo-se que a montagem das peças seja feita obedecendo a uma distribuição normal de frequência, a porcentagem de montagens em que o valor de t não é mantido é bastante pequena.

Para o segundo caso, se é necessário manter a precisão t para o componente final em todas as cadeias de dimensões, como mostrado esquematicamente na Figura 4.37, o número de dimensões dos compensadores fixos é calculado pela equação:

$$\boxed{N' = \frac{t_c}{t_\delta - t_a}} \tag{4.38}$$

em que:

t_a = tolerância adotada nas dimensões dos compensadores fixos.

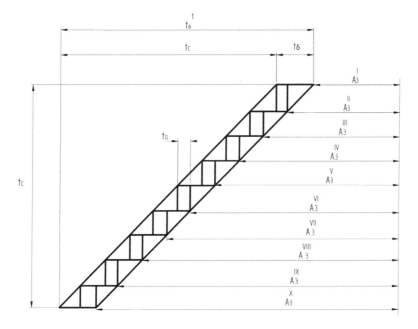

Figura 4.37 – Determinação do número de dimensões de um compensador fixo, necessário para se obter a precisão adequada para todos os conjuntos em montagem.

Pode ser visto na Equação (4.38) e na Figura 4.37 que o mínimo valor possível deve ser tomado como a tolerância adotada para o compensador fixo. Caso contrário, há grande possibilidade de que as dimensões do componente final não estejam entre os limites da tolerância t ou, ainda, que o número de degraus N' torne-se muito grande.

As conclusões até agora obtidas podem ser adotadas para cadeias de dimensões compostas de qualquer número de componentes, já que podem ser reduzidas ao tipo com quatro componentes, adicionando-se mutuamente os componentes em cada um dos grupos que compõem a cadeia total.

Adotando-se para a Figura 4.35 os seguintes valores numéricos:

$t'_{A1} = 0,4$ mm $\qquad\qquad t_x = 0,03$ mm

$t_\delta = 0,1$ mm $\qquad\qquad t_a = 0,03$ mm

$t'_{A2} = 0,3$ mm

tem-se:

$$t'_\delta = t'_{A1} + t'_{A2} = 0,7 \text{ mm}$$

O acúmulo de compensação t_c é calculado pela Equação (4.35):

$$t_c = t'_\delta - t_\delta = 0,7-0,1 = 0,6 \text{ mm}$$

Portanto:

$$t_c = 0,6 \text{ mm}$$

$$N = \frac{t_c}{t_\delta} = \frac{0,6}{0,1}$$

ou seja,

$$\boxed{N = 6}$$

O valor de N' será:

$$N' = \frac{t_c}{t_\delta - t_a} = \frac{0,6}{0,1-0,03} = 8,57$$

Adotando-se o valor imediatamente superior, tem-se:

$$\boxed{N' = 9}$$

Portanto, é possível aumentar a tolerância dos componentes de compensação, pois:

$$t'_a = t_\delta - \frac{t_c}{9} = 0,1 - \frac{0,6}{9} = 0,036 \text{ mm}$$

Se o valor nominal do compensador é $A_3^I = 5$ mm, tem-se:

$$A_3^{II} = A_3^I + t_\delta = 5 + 0,1 = 5,1 \text{ mm}$$
$$A_3^{II} = A_3^I + 2t_\delta = 5 + 2 + 0,1 = 5,2 \text{ mm}$$

até

$$A_3^X = A_3^I + 9t_\delta = 5 + 9 + 0,1 = 5,9 \text{ mm}$$

Caso não se leve em conta a curva de distribuição de frequência na utilização dos compensadores fixos, é necessário ter sempre a mesma quantidade para cada uma de suas dimensões. Entretanto, se uma curva de distribuição normal pode ser determinada para a montagem do conjunto mecânico, a quantidade de compensadores fixos de cada degrau pode ser determinada com uma boa margem de precisão, com os conceitos estatísticos já citados anteriormente.

Torna-se, portanto, evidente que o método de ajustagem ou montagem seletiva tem uma série de vantagens, como:

a) para qualquer tolerância adotada economicamente para os componentes intermediários, é possível obter-se o componente final com a precisão requerida em projeto;

b) a eliminação de quaisquer operações de repasse ou seleção de peças, havendo, portanto, menor variação nos tempos de montagem, e a determinação de custos é feita com menor margem de erro;

c) nas máquinas e seus mecanismos, a precisão necessária ao componente final pode ser readquirida periodicamente ou ainda, o que é mais importante, pode ser mantida contínua e automaticamente.

Essas vantagens do método de ajustagem o tornam o mais eficiente para se obter componentes finais com alto grau de precisão, principalmente em cadeias de dimensões múltiplas ou em cadeias nas quais as dimensões dos componentes estão sujeitas a variações em razão de desgaste, variações de temperatura etc.

Experiências mostraram que esse método, aplicado à construção de máquinas operatrizes, levara não só a uma maior precisão como também a reduções de custo por aumento de produtividade. A desvantagem desse sistema é, em alguns casos, a de aumentar o número de peças do conjunto.

Esse sistema só pode ser adotado com vantagens se houver condições de construir compensadores fixos com bastante rigor e precisão, como é o caso de anéis espaçadores, anéis de trava seletivos etc.

É o método mais recomendado para a cotagem de peças para permitir montagens de componentes seriados da indústria automobilística e de máquinas operatrizes de precisão.

Aplicação do método de ajustagem

A Figura 4.38 representa uma unidade de transmissão de força com um elemento de compensação. O eixo 3 gira assentado nas buchas 1 do mancal 2. São fixados ao eixo 3 por meio de chavetas 4 a engrenagens 5 e a polia 6. O espaçador 7 (componente de compensação) é colocado entre as faces da polia e do mancal. Deve-se determinar o número e as dimensões do componente de compensação a fim de que a folga entre as faces do mancal e da engrenagem esteja entre os limites.

$$l_\delta = 0{,}1 \text{ a } 0{,}3 \ (t_\delta = 0{,}2 \text{ mm})$$

São dadas as tolerâncias dos componentes normais:

$$l_1 = 100 +0{,}23 + 0{,}00$$
$$l_2 = 42 -0{,}00 -0{,}17$$
$$l_3 = 35 -0{,}00 -0{,}17$$
$$l_4 = 20 -0{,}00 -0{,}12$$

enquanto o anel espaçador k (componente de compensação) tem as seguintes características:

$$k = 3{,}00^{+0{,}00}_{-0{,}06}$$

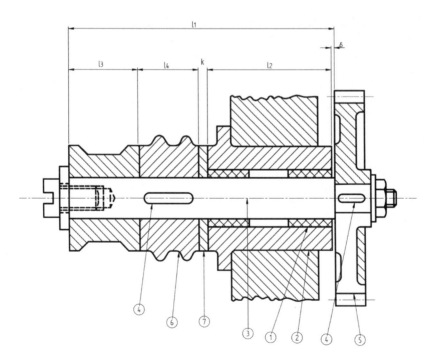

Figura 4.38 — Unidade de transmissão com componente de compensação.

Análise de dimensões: princípios gerais de cotagem

Solução

O valor do máximo acúmulo de compensação é dado pela Equação (4.35):

$$t_c = \sum_{i=1}^{m-1} t_i' - t_\delta$$

ou

$$t_c = (0{,}23 + 0{,}17 + 0{,}17 + 0{,}12)\text{-}0{,}2 = 0{,}49 \text{ mm}$$

$$t_c = 0{,}49 \text{ mm}$$

O número de dimensões do componente fixo é dado pela Fórmula (4.38):

$$N' = \frac{tc}{t_\delta - t_a} = \frac{0{,}49}{0{,}2 - 0{,}06} = 3{,}49$$

Adotando-se $N' = 4$, o número de componentes é:

$$N_c' = N' + 1 = 4 + 1 = 5$$
$$N_c' = 5 \text{ componentes}$$

Portanto, adotando-se o menor valor dos espaçadores como:

$$k_1 = 3_{-0{,}06}^{-0{,}00}$$

segue-se:

$$k_2 = 3{,}14_{-0{,}06}^{-0{,}00}$$

$$k_3 = 3{,}28_{-0{,}06}^{-0{,}00}$$

$$k_4 = 3{,}42_{-0{,}06}^{-0{,}00}$$

$$k_5 = 3{,}56_{-0{,}06}^{-0{,}00}$$

O valor da tolerância t_a do anel espaçador pode ser recalculado a partir da aproximação de N'(3,49 < 4,00), se tal fato redundar em economia do produto final.

MONTAGEM DE PEÇAS: DETERMINAÇÃO DE FOLGAS

Para se ter montagens de várias peças que compõem um conjunto sem necessidade de retrabalho, todas as condições expostas até agora devem ser aplicadas, utilizando-se um método ou outro, de acordo com as peculiaridades de cada projeto e de cada fábrica.

A aplicação dos diversos métodos tem a intenção de evitar retrabalho de peças durante a montagem, prática que deve ser sempre evitada, principalmente em montagens de altas e médias séries.

Exemplificando, a produtividade de uma linha de montagem de uma máquina operatriz, um motor a combustão interna ou qualquer outro produto fabricado em série seria grandemente diminuída, se houvesse necessidade de retrabalhar determinada peça por impossibilidade de montagem dela no conjunto a que pertence. Naturalmente, essa baixa produtividade vai onerar os custos de fabricação, onerando o produto final e, portanto, diminuindo sua rentabilidade. Os conceitos que serão emitidos a seguir são utilizados para minorar ou mesmo eliminar tais problemas.

Na construção de qualquer máquina, é comum para o projetista deparar com a necessidade de se utilizar quase todos os métodos já estudados para obter a precisão necessária em suas cadeias dimensionais.

O método da intercambiabilidade total é o mais utilizado para o dimensionamento de peças componentes dos conjuntos mecânicos, visto que sua aplicação proporciona segurança total para a grande maioria dos problemas de montagem.

Os métodos de ajustagem e de intercambiabilidade limitada têm menor aplicação, principalmente pelo risco inerente a eles. Além disso, na grande maioria das vezes, sua formulação analítica é desconhecida para a maioria dos projetistas.

Entretanto, após um estudo econômico das operações de usinagem do produto, comparadas aos problemas que podem surgir na montagem, a aplicação de um desses métodos pode-se tornar viável. O aumento das tolerâncias na fabricação das peças resulta, na grande maioria dos casos, em uma redução de custo maior que o aumento de custo devido à imprecisão na montagem.

A adoção de um método ou outro deve sempre estar relacionada a fatores econômicos, que determinam a viabilidade de um ou de outro método.

É bastante comum, na aplicação prática, ocorrer que as peças, sendo dimensionadas pelo método da intercambiabilidade total, tenham tolerâncias bastante estreitas. Essas peças, quando fabricadas, nem sempre mantêm as tolerâncias especificadas devido ao parque de máquinas à disposição, que não possui essa condição.

Como para a manutenção das tolerâncias especificadas seria necessário investimentos em novas máquinas-ferramentas, geralmente a prática adotada é a liberação das peças dentro de tolerâncias mais abertas, desde que não haja problemas funcionais na montagem. Com o passar do tempo, essa prática torna-se constante e, apesar de as peças serem dimensionadas pelo método da intercambiabilidade total, na realidade, elas são fabricadas pelo método da intercambiabilidade limitada. Consegue-se assim, por meio de métodos não muito recomendáveis, as vantagens do método da intercambiabilidade limitada, apesar de todos os desenhos estarem dimensionados pelo método da intercambiabilidade total.

É recomendável, portanto, bastante atenção no emprego de cálculo teórico probabilístico ao lidar com cadeias dimensionais, sejam de desvios dimensionais ou de forma e posição. Tal análise pode eliminar uma série bastante grande de problemas que surgem na fabricação das máquinas ou conjuntos mecânicos.

Diante dessa situação, é sempre possível, em comum acordo entre os departamentos de Fabricação e Produto, alterar tolerâncias consideradas muito estreitas e, portanto, de difícil execução, derivando-se para o método de intercambiabilidade limitada.

Há então possibilidades de redução de custo e, portanto, de melhora das condições de competição do produto no mercado consumidor.

DETERMINAÇÃO DE TOLERÂNCIAS DE FACE

Pelo exposto anteriormente, a tolerância de face de uma peça é determinada pelas condições de usinagem que se tem à disposição e também pelas características de montagem do conjunto. Assim, uma tolerância de face pode ser definida por:

$$\boxed{t_T = t_1 + t_F} \tag{4.39}$$

em que:

t_t = tolerância total de face;

t_I = tolerância ISO para peças isoladas, definida pela classe da tolerância e pela sua qualidade;

t_F = tolerância de forma e posição.

Nessa tolerância devem ser computados os desvios de forma e posição que vão ocorrer durante a usinagem, sendo levada em consideração, na sua determinação, as condições de máquinas e ferramental.

A tolerância t_T assim estabelecida é a mínima possível de ser utilizada. Sempre que há condições de ser aumentada por cálculos de montagem e sem prejuízo do funcionamento do conjunto, isso deve ser feito para minimização de custos.

Como orientação, a norma ISO recomenda os valores da Tabela 4.2. A Tabela 4.3 fornece valores médios para dimensões de face nas diversas operações de usinagem.

Tabela 4.2 – Tolerâncias para medidas de comprimento (valores em mm)

Grau de precisão	Alcance das medidas nominais (mm)							
	De 6 a 30	Mais de 30 a 100	Mais de 30 a 100	Mais de 100 a 300	Mais de 300 a 1 000	Mais de 1 000 a 2 000	Mais de 2 000 a 4 000	Mais de 4 000
Fino	± 0,05	± 0,1	± 0,15	± 0,2	± 0,3	± 0,5	–	–
Médio	± 0,1	± 0,2	± 0,3	± 0,5	± 0,8	±1.2	±2	±3
Grosso	± 0,2	±0,5	± 0,8	± 1.2	± 2	±3	±4	±5
Muito grosso	± 0,5	±1	± 1,5	± 2	± 3	± 5	± 8	± 10

TOLERÂNCIAS ISO PARA DIMENSÕES DE FACE

Dentro dos problemas que surgem para se cotar peças com ajustes, assunto já discutido no capítulo anterior, há de se ressaltar alguns tópicos a serem considerados, como:

a) na fabricação das peças em questão, ocorrem variações em torno das dimensões nominais, de acordo com leis estatísticas, dependendo da qualidade das máquinas e do lote de peças a serem usinadas;

b) os erros de forma e posição aparecem durante a usinagem, os quais podem comprometer o ajuste estudado se não forem bem controlados;

c) principalmente em casos de montagens de várias peças sobre uma única (caso típico de engrenagens, polias, rolamentos etc. sobre um mesmo eixo), é preciso observar certas regras de cotagem e distribuição de tolerâncias para que as peças, usinadas separadamente, formem o conjunto previsto pelo projeto original, mantendo-se as folgas calculadas.

As formas e as dimensões das peças dependem de dois fatores fundamentais:

1. *Fator funcional ou de projeto*

   São os fatores que influenciam diretamente no funcionamento e nos esforços a que é submetido o referido conjunto de peças. São especificamente determinados pelos cálculos de dimensionamento e de montagem.

2. *Fator de fabricação*

   São os fatores que vão influenciar as peças durante a sua fabricação. São determinados pelas máquinas-ferramentas à disposição, ferramental para usinagem etc.

   Geralmente é bastante difícil para o projetista tentar conciliar os dois fatores acima, de tal modo que o projeto obedeça a todas as especificações de resistência e funcionamento e seja construído com os recursos que se tem à disposição.

Tabela 4.3 – Tolerância de fabricação entre superfícies planas (mm) (para diferentes tipos de usinagens)

Comprimento em mm	Fresamento ou plainamento em desbaste		Fresamento em desbaste		Fresamento com fresa de forma		Fresamento ou plainamento em acabamento		Fresamento em acabamento com fresas singelas		Retificação		Retificação fina		Fresamento simultâneo de superfícies paralelas com grupo de fresas, distância entre superfícies 100 mm		
	Até 100	100 a 300	Até 100	100 a 300	Até 120	120 a 180	Até 100	100 a 300	Até 100	100 a 300	Até 100	100 a 300	Até 50	50 a 80	Até 50	50 a 80	80 a 120
Até 100	0,20	–	0,15	–	0,25	–	0,10	–	0,08	–	0,03	–	0,025	–	0,05	0,06	0,08
100 a 300	0,30	0,35	0,20	0,25	0,35	0,45	0,15	0,18	0,12	0,15	0,05	0,07	0,025	0,035	0,006	0,08	0,10
300 a 600	0,40	0,45	0,30	0,35	0,45	0,50	0,18	0,20	0,15	0,18	0,07	0,08	0,035	0,040	–	–	–
600 a 1 200	0,50	0,50	0,40	0,45	–	–	0,20	0,25	0,18	0,20	0,08	0,10	0,040	0,050	–	–	–

Espessura das superfícies (sobrecabeçalho das colunas de faixas).

Para empresas pequenas e médias, em que o produto projetado deve ser construído com os recursos à disposição, é comum o projeto adaptar-se às condições existentes, principalmente quando o seu grau de precisão não precisa ser grande, ou ainda quando o seu produto não é vendido a empresas maiores, portanto, com as mais exigências. Geralmente as séries produzidas são pequenas.

Para produtos em que o funcionamento deve ser respeitado por todos os meios, produzidos em grandes lotes, ou ainda fora da fábrica onde foi projetado, o fator funcional torna-se preponderante. Neste caso, o fator principal da peça é o seu funcionamento, e não a sua fabricação. As cotas das quais depende o seu funcionamento são mais importantes que as cotas de fabricação. Em vista da diversidade e da complexidade cada vez maior dos processos de fabricação, as cotas de fabricação ficam a cargo da engenharia de fabricação, mas as cotas das quais dependem a utilização e o bom funcionamento da peça devem ser de responsabilidade da engenharia do produto. Estas cotas devem ser respeitadas durante a fabricação. Chega-se, assim, à noção de *dimensões funcionais*, que se definem como sendo *aquelas que exprimem diretamente as condições requeridas pelo emprego do produto e, principalmente, as condições de intercambiabilidade desse produto em relação aos elementos do conjunto de que faz parte.*

As dimensões funcionais devem obedecer também as propriedades mecânicas de rigidez, resistência, fadiga, provenientes do cálculo de dimensionamento, além das propriedades funcionais.

Podem ser utilizadas em peças com ajuste ou ainda em peças que não vão sofrer ajuste, mas que devem vir acompanhadas de tolerâncias para permitir montagem mais fácil e funcional.

Entre os diversos tipos de medida dessa classe, podem ser citadas:

a) cotas entre eixos de simetria;

b) distância entre centros de furos;

c) profundidade de furos;

d) espessura de chapas;

e) distância entre superfícies de assento de uma ou mais peças.

As normas ISO preveem grandes grupos dentro dos quais deve estar enquadrada a grande maioria das peças em fabricação, com valores orientativos, constantes na Tabela 4.2.

Nos demais casos, em que não há ajuste nem montagem, pode-se trabalhar com os seguintes valores:

para cotas de 50 a 100 mm: ± 0,5 mm

para cotas de 100 a 250 mm: ± 1 mm

Análise de dimensões: princípios gerais de cotagem

Na cotagem de peças ou de suas partes que não constituem ajuste, não há necessidade de se utilizar obrigatoriamente os ajustes normalizados, mesmo que se trate de dimensão funcional. Quando se trata de cotar distâncias entre eixos, a distância entre um eixo e uma face ou plano de referência, elementos que não ligam nenhuma cadeia de funcionamento mecânico, pode-se deixar de utilizar cotas normalizadas, se isso for conveniente. As normas ISO preveem, para peças isoladas, as seguintes variações:

a) para furos ou vazios assimiláveis a furos (cotas interiores), as diferenças correspondentes às classes *H*, *J*, *N*;

b) para eixos ou ressaltos assimiláveis a eixos (cotas exteriores), as diferenças correspondentes às classes *h*, *j*, *k*.

A qualidade que precisa ser ligada à classe correspondente deve levar em consideração máquinas operatrizes, dispositivos de usinagem, ferramentas de corte disponíveis para a usinagem.

Genericamente, podem-se classificar, para cada processo de usinagem, as qualidades como se segue:

Furação:	*IT* 10 a *IT* 11
Fresamento:	*IT* 9 a *IT* 11
Plainamento:	*IT* 7 a *IT* 11
Mandrilamento:	*IT* 6 a *IT* 11
Torneamento:	*IT* 6 a *IT* 11
Alargamento:	*IT* 6 a *IT* 7
Brochamento:	*IT* 5 a *IT* 8
Retificação:	*IT* 3 a *IT* 7
Lapidação:	*IT* 1 a *IT* 4
Rodagem:	*IT* 1 a *IT* 4
Superacabamento:	*IT* 1 a *IT* 4

De acordo com a aplicação particular de cada peça, tem de ser atribuída a ela uma classe e uma qualidade, nunca se perdendo de vista os aspectos da fabricação da referida peça.

TOLERÂNCIAS DE FORMA E POSIÇÃO PARA FACES

As tolerâncias de forma e posição para as faces determinam o valor de t_F da Fórmula (4.39). Para a adoção desses valores, podem ser utilizados, como valores orientativos, os já estabelecidos pelas Tabelas 3.3 a 3.15.

DETERMINAÇÃO DE FOLGA PARA MONTAGEM DE CONJUNTOS MECÂNICOS

De acordo com o projeto desenvolvido para cada caso particular, há necessidade de se impor que o conjunto, após estar montado, tenha certa folga para o seu bom funcionamento.

Em outros casos, a folga é necessária para que se possa montar todas as peças componentes do conjunto sem que haja interferência de uma peça em relação à outra no funcionamento geral do conjunto montado.

Um exemplo típico é a verificação de interferência de uma cabeça de parafuso que fixa um conjunto de engrenagens na carcaça correspondente, na Figura 4.39.

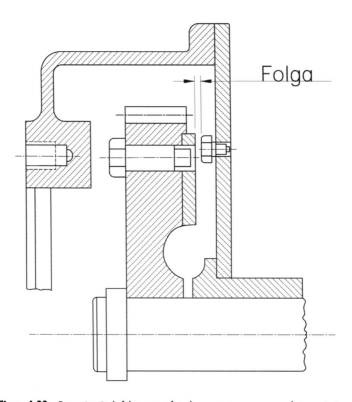

Figura 4.39 – Determinação da folga entre a face da engrenagem e a carcaça da transmissão.

Os desenhos de montagem podem mostrar prontamente as relações físicas de vários componentes, porém as interferências e/ou folgas devem ser calculadas partindo-se das dimensões dadas.

Os acúmulos de tolerância indicam se as peças podem ser movimentadas adequadamente ou se a montagem pode funcionar como se espera. Um processo simples para a obtenção de tolerâncias acumuladas entre dois pontos é aqui delineado.

Análise de dimensões: princípios gerais de cotagem 345

O processo é comumente conhecido como *layout* de montagem e está baseado na formulação analítica dos métodos de obtenção da precisão de um componente final de uma cadeia de dimensões.

Basicamente, o processo consiste, para a determinação da dimensão acumulada entre dois pontos, em seguir-se um circuito completo, com o estabelecimento de um sentido positivo para as cotas, passando por todas as peças e voltando ao ponto inicial.

O estabelecimento do sentido positivo de contagem é feito sempre supondo-se o sentido positivo das cotas para o lado que resultar, a priori, *uma folga positiva.*

Adotando-se a montagem de um rolamento e uma tampa, mostrados na Figura 4.40, tem-se que, para se conseguir folga entre ambos, o sentido positivo da folga depende do ponto inicial de contagem de cotas. Se o início do ciclo for no ponto A da tampa, o sentido de folga será positivo da direita para a esquerda. Se, ao contrário, o início de contagem de cotas for o ponto B, no rolamento, o sentido positivo de contagem da folga será da esquerda para a direita.

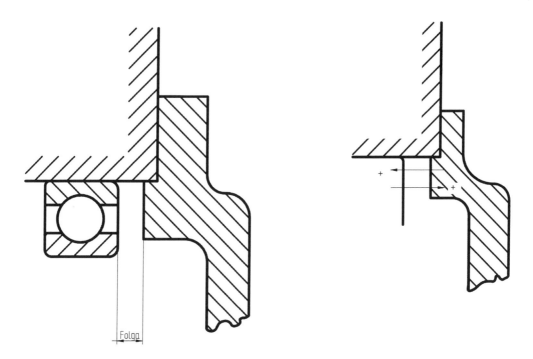

Figura 4.40 – Sentido de contagem de folga positiva.

Todas as dimensões do desenho são tomadas na média, com tolerância igualmente dividida, para mais e para menos.

O início do circuito deve ser sempre pelo sentido negativo, uma vez que o sentido positivo vai no sentido de um espaço vazio, pois convencionou-se, *a priori*, ter a folga sinal positivo.

A fim de facilitar a contagem das cotas, organiza-se a tabela em que são listadas as dimensões médias e suas tolerâncias.

Na coluna *dimensão média* são colocadas as dimensões em sequência, sempre afetadas pelos sinais + ou – de acordo com a sequência adotada até completar o circuito. Na coluna *tolerância* são colocados sempre os valores das tolerâncias que afetam a dimensão média.

Em seguida, somam-se algebricamente, de acordo com a Fórmula (4.1), todas as dimensões das colunas de dimensões médias; *a dimensão média S deve ser positiva para que haja folga. Se ela for negativa, há interferência.*

Somando-se, em seguida, os valores da coluna de tolerância, em valor absoluto, o resultado vai ser o valor acumulado de todas as tolerâncias afetado pelos sinais mais ou menos, os quais devem ser somados, algebricamente, à dimensão média, obtendo-se assim os valores máximos e mínimos que podem ser encontrados na montagem, se as tolerâncias de usinagem acumularem-se para os valores máximos ou mínimos.

Procede-se à adição e à subtração para se obter os valores superiores da dimensão acumulada, adotando-se o método da intercambiabilidade total. O valor negativo de um dos limites significa interferência.

---

dimensão máxima = dimensão média + tolerância acumulada

---

dimensão mínima = dimensão média − tolerância acumulada

Em geral, porém, probabilisticamente é bastante improvável que todas as tolerâncias se somem de um mesmo lado.

Neste caso, entra em jogo o cálculo probabilístico das tolerâncias com a aplicação do método de intercambiabilidade limitada.

De acordo com as Fórmulas (4.29) e (4.32), as tolerâncias dos componentes normais devem ser elevadas ao quadrado. Extraindo-se a raiz quadrada da soma dos quadrados, obtém-se o valor de t_δ, desde que a distribuição de frequências seja igual para todos os componentes, ou seja:

$$t_\delta = \sqrt{\sum_{i=1}^{m-1} t_i^2}$$

A tolerância, assim calculada, aplicada à dimensão final, deve dar os valores nos quais oscila a folga em 99,7% das montagens a serem efetuadas, de acordo com a distribuição normal.

Análise de dimensões: princípios gerais de cotagem

EXERCÍCIOS DE APLICAÇÃO

Exercício 1

Para o redutor rosca sem fim da Figura 2.52 e usando as informações da Tabela 4.4, calcular:

1. As tolerâncias de face para todas as peças.

2. O número de anéis de trava seletivos a ser utilizado na montagem dos rolamentos, anel espaçador e engrenagem no eixo correspondente.

3. A existência ou não de folga entre a tampa da Figura 2.52i e o rolamento 6208, supondo-se o método da intercambiabilidade total.

4. Deve-se realizar o mesmo para o método da intercambiabilidade limitada, adotando-se as mesmas tolerâncias de face estabelecidas no item 1.

Tabela 4.4 – Tolerâncias de largura para rolamentos

d	Tolerância de largura	d	Tolerância de largura	d	Tolerância de largura
mm	µm	mm	µm	mm	µm
2,5-10	0-120	80-120	0-200	400-500	0-450
10-18	0-120	120-180	0-250	500-630	0-500
18-30	0-120	180-250	0-250	630-800	0-750
30-50	0-120	250-315	0-350	800-1 000	
50-80	0-150	315-400	0-400	1 000-1 250	
				1 250-1 600	
				1 600-2 000	

Solução

1. *Cálculo das tolerâncias de face*

   As tolerâncias dos rolamentos e anel de trava já são estabelecidas pelos seus respectivos fabricantes. Assim, tem-se, de acordo com a Tabela 4.4:

   Rolamento 6208 – largura 18 mm – dimensão $l_{r1} = 18^{+0,00}_{-0,12} = 17,94^{+0,06}_{-0,06}$

   Rolamento 6209 – largura 19 mm – dimensão $l_{r2} = 19^{+0,00}_{-0,12} = 18,94^{+0,06}_{-0,06}$

   Anel de trava – largura 2,5 mm – dimensão $l_a = 2,5^{+0,00}_{-0,06} (h11)$

Para as três peças que serão usinadas dentro da fábrica, pode-se estabelecer as tolerâncias t_T. Os valores dos desvios de forma e posição são retirados das Tabelas 3.3 a 3.15, de acordo com as máquinas disponíveis.

Coroa – Figura 2.52b

Dimensão t_c	75,00 mm
Tolerância ISO — $h11$	$^{+0,00}_{-0,19}$
Desvio de planicidade (0,05/100 mm)	$0,037 \times 2 = -0,075$
Desvio de batida axial (0,2/100 mm)	$0,15 \times 2 = -0,30$
	$-0,565$ mm

Portanto:

$$\text{Medida } l_c = 75,00^{+0,00}_{-0,56} = 74,72^{+0,28}_{-0,28}$$

Anel separador do eixo de saída – Figura 2.52j

Dimensão	16 mm
Tolerância ISO — $h11$	$^{+0,00}_{-0,11}$
Desvio de planicidade (0,05/100 mm)	$0,03 \times 2 = -0,06$
Desvio de batida axial (0,2/100 mm)	$0,12 \times 2 = -0,24$
	$-0,41$

Portanto:

$$\text{Medida } l = 16^{+0,00}_{-0,41} = 15,80^{+0,21}_{-0,21}$$

Eixo de saída – Figura 2.52d

Dimensão de face do ressalto até anel de rosca	115,5
Tolerância ISO — $h12$	$^{+0,00}_{-0,35}$
Desvio de planicidade (0,05/100 mm)	0,03
Desvio batida axial {0,2/ 100 mm)	0,12
	0,50

Portanto:

$$\text{Medida } l_c = 115,5^{+0,00}_{-0,50} = 115,25^{+0,25}_{-0,25}$$

Análise de dimensões: princípios gerais de cotagem

Cálculo do componente final

O componente final A_Δ será a largura disponível, na qual serão colocados os anéis de trava. Assim:

$$l_\delta = l_e - l_c - l_S - l_{r1}$$

Colocando-se valores numéricos:

$$l_\delta = 115,25 - 74,72 - 15,80 - 17,94 = 6,79$$
$$l_\delta = 6,79 \text{ mm}$$

2. *Cálculo do número de anéis seletivos*

Adotando-se o método de intercambiabilidade completa, pode-se escrever que:

$$l_\delta = t_c + t_S + t_{r1} + t_e = 0,56 + 0,42 + 0,12 + 0,50 = 1,6 \text{ mm}$$
$$l_\delta = 1,6 \text{ mm}$$

Portanto, tem-se que o componente final será definido por:

$$l_\delta = 6,79 \pm 0,8 \text{ mm}$$

a) Escolha dos anéis de trava

Podem-se adotar anéis de trava com largura conveniente para se executar a montagem seletiva. Assim, se forem adotadas dimensões dos anéis variando de 0,1 mm, com tolerância h_{11}, pode-se usar, para:

$$l_{mín.} = 6,79 - 0,8 \cong 6,0 \text{ mm}$$

a seguinte composição:

$$2 \text{ anéis de 2,5 mm, } l \text{ anéis} = 5 \text{ mm}$$
$$1 \text{ anel de 1,2 mm, } l \text{ anel} = \underline{1,2 \text{ mm}}$$
$$I_{Tanel} = 6,2 \text{ mm}$$
$$l_{T \, anel} = 6,2 \text{ mm}$$

enquanto

$$t_{T \, anel} = 0,06 \times 3 = 0,18 \text{ (tolerância } h11)$$

Portanto, a dimensão mínima de montagem dos três anéis será:

$$l_{T\,mín.} = 6,2 - 0,18 = 6,02 \text{ mm}$$

Para

$$l_{máx.} = 6,79 + 0,8 \cong 7,6 \text{ mm}$$

a composição

$$
\begin{aligned}
2 \text{ anéis de } 2,6 \text{ mm } &= 5,2 \\
1 \text{ anel de } 2,4 \text{ mm } &= \underline{2,4} \\
& 7,6 \text{ mm}
\end{aligned}
$$

ou seja,

$$l_{T\,anel} = 7,4 \text{ mm}$$

sendo a tolerância acumulada

$$t_T = 0,06 \times 3 = 0,18 \text{ mm}$$

tem-se que a dimensão máxima atingida será:

$$t_{Tmáx.} = 7,6 \text{ mm}$$

Portanto vê-se que é possível a montagem do conjunto sempre com o auxílio de anéis de trava seletivos, montados sempre em quantidade de três peças, com variação de dimensão, para qualquer dimensão que seja determinada no intervalo.

$$l_\Delta = 6,79 \pm 0,8 \text{ mm}$$

Por meio de um estudo de frequência de repetição de dimensões, é possível determinar quais quantidades de cada dimensão dos anéis de trava seriam necessárias, desde que a distribuição das tolerâncias obedeça à lei de Gauss.

3. *Cálculo da folga entre a tampa (Figura 2.52j) e o rolamento 6208*

Inicialmente, deve-se estabelecer um sentido positivo de contagem de cotas. Em um circuito, como o da Figura 4.41 em estudo, o sentido da primeira dimensão e cada dimensão a partir do ponto de início está indicado por uma seta.

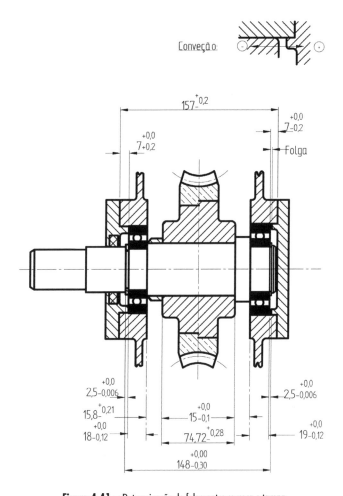

Figura 4.41 – Determinação de folga entre carcaça e tampa.

No caso particular em estudo, se a contagem for iniciada a partir da face do rolamento 6209, a folga será positiva para a direita. Portanto, se uma dimensão é orientada no circuito da esquerda para a direita, o sinal é positivo; se a dimensão é orientada no sentido inverso, o sinal é negativo.

Adotando-se a folga entre rolamento e tampa como o componente final A_Δ, o sentido de contagem vai facilitar grandemente a aplicação dos métodos citados anteriormente nos parágrafos anteriores.

Seguindo-se a indicação dada anteriormente, chega-se aos resultados expostos na Tabela 4.5.

Vê-se então que, de acordo com a distribuição de tolerâncias dadas, não há possibilidade de folgas e interferências na grande média de produção. Porém, principalmente nos limites externos dos acúmulos de tolerância podem ocorrer.

Tabela 4.5 – Cálculo da folga entre tampa e carcaça

	Dimensão/peça	Dimensão do componente final. Folga entre a carcaça e a tampa	Método de intercambiabilidade total Σ_t	Método de intercambiabilidade limitada $\sqrt{\Sigma t^2}$
1	Rolamento 6209	−18,94	± 0,06	0,0036
2	Ressalto do eixo	−14,95	± 0,05	0,0025
3	Largura do cubo da coroa	−74,72	± 0,28	0,0784
4	Largura do anel espaçador	−15,80	± 0,21	0,0441
5	Rolamento 6208	−17,94	± 0,06	0,0036
6	Ressalto da tampa de saída	−7,10	± 0,10	0,0100
7	Distância face a face da carcaça	+ 157,00	± 0,20	0,0400
8	Ressalto da tampa direita	−6,90	± 0,10	0,0100
9	Soma	+ 0,65	± 1,06	$0,1922 \rightarrow \sqrt{\Sigma t^2}$ $= \pm 0,438$
		Cálculo de folgas		
		Medida mínima	+ 0,65 − 1,06 = − 0,41 int.	+ 0,65 − 0,438 = + 0,212 folga
	Opção: alterar	Medida máxima	+ 1,85 + 1.06 = 2.91 folga	+ 1,85 + 0,438 = + 2,288 folga
	Item 8: de 7 00 + 0,00 −0,2 + 0,0 para 5,8 0,2	Medida mínima	+ 1,85 − 1,06 = 1,79, folga	+ 1,85 − 0,438 = + 1,412 folga

Para resolver o problema, existem sempre duas soluções a serem adotadas:

1. Estudar novamente as tolerâncias das peças, diminuindo-as para possibilitar acúmulo menor de tolerâncias, tanto acumulada quanto média, fazendo com que as dimensões de montagem não se afastem muito da dimensão média. Esse procedimento deve ser adotado em casos excepcionais, quando não há outra solução, visto que provoca um aumento no preço final do produto, além de exigir máquinas mais sofisticadas para garantir as tolerâncias mais apertadas exigidas.

2. Alterar as dimensões das peças, a fim de diminuir ou aumentar a dimensão média, tal que, somando-se à tolerância correspondente, provoque condições de folga previamente estabelecidas. Este procedimento deve ser adotado sempre que possível, visto ser muito mais econômico que o anterior, evitando-se investimentos desnecessários.

Para o exemplo numérico abordado, a mudança da dimensão da tampa direita de $7,0^{+0,0}_{-0,2}$ para $5,8^{+0,0}_{-0,2}$ resolve totalmente o problema.

Como conclusão, verifica-se que, para este caso, o método da intercambiabilidade total pode ser aplicado sem alteração das tolerâncias preestabelecidas.

4. Verifica-se também que, pelo método da intercambiabilidade limitada, em 99,7% dos casos, não há problemas de interferência entre o rolamento e a tampa.

Exercício 2

No conjunto mecânico da Figura 4.42, analisar as possibilidades de interferência nas cotas |1|, |2|, |3|, |4| e |5|.

As demais cotas já estão especificadas no desenho do conjunto.

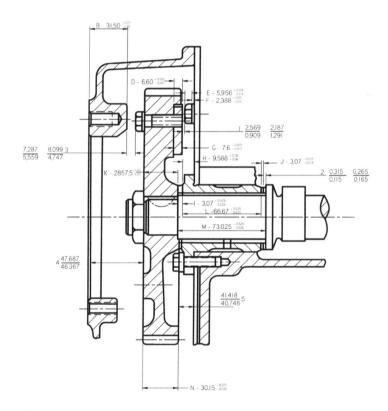

Figura 4.42 – Problemas de interferência para diversas situações num conjunto mecânico.

Solução

Pela aplicação dos métodos das intercambiabilidades total e parcial e utilizando-se a mesma sequência de raciocínio do exercício anterior, chega-se aos valores da Tabela 4.6.

Tabela 4.6 – Cálculo de folga ou interferência em um conjunto mecânico

Cota 1

Percurso	Dim. média	Tolerância	(Tol.)2
E	-5,956	±0,216	0,045656
F	-2,388	±0,05	0,002500
H	+9,588	±0,06	0,003600
I	+3,07	±0,025	0,000625
K	+28,575	±0,25	0,062500
N	-30,15	±0,025	0,000625
D	+6,60	±0,130	0,016900
G	-7,60	±0,075	0,005625
SOMA	±1,739	±0,83	$\Sigma t^2 = 0,200906$ / $\sqrt{\Sigma t^2} = 0,448(\pm)$

Cota 2

Percurso	Dim. média	Tolerância	(Tol.)2
M	+73,025	±0,025	0,000625
I	-3,07	±0,025	0,000625
L	-66,67	±0,025	0,000625
J	-3,07	±0,025	0,000625
SOMA	-0,215	±0,10	$\Sigma t^2 = 0,0025$ / $\sqrt{\Sigma t^2} = 0,05(\pm)$

Cota 3

Percurso	Dim. média	Tolerância	(Tol.)2
E	-5,956	±0,216	0,046656
F	-2,388	±0,05	0,002500
H	-9,588	±0,06	0,003600
I	-3,07	±0,025	0,000625
K	-28,575	±0,25	0,062500
B	-31,50	±0,75	0,562500
A	-87,88	±0,25	0,062500
C	-0,38	±0,075	0,005625
SOMA	-6,423	±1,676	$\Sigma t^2 = 0,746506$ / $\sqrt{\Sigma t^2} = 0,864(\pm)$

Cota 4

Percurso	Dim. média	Tolerância	Percurso II	Dim. média	Tolerância
K	-28,575	±0,25	K	-28,575	±0,25
I	-3,07	±0,025	M	-73,025	±0,025
H	-9,588	±0,06	J	+3,07	±0,025
C	+0,38	±0,75	L	+66,67	±0,025
A	+87,88	±0,25	H	-9,588	±0,06
			C	+0,38	±0,075
			A	+87,88	±0,25
SOMA	+47,027	±0,66		+46,812	±0,71

Cota 5

Percurso	Dim. média	Tolerância
H	+9,588	±0,06
I	+3,07	±0,025
K	+28,575	±0,25
N	-30,15	±0,025
SOMA	+11,083	±0,335

Cotas	Variação	Cota 1	Cota 2	Cota 3	Cota 4	Cota 5
Método da intercambiabilidade total	Medida máxima	1,739 + 0,83 = 2,569	0,215 + 0,10 = 0,315	6,423 + 1,676 = 8,099	47,027 + 0,66 = 47,687	41,083 + 0,335 = 41,418
	Medida mínima	1,739 − 0,83 = 0,909	0,215 − 0,10 = 0,115	6,423 − 1,676 = 4,747	47,027 − 0,66 = 46,367	41,083 − 0,335 = 40,748
Método da intercambiabilidade parcial	Medida máxima	1,739 + 0,448 = 2,187	0,215 + 0,05 = 0,265	6,423 + 0,864 = 7,287	–	–
	Medida mínima	1,739 − 0,448 = 1,291	0,215 − 0,05 = 0,165	6,423 − 0,864 = 5,559	–	–

QUESTÃO PROPOSTA PARA REVISÃO DE CONCEITOS

4.1) Em uma cadeia dimensional, correspondente à figura a seguir, qual é a diferença entre um componente inicial e um componente final? A precisão pré-especificada de um produto (por exemplo, concentricidade pré-definida de um eixo de árvore de máquina-ferramenta) é definida pelo componente inicial ou final? Justifique.

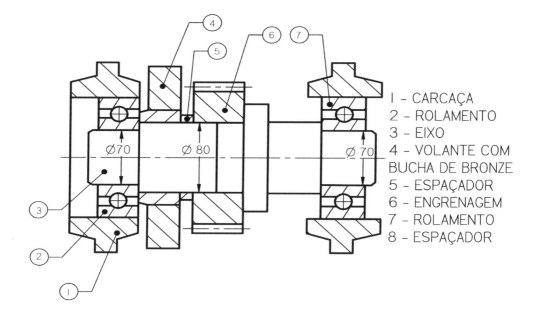

1 - CARCAÇA
2 - ROLAMENTO
3 - EIXO
4 - VOLANTE COM BUCHA DE BRONZE
5 - ESPAÇADOR
6 - ENGRENAGEM
7 - ROLAMENTO
8 - ESPAÇADOR

REFERÊNCIAS

AMERICAN SOCIETY OF MECHANICAL ENGINEERS. **ASME Y 14.5M Dimensioning and tolerancing (GD&T)**. Nova York: ASME, 1994.

AMERICAN SOCIETY OF TOOL AND MANUFACTURING ENGINEERING - ASTME. **Manufacturing planning and estimating handbook**. Nova York: McGraw-Hill, 1992.

AMERICAN STANDARDS ASSOCIATION. **ASA B-46-1 Surface texture, surface measurement**. [S.l.]: ASA, 1982.

ASSOCIAÇÃO BRASILEIRA DE NORMAS TÉCNICAS. **NBR 6158:1995. Sistema de tolerâncias e ajustes**. Rio de Janeiro: ABNT, 1995.

_____. **NBR 6173/TB 35. Terminologia de tolerâncias e ajustes.** Rio de Janeiro: ABNT, 2001.

_____. **NBR 6405/NB 93. Rugosidade das superfície**. Rio de Janeiro: ABNT, 1998.

_____. **NBR 6407/NB 185. Seleção de campos de tolerância para ajustes preferenciais**. Rio de Janeiro: ABNT, 2001.

_____. **NBR 6409/NB 273. Tolerância de forma e tolerância de posição.** Rio de Janeiro: ABNT, 2003.

_____. **NBR 8404. Indicação do estado de superfícies em desenhos técnicos**. Rio de Janeiro: ABNT, 2002.

BALAKSHIN, B. **Fundamentals of manufacturing engineering**. Moscou: Mir Publishers, 1973.

BOLZ, R. B. **Production processes**: the productivity handbook. Nova York: Conquest Publications, 1997.

CHANG, C. M. **Engineering management**. Nova Jersey: Pearson Prentice Hall, 2005.

DANILEVSKY, V. **Manufacturing engineering**. Moscou: Mir Publishers, 1973.

DEMING, W. E. **Quality, productivity and competitive position**. Cambridge: Massachusetts Institute of Technology, 1982.

DEUTSCHES INSTITUT FÜR NORMUNG. **Norma DIN 4760:** Form deviations; Concepts; Classification system. Alemanha, 2005.

ESTON, N. Acabamento de superfícies e conversão de escalas de rugosidade. **Associação Brasileira de Metais**, v. 23, n. 116, 1985.

FERRARESI, D. **Fundamentos da usinagem dos metais**. São Paulo: Blucher, 1970.

GADZALA, J. L. **Dimensional control in precision manufacturing**. Nova York: MacGraw Hill, 1969.

INSTITUTION OF PRODUCTION ENGINEERS. **A guide to design for production; garner print**. Rotterdam; Londres: [s.n.], 1988.

INTERNATIONAL ORGANIZATION FOR STANDARDIZATION. **ISO 1101 Tolérances de forme y tolérances de position**. Geneva: ISO, 2005.

INTERNATIONAL ORGANIZATION FOR STANDARDIZATION. **ISO 1110 Technical drawings, geometric tolerancing**. Geneva: ISO, 2001.

INTERNATIONAL ORGANIZATION FOR STANDARDIZATION. **ISO 5458 Positional tolerancing**. Geneva: ISO, 2001.

INTERNATIONAL ORGANIZATION FOR STANDARDIZATION. **ISO Recommendations R-286, systems of limits and fits**. Geneva: ISO, 2005.

JURAN, J. M. **Quality control handbook**. Nova York: MacGraw Hill, 1980.

KRYSIN, J.; NARIMOV, I. **Assembly practice**. Moscou: Mir Publishers, 1967.

MATEOS, A. G. **Tolerancias, ajustes y calibres**. Madrid: Ediciones URMO, 1969.

PALDING, F. L. **How and when to specify tolerances of form**. [S.l.]: Machine Design, 1958.

RUSINOFF, S. E. **Tool engineering**. Orland Park: American Technical Society, 1959.

SPAHR, R. H. E. D.; TIBBETS, E. D. **Dimensioning parts so they fit**. [S.l.]: Machine Design, 1973.

SPOTTS, M. F. **Tolerancing determines how round parts take shape**. [S.l.]: Machine Design, 1975.

_____. **Simple guide to true position dimensioning**. [S.l.]: Machine Design, parte 3, 8 jan. 1976.

TARASEVICHY; YAVOISH, E. **Fits, Tolerances and engineering measurements**. Moscou: Peace Publishers, 1973.

TOMEO, B. The hidden tolerance in precision parts. **Machine Design**, 28 nov. 1974.

TOOL AND MANUFACTURING ENGINEERS HANDBOOK. **Manufacturing management**. Dearborn: Society of Manufacturing Engineers, 2003.

VEILLEUX, R. F.; PETRO, L. W. **Tolerance control**: tool and manufacturing engineering handbook. Dearborn: Society of Manufacturing Engineering, 1990.

RESPOSTAS DAS QUESTÕES PROPOSTAS

CAPÍTULO 1

1.1) As dimensões e/ou especificações nominais não expressam as variações inevitáveis que se dão quando as peças são fabricadas. É necessário especificar faixa de variação da dimensão em questão, forma, relação entre formas, aspereza de superfícies nos projetos de peças. Essas especificações permitem a fabricação intercambiável de peças.

1.2) Intercambiabilidade: em qualquer produto, independentemente de seu país de origem, é possível trocar uma peça por outra fabricada em qualquer país, de modo que esta se ajustará ao produto, permitindo o funcionamento correto do par acoplado e, consequentemente, do produto ao qual este pertence.

Os produtos fabricados dentro do princípio de intercambiabilidade podem ser fabricados em qualquer região ou país e ser repostos em regiões e países diferentes, sem necessidade de retrabalho. Essa condição permitiu que empresas expandissem seu alcance para além do limite de suas instalações, podendo se alocar em regiões e até em países diferentes.

1.3) Na Primeira Guerra Mundial, as forças armadas lutaram em países diferentes de seus países de origem. Assim, peças de armas do campo de batalha podiam ser trocadas sem que houvesse necessidade de retrabalho local.

1.4) Quando se medem as dimensões de diferentes peças cujo funcionamento foi experimentado e considerado adequado, verifica-se que essas dimensões podem oscilar dentro de certos limites, mantendo-se as condições de funcionamento previstas. A diferença entre as duas medidas-limites admissíveis, ou seja, entre os valores máximo e mínimo, chama-se tolerância.

O valor máximo de determinada especificação – dimensão, forma, posição relativa entre formas, rugosidade superficial da peça real – denomina-se dimensão ou especificação máxima; o valor mínimo da peça real denomina-se dimensão ou especificação mínima; o valor nominal é o colocado nos desenhos sem especificação de tolerâncias.

1.5) Os principais fatores que influenciam na formação do desvio ou da dispersão dimensional são:

a) Vibrações que ocorrem durante a operação.

b) Falta de rigidez dos dispositivos de fixação, ferramentas de corte e das estruturas da máquina-ferramenta.

c) Desgaste dos gumes cortantes das ferramentas de corte.

d) Falta de rigidez das peças.

O desvio dimensional deve estar contido na tolerância dimensional.

CAPÍTULO 2

2.1) O mais difícil de fabricar é o diâmetro 300 n5. A característica que expressa a dificuldade de fabricação é a Qualidade IT, que resulta em diferenças menores entre o valor máximo e o valor mínimo da respectiva peça real.

2.2) O ajuste que terá menores folgas é o ajuste indeterminado de diâmetro 55 H7 j6, por se caracterizar como um ajuste indeterminado tendendo a folga, tendo, como consequência, dimensões máximas e mínimas mais próximas da linha zero que o ajuste com folga de diâmetro 55 H7 g6.

A precisão de linguagem provém do fato de as dimensões máxima e mínima desse ajuste estarem situadas muito próximas da linha zero, consequentemente com menores variações dimensionais. Assim, terá folgas menores, possibilitando montagens mais precisas. Este é um ajuste indeterminado tendendo a folga.

2.3) O princípio da intercambiabilidade fica preservado devido à padronização das folgas advindas da padronização dos ajustes segundo as normas da Associação Brasileira de Normas Técnicas (ABNT). As folgas provenientes do furo H7 e do eixo g6 serão sempre as mesmas, independentemente do local de fabricação de cada uma delas.

2.4) Intercambiabilidade é a possibilidade de, quando se monta um conjunto mecânico, tomar-se ao acaso, de um lote de peças semelhantes, prontas e verificadas, uma peça qualquer que, montada ao conjunto em questão, sem nenhum ajuste ou usinagem secundária, dará condições para que o mecanismo funcione de acordo com o que foi projetado. Em qualquer produto, de origem em qualquer país, é possível trocar uma peça por outra, também fabricada em qualquer país, e esta se ajustará àquela, permitindo o funcionamento correto do par acoplado e, consequentemente, do produto a que pertence. Os produtos fabricados dentro do princípio da intercambiabilidade podem ser fabricados em qualquer região ou país e suas peças podem ser repostas com peças fabricadas em regiões e países diferentes, sem necessidade de retrabalho. Essa condição permitiu que as empresas se expandissem para fora do limite de suas instalações, podendo alocar-se em regiões e até países diferentes.

2.5)

a) N = 30 mm.

b) I = 30,05 mm.

c) G = 30,1 mm, K = 29,9 mm.

d) Diferença real A_i = 30,05 − 30,00 = 0,05 mm; diferença superior = A_o = 30,1 − 30 = 0,1 mm, diferença inferior A_u = 30,00 − 29,90 = 0,1 mm.

e) 30,01 − 29,9 = 0,2 mm.

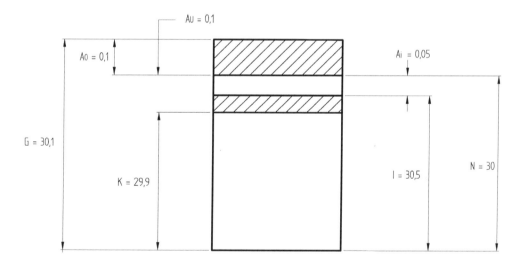

2.6)

a) Jogo máximo (S_g) é a diferença entre a medida máxima da peça exterior (furo) e a medida mínima da peça interior (eixo); jogo mínimo (S_k) é a diferença entre a medida mínima da peça exterior (furo) e a medida máxima da peça interna (eixo).

A figura a seguir exemplifica jogo máximo e jogo mínimo:

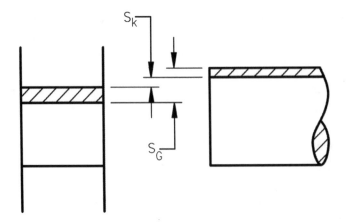

b) Interferência máxima (U_g) é a diferença entre a medida mínima da peça exterior e a medida máxima da peça interior (furo e eixo, respectivamente); interferência mínima (U_k) é a diferença entre a medida máxima da peça exterior e a medida mínima da peça interior.

A figura a seguir exemplifica a interferência máxima e a interferência mínima:

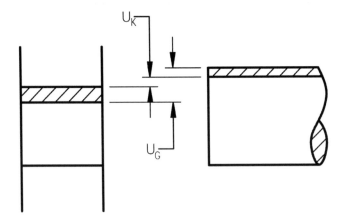

2.7) Neste tipo de ajuste, pode-se ter folga ou interferência, dependendo das dimensões reais das peças. Entretanto, essas folgas ou interferências são mínimas, pois as dimensões das peças podem variar em torno da linha zero, de um valor muito pequeno.

Representando graficamente, temos:

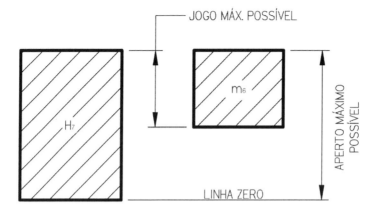

- Adotando-se a dimensão maior do furo (peça exterior) e a dimensão menor do eixo (peça interior), será obtido um jogo positivo e, portanto, folga.
- Adotando-se a dimensão menor do furo (peça exterior) e a dimensão maior do eixo (peça interior), será obtido um jogo negativo e, portanto, interferência.

Principais tipos de ajuste indeterminado:

Ajustes indeterminados tendendo a folga: quando existe a possibilidade de mais folga que interferência, dependendo da dimensão real das duas peças.

Ajustes indeterminados tendendo a interferência: quando existe a possibilidade de mais interferência que folga, dependendo da dimensão real das duas peças. A aplicação deste tipo de ajuste se dá quando as montagens entre peças são feitas com muita precisão; devido aos valores pequenos de folga e/ou interferência, é possível desmontá-los sem perda de qualidade das peças isoladas.

2.8) Na interferência mínima, é preciso levar em consideração as condições de transmissão de momento torsor e movimentos de esforço longitudinal. Quando da aplicação desta, deve-se garantir a transmissão do momento torsor necessário sem haver rompimento do ajuste. Com o aperto máximo, é preciso considerar as tensões admissíveis dos materiais em acoplamento. As tensões então geradas devem se situar em valores menores que a tensão de ruptura do material.

2.9)

a) Esse ajuste deve ser prensado ou com interferência, de modo a garantir que a bucha não deslize ou tenha movimentação com relação ao diâmetro interno do furo.

b) O ajuste entre o diâmetro interno da bucha e o diâmetro do eixo deve ser com folga para permitir o deslizamento do eixo na bucha, atendendo às funções de mancal de deslizamento a que o conjunto foi dimensionado.

2.10) A tolerância de ajuste Tp é definida como a variação possível de jogo ou interferência entre as peças que se acoplam. Assim:

50 H6 r7: 50 H6: 50 + 0,0 / +0,016; r7: 50 + 0,025 / + 0,05; portanto, Tp = 0,026.

70 H8 a9: 70 H8: 70 + 0,0 / +0,046; 70 a9: 70 – 0,036 / – 0,074; portanto, Tp = 0,084.

140 H9 h9: 140 H9: 100 + 0,0 / + 0,10; 140 h9: 140 + 0,0 / – 0,10; portanto, Tp = 0,20.

30 H7 j6: 30 H7: 30 + 0,0 / + 0,025; 30 j6: 30 – 0,05 / + 0,011; portânto, Tp = 0,061.

2.11)

a) Carga fixa sobre o aro do rolamento.

b) Ajuste fixo sobre o aro exterior; ajuste indeterminado sobre o aro interior.

c) Ajuste fixo ou com interferência.

d) Suporte (4), engrenagem (5) = sistema eixo-base; volante (7) e mancal de bronze (8) = sistema furo-base.

2.12)

a) 40 H8: 40 + 0,00 / + 0,039; d9: 40 – 0,08 / – 0,142; S_G = 0,181; S_K = 0,08.

b) 8 H6: 8 = 0,00 / + 0.09; k5: – 80 + 0,01 / + 0,07; S_G = + 0,08 / S_K = 0,02.

c) 200 H7: 200 + 0,00 / + 0,046; r6: 200 + 0,07 / + 0,106; U_G = 0,106; U_K = 0,024.

2.13)

a) O ajuste que terá menores folgas ou interferências é o ajuste H7 j6, por ser um ajuste indeterminado tendendo a folga.

b) A maior precisão de montagem é caracterizada pelos menores valores de folga e/ou interferência de H7 j6 em relação ao ajuste folgado H7 g6.

c) A característica desse ajuste é a indeterminação, visto que ele apresenta folga ou interferência, dependendo da dimensão real das duas peças.

2.14)

a) O campo de tolerância que resultará em ajuste folgado é G, F, E e D, em que a dimensão mínima do furo será sempre maior que a dimensão nominal N.

b) O campo de tolerância que resultará em ajuste com interferência é R, S, T, V e X, onde a dimensão mínima do furo será sempre menor que a dimensão nominal N.

2.15) Folga máxima S_G = 0,012; folga mínima S_K = Tp – SG = 0,014 – 0,012 = 0,02. Sendo um sistema furo-base, e o furo com qualidade IT 7, conclui-se que a tolerância do furo será H7, sendo IT 7 = 0,035 para a dimensão de 80 mm. O eixo, devido à folga máxima SG = 0,012 e sendo o furo H7 = 0,035 e SK = 0,02, chega na qualidade com valor de 0,019, associável à qualidade IT 6 e à classe k para o eixo.

CAPÍTULO 3

3.1)
  a) As superfícies de referência são os assentos de rolamento.

  b) O desvio de posição será o de coaxialidade entre os assentos de rolamento e a linha de centro do eixo. Os desvios compostos de forma (circularidade) e de posição (concentricidade) são os desvios de batida radial.

  c) Para os mancais de suporte dos rolamentos de esferas deve-se controlar a coaxialidade entre os assentos de rolamento e a linha de centro correspondente.

3.2) O desvio é de perpendicularismo entre uma superfície e uma reta. A definição é a seguinte: assumindo-se uma reta tomada como referência, determinam-se dois planos paralelos perpendiculares à reta básica. A representação geométrica é mostrada a seguir.

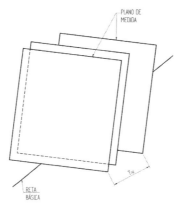

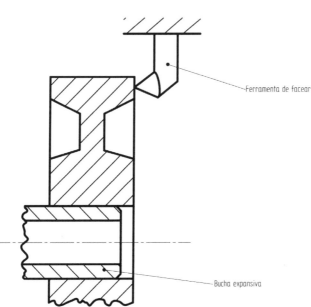

3.3) Será necessário que a peça seja retrabalhada para que o desvio de forma seja de 0,05 mm, dentro do ângulo útil de 90 graus, que é o angulo de aferição para esse desvio de forma.

3.4)

a) A tolerância de batida radial é definida como o campo de tolerância determinado por um plano perpendicular ao eixo de giro, composto por dois círculos concêntricos, distantes entre si de Ta. Como carcaças não são peças de revolução, não têm eixo de giro e, portanto, não é possível caracterizar batida radial nesses tipos de peças.

b) Os desvios de concentricidade podem ser assumidos como um caso particular dos desvios de coaxialidade quando medidos num plano perpendicular ao eixo de simetria adotado como referência. Os desvios de coaxialidade levam em conta a variação da posição entre dois cilindros e, portanto, leva-se em consideração sua variação espacial.

3.5) Os desvios de forma são definidos a partir da fixação da forma ideal correspondente; a forma real situa-se entre duas formas ideais. Os desvios de posição são definidos a partir do posicionamento teórico entre duas superfícies ideais. Tanto o desvio de forma quanto o desvio de posição devem estar contidos na variação do desvio dimensional, a menos de indicação particularizada.

3.6) A tolerância nesse caso é a tolerância de paralelismo entre dois planos, definida como a distância de dois planos paralelos a um plano de referência, entre os quais devem-se localizar os planos reais.

3.7) O desvio sendo controlado é o desvio de batida axial, que é composto por desvio de forma circular (circularidade) e desvio de posição de coaxialidade.

3.8) O desvio mais importante é o de circularidade (forma), visto que esse desvio representa a variação da forma geométrica circular, importante para evitar vazamento de óleo pelo lábio inferior do retentor.

3.9) O desvio é de paralelismo de um eixo com relação a um plano.

3.10) Os desvios de batida axial e batida radial só podem ser especificados em peças assimiláveis a sólidos de revolução; a carcaça não é assimilável a sólidos de revolução.

Os desvios que devem ser controlados são: desvio de paralelismo de eixos de superfície de revolução; desvio de coaxialidade de dois furos com relação a um eixo comum; desvio de paralelismo de um eixo com relação a um plano. Esses desvios devem ser controlados porque essas são as superfícies sendo geradas pelas respectivas operações de usinagem.

3.11) Desvio de perpendicularismo de um eixo com relação a um plano de referência.

3.12)

a) Os desvios de posição a serem controlados são, para os assentos de rolamento dos eixos (1), (2) e (3), de coaxialidade com relação a um eixo comum;

Respostas das questões propostas

isso justifica-se porque os eixos são assentados em rolamentos cujos aros externos são assentados nesses assentos. Outro desvio a ser controlado é o desvio de perpendicularismo entre os assentos do eixo pinhão (1) e os assentos nas carcaças dos eixos (2) e (3), caracterizando o desvio de perpendicularismo entre duas retas.

b) Para os três eixos, as superfícies funcionais são os assentos de rolamento dos eixos; os desvios geométricos a serem controlados, para os eixos (1) e (2) e (3), são os de forma circular dos assentos de rolamento, a coaxialidade entre os assentos de rolamento e a batida radial entre um assento de rolamento e outro.

c) O desvio mais importante é o de perpendicularismo entre os assentos do eixo pinhão (1) e os assentos na carcaça do eixo (2), caracterizando o desvio de perpendicularismo entre duas retas. Esse desvio garante o bom funcionamento do par cônico helicoidal, com o perpendicularismo mantido dentro dos limites compatíveis para proporcionar contato uniforme entre os dentes do pinhão e as engrenagens helicoidais.

3.13) A tolerância de paralelismo entre duas retas em um mesmo plano é definida como a diferença entre a distância máxima e a mínima entre as duas linhas num determinado comprimento L. Exemplificando-se, essa é a caracterização para duas linhas de centro de furos em uma carcaça ou chapa.

3.14)

a) O desvios consequentes dessa operação são: paralelismo entre dois planos, definido como a distância de dois planos paralelos a um plano de referência, entre os quais devem se localizar os planos reais; coaxialidade de dois eixos (dos assentos de rolamento) com relação a um eixo comum (linha de centro provinda do assento do eixo e dois rolamentos sobre os mancais), definida como a distância do eixo da superfície sendo verificada até um eixo comum de duas ou mais superfícies coaxiais, com relação ao comprimento dessa superfície.

b) As principais causas de ocorrência desses desvios são a falta de perpendicularidade entre o eixo árvore da máquina e a superfície de apoio da mesa, a vibração das ferramentas de corte, o desgaste do gume cortante dessas ferramentas, a refrigeração deficiente provinda do sistema de refrigeração da máquina-ferramenta, a falta de rigidez da máquina-ferramenta e da peça, entre outras.

3.15) Define-se concentricidade como a condição segundo a qual duas ou mais figuras geométricas regulares, como cilindros, cones, esferas ou hexágonos, em qualquer combinação, têm um eixo em comum. Assim, qualquer variação de eixo de simetria de uma das figuras com relação a outro tomado como referência caracterizará uma excentricidade. Assim, pode-se definir como tolerância de excentricidade T_E de uma linha de centro com relação a outra linha assumida como referência ao círculo de raio T_E, dentro do qual deverá estar localizada a linha de centro real, sempre medida num plano perpendicular à linha de centro assumida como referência.

368 *Tolerâncias, ajustes, desvios e análise de dimensões*

Os desvios de coaxialidade levam em conta a variação da posição entre dois cilindros, levando, portanto, em consideração sua variação espacial. O desvio de coaxialidade pode ser obtido por meio de medições de concentricidade em vários pontos porque o desvio de coaxialidade pode ser verificado pela medição do desvio de concentricidade em alguns pontos ao longo da geratriz.

3.16) Os desvios de batida radial são definidos para peças de revolução, com eixos, polias, engrenagens. O desvio de batida radial, sendo um desvio composto, contém desvios de forma (circularidade, ovalização, conicidade) e de posição (excentricidade com relação ao eixo de simetria). Podem ser aferidos entre pontos (para eixos) ou apoiados em dois prismas quando a medição é feita, para os dois casos, ao longo do comprimento do eixo. Para o caso de polias e engrenagens, a medição é feita em um dos diâmetros, fixando a peça pelo outro (exemplo: fixação pelo furo e medição no diâmetro externo).

3.17) Desvio de perpendicularismo é aquele entre uma reta e um plano tomado como referência e determinado por uma superfície cilíndrica ou, ainda, pela distância entre duas retas paralelas entre si e perpendiculares ao plano de referência.

3.18) A tolerância para qualidade IT 11 e diâmetro 30 mm é de 160 mícrons ou 0,016 mm. Essas peças, com 0,04 mm, estão com variação de circularidade acima da zona de tolerância dimensional de 0,016 mm. Consequentemente, essas peças estão fora das especificações, visto que a variação ou desvio de circularidade deve estar dentro da variação dimensional, o que não está ocorrendo.

3.19)

a) Adotando-se $R_a \sim$ 1/30 IT, tem-se:

70 H7: 70 IT 7 = 70 + 0,0 / + 0,03, tem-se IT 7 = 0,03.

Portanto, R_a tem valor aproximado de 0,8 mícrons; $R_{máx.}$ = 3 x R_a, portanto $R_{máx.}$ = 2,4 mícrons.

100 n5: 100 IT 5, tem-se IT 5 = 0,016. Portanto, R_a = 0,8 mícrons, $R_{máx.}$ = 2,4 mícrons.

14 h9: 14 IT 9, tem-se IT 9 = 0,033. Portanto, R_a = 2 mícrons, $R_{máx.}$ = 6 mícrons.

10 f6: 10 IT 6, tem-se IT 6 = 0,09. Portanto, R_a = 0,3 mícrons, $R_{máx.}$ = 0,6 mícrons.

100 j4: 100 IT4, tem-se IT 4 = 0,01. Portanto, R_a = 0,3 mícrons, $R_{máx}$ = 0,9 mícrons.

b) O processo mais econômico é o correspondente à qualidade IT 9.

3.20)

a) 70 n5 corresponde à qualidade IT 5.

70 IT 5 – daí, tolerância IT 5 = 0,015;

R_a = 1/30 IT, tem-se R_a = 0,5 mícrons;

Respostas das questões propostas **369**

$R_q = 1,1\ R_a$, portanto $R_q = 0,55$ mícron;

$R_{máx.} = 3\ R_a$, portanto $R_{máx.} = 1,5$ mícrons.

b) O processo mais econômico é o de retificação, devido à faixa de tolerância IT 5.

3.21) O parâmetro mais indicado é $R_{máx.}$, por explicitar a altura máxima do perfil de rugosidade superficial. A análise do perfil de rugosidade é medida entre o valor do pico (maior valor) e o valor da rugosidade no vale (menor valor), levando-se em conta o perfil da rugosidade superficial.

Nota-se que se as saliências forem maiores que a espessura da película de óleo lubrificante, haverá contato metal-metal, influenciando no desempenho do mancal de deslizamento.

3.22) Os desvios de rugosidade superficial são caracterizados como desvios de forma microgeométricos. Com relação à forma teórica, são muito pequenos, e são medidos em mícrons.

3.23) 50 H6 r7 – $R_a = 0,5$ mícrons

70 H8 a9 – $R_a = 2$ mícrons

140 H9 h9 – $R_a = 3$ mícrons

3.24)

a) Sim, é adequada. O valor de $R_a = 0,5$ mícrons, sendo que a rugosidade indicada é de $R_a = 0,5$ mícrons.

b) O melhor perfil a ser indicado deve ser caracterizado por $R_{máx.}$ – altura máxima da rugoside superficial. Nesse caso, $R_{máx.}$ será de 1,5 mícrons.

c) O processo mais indicado é o de retificação, devido ao valor de $R_a = 0,5$ mícrons.

d) O desvio mais importante será o desvio de forma; no caso, o desvio de circularidade é o que garante o contato uniforme entre o lábio inferior do retentor ao eixo correspondente. Também é importante a rugosidade superficial com valor $R_a = 0,2$ mícrons, a fim de evitar arestas mais aprofundadas, que podem romper o filme de óleo.

3.25)

a) A tolerância de batida radial é definida como o campo de tolerância, determinado por um plano perpendicular ao eixo de giro composto por dois círculos concêntricos, distantes entre si de Ta. Consequentemente, como carcaças de redutores não são peças de revolução, a definição de batida radial não se aplica a elas.

b) A tolerância de batida axial é definida como o campo de tolerância determinado por duas superfícies paralelas entre si e perpendiculares ao eixo de rotação da peça, dentro do qual deverá estar a superfície real. Consequentemente, como eixos são peças de revolução, a definição de batida axial se aplica a eles.

CAPÍTULO 4

4.1) A cadeia dimensional correspondente aos elementos rolamento (2), espaçador (8), volante com bucha de bronze (4), espaçador (5) e engrenagem (6) é criada, para efeito de montagem, na sequência mostrada no enunciado. Portanto, o componente final é obtido pelas larguras dos respectivos componentes da cadeia dimensional. A precisão pré-especificada do produto é definida pelo componente final, obtido pelo somatório das dimensões de cada um dos componentes.